中等职业学校模具制造技术专业规划教材

模具概论

主编 张 萍

中国铁道出版社
CHINA RAILWAY PUBLISHING HOUSE

内容简介

本书是中等职业学校模具制造技术专业规划教材。作者本着“以服务为宗旨，以就业为导向，以能力为本位”的现代职教理念，参照教育部颁发的有关模具设计与制造专业教学指导方案中的相关要求和劳动部门颁发的中级工等级考核标准编写的。本书在内容选取上力求兼顾内容的广度和基础性，同时侧重实用性和通俗性，以适合学生自主学习的需要。

全书内容分为七章：模具概述，常用模具材料的选用与热处理，常用模具成形设备，冲压成形技术，塑料成形技术，其他模具概述，模具制造与维护技术概述。本书内容密切联系模具生产实际，同时介绍模具制造技术发展的新动态和新趋势，注重内容实用、图文并茂、通俗易懂、语言简洁流畅。

本书适合作为中等职业学校模具制造技术专业及其有关专业的教学用书，也可作为相关行业人员的岗位培训教材或自学用书。

图书在版编目（CIP）数据

模具概论/张萍主编.— 北京：中国铁道出版社，2012.9

中等职业学校模具制造技术专业规划教材

ISBN 978-7-113-14223-0

Ⅰ.①模… Ⅱ.①张… Ⅲ.①模具—中等专业学校—教材

Ⅳ.①TG76

中国版本图书馆CIP数据核字（2012）第022086号

书　　名：模具概论

作　　者：张　萍　主编

策　　划：李中宝　陈　文　　　　**读者热线：**400－668－0820

责任编辑：李中宝

编辑助理：赵文婕

封面设计：刘　颖

封面制作：白　雪

责任印制：李　佳

出版发行：中国铁道出版社（100054，北京市西城区右安门西街8号）

网　　址：http://www.51eds.com

印　　刷：河北新华第二印刷有限责任公司

版　　次：2012年9月第1版　　2012年9月第1次印刷

开　　本：787mm×1092mm　1/16　**印张：**11　**字数：**259千

印　　数：1～3 000册

书　　号：ISBN 978-7-113-14223-0

定　　价：25.00元

◐ PREFACE ◐ 序

我国的职业教育正处于各级政府十分重视、社会各界非常关注、改革创新不断深化、教学质量持续提高的最佳发展时期。

模具行业是制造业的基础，模具制造与应用的水平高低表征着国家制造业水平的高低，模具工业是机械制造的主要产业之一。振兴装备制造业、节能减排、提高生产质量和效率、实现经济增长方式转变和调整结构，都需要大力发展模具工业。近年来我国的模具工业增长速度很快，特别是汽车工业、电子信息产业、建材行业及机械造业的高速发展，为模具工业提供了广阔的市场。

随着新技术、新材料、新工艺的不断涌现，促进了模具技术的不断进步，技术密集型的模具企业已广泛采用了现代机械加工技术、模具材料选用与处理技术、数控机床操作技术、CAD/CAM软件应用技术、模具钳工技术、快速成形技术、逆向工程技术等。企业对从业员工的知识、能力、素质要求在不断提高，既需要从事模具开发设计的高端人才，也需要大量从事数控机床操作、电加工设备操作、模具钳工操作等一线生产制造的高级技能型人才。现代企业对高素质模具制造工的需求十分强烈，模具制造高技能人才是当今职业院校毕业生高质量就业的热点，经济社会对高技能模具制造工的需求会持续增长。

由中国铁道出版社出版发行的《中等职业学校模具制造技术专业规划教材》就如是在职业教育教学深化改革的浪潮中迸发出来的一朵绚丽浪花，闪烁着“以就业为导向、以能力为本位”的现代职业教育思想光芒；体现了“以工作过程为导向”，“以学生为主体”，“在做中学、在评价中学”，“工学结合、校企合作”的技能型人才培养模式；实践了“专业基础理论课程综合化、技术类课程理实一体化、技能训练类课程项目化”的职业院校课程改革经验成果。本套系列教材的问世也充分反映出近年来职业教师能力的提升和师资队伍建设工作的丰硕成果。

在职业教育战线上的广大专业教师是职业教育改革的主力军，我们期待着有更多学有所长、实践经验丰富、有思想、善研究的一线专业教师积极投身到职业教育专业建设、课程改革的大潮中来，为切实提高职业教育教学质量，办人民满意的职业教育，编写出更多更好的实用专业教材，为职业教育更美好的明天做出贡献。

葛金印

2012年1月

前言

模具行业是制造业的基础，模具制造与应用水平的高低表征着国家制造业水平的高低。模具工业是机械制造的主要产业之一，振兴装备制备制造业、节能减排、提高生产质量和效率、实现经济增长方式转变和结构调整，都需要大力发展模具工业。近年来我国的模具工业增长速度较快，特别是汽车工业、电子信息产业、建材行业及机械制造业的高速发展，为模具工业提供了广阔的市场。

随着新技术、新材料、新工艺的不断涌现，促进了模具技术的不断进步，技术密集的模具企业已广泛采用了现代机械加工技术、模具材料选用与处理技术、数控机床操作技术、CAD/CAM软件应用技术、模具钳工技术、快速成形技术、逆向工程技术等。同时，企业对从业员工的知识、能力、素质要求也在不断提高，既需要从事模具开发设计的高端人才，也需要大量从事数控机床操作、电加工设备操作、模具钳工操作等一线生产制造的高级技能型人才。现代企业对高素质模具制造工的需求十分强烈，模具制造高技能人才是当今职业院校毕业生高质量就业的热点，经济社会对高技能模具制造工的需求会持续增长。

本书作者本着“以服务为宗旨，以就业为导向，以能力为本位”的现代职教理念，根据模具专业人才培养方案对本课程提出的目标要求及相关的国家职业标准和行业的职业技能鉴定标准编写了本教材。力求既考虑到内容的广度和基础性，也注重内容的实用性和通俗性。教材内容图文并茂，语言简洁通顺，适合学生的自主性学习。作者对本书内容做了科学的设计，使之符合教学规律，符合学生的认知规律和成长规律，密切联系模具生产实际，介绍了模具制造技术发展的新动态和新趋势。本书是一本通俗易懂、简洁实用的模具技术基础教材，让初学者能快速入门，了解模具技术中的一些基础知识和常见模具的种类、作用及其结构和工作过程。

本书由无锡机电高等职业技术学校的张萍担任主编，参编者有宋浩、蒋昌华和姚伟。其中，张萍承担了总体策划，负责编写第1、4、5章，并对全书进行统稿；蒋昌华负责编写第2章；姚伟负责编写第3章；宋浩负责编写第6、7章。

由于编者水平有限，书中难免存在疏漏和不足之处，敬请使用本书的教师和读者指正。

编　者

2011年8月

CONTENTS

目 录

第1章 模具概述

近年来，中国经济的高速发展为模具工业的发展提供了巨大的动力。在汽车、电气、建材、信息电子、机械、仪器仪表、家电等诸多行业的产品中，50%以上的零部件都依靠模具加工成形。经模具加工的制件其精度高、质量好、生产效率高、耗材少、成本低、一致性好，因此模具在制造行业得到了广泛使用。

1.1 模具的概念及分类

由模具生产出来的零件，可不必经过传统的加工方法就能够得到较高的表面质量，以达到用户的要求。模具还可生产采用传统加工方法无法加工或很难加工的结构复杂的制件，是其他加工制造方法所不能比拟的。

1.1.1 模具的概念

模具是用以限定生产对象的形状和尺寸的装置，在相应的压力成形设备（如压力机、剪板机、塑料注射机、压铸机等）配合下，可直接改变金属或非金属材料的形状、尺寸、相对位置和性能，使之成形为合格制件或半成品的成形工具。

模具的种类繁多，其中冲压模和塑料模所占的比例最大。

1.1.2 模具的分类

模具的分类方法很多，按照模具成形制件的材料不同，模具一般可分为冲压模和型腔模两大类。

冲压模一般在常温下加工，故又称为冷冲模、冷冲压模或五金模。冷冲模是指安装在压力机上，使材料产生分离或变形的模型或工具，从而获得具有一定形状、尺寸和性能的零件。冷冲模主要用来对金属薄板进行成形加工。

型腔模是指利用材料塑性或液态流动，填充型腔而制成塑件的模具。型腔模是依靠模具型腔使材料成形的，所以塑件的外表面形状与型腔形状相同。型腔模主要用来对塑料制品和低熔点合金制品等进行成形加工。

1. 冲压模具的分类

冲压模（冷冲模）的结构形式很多，其分类方法如表1-1所示。

表1-1　冲压模具的分类

分类方法	模具类别及其功能简介		模具样图	案例样图	
				加工制件	被加工材料或废料
按工艺性质分类	冲裁模：沿封闭或敞开的轮廓线使材料产生分离的模具	落料模：沿封闭的轮廓将加工制件与材料分离的冲裁模			
		冲孔模：切除封闭轮廓内的材料而获得加工制件的冲裁模			
		切断模：将板料或棒料沿不封闭的轮廓分离的冲裁模			
	成形模：将毛坯或半成品工件按凸、凹模的形状直接复制成形，材料本身仅产生局部塑性变形的模具	缩口模：在空心毛坯或管状毛坯敞口处加压使其径向尺寸缩小的冲裁模			

续表

<table>
<tr><th rowspan="2">分类方法</th><th rowspan="2" colspan="2">模具类别及其功能简介</th><th rowspan="2">模　具　样　图</th><th colspan="2">案　例　样　图</th></tr>
<tr><th>加工制件</th><th>被加工材料或废料</th></tr>
<tr><td rowspan="4">按工艺性质分类</td><td rowspan="2">成形模：将毛坯或半成品工件按凸、凹模的形状直接复制成形，材料本身仅产生局部塑性变形的模具</td><td>胀形模：将空心毛坯中心部位的径向尺寸增大的冲裁模</td><td>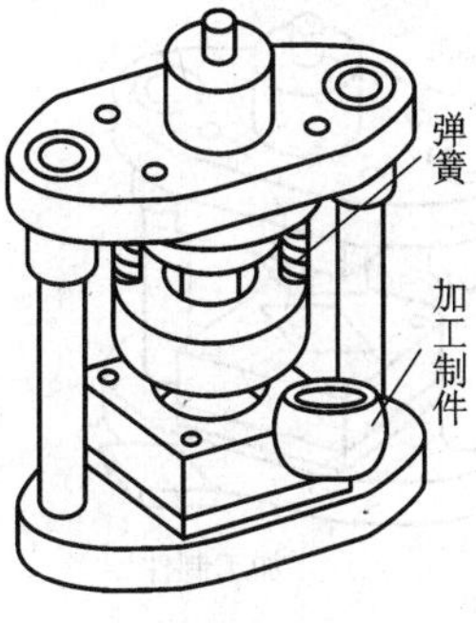</td><td></td><td></td></tr>
<tr><td>翻边模：将毛坯平板边缘弯曲成竖立的曲边或将孔附近的材料变形成一定高度筒形的冲裁模</td><td>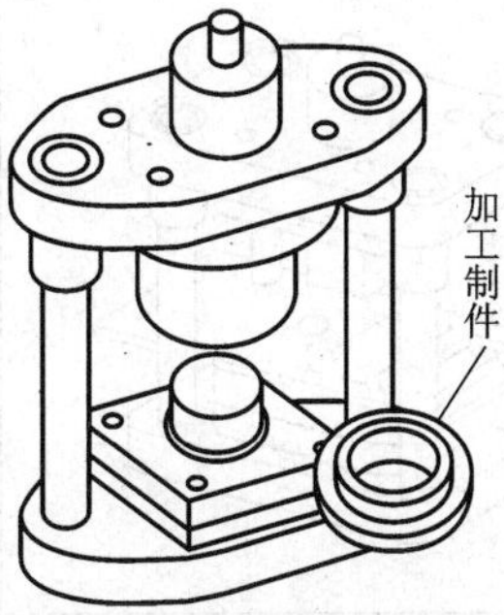</td><td>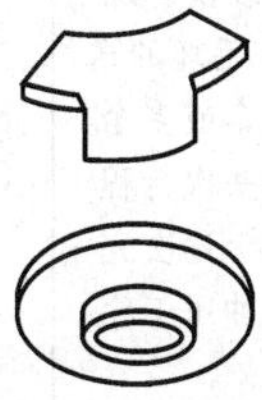</td><td></td></tr>
<tr><td colspan="2">弯曲模：使板料毛坯或其他坯料沿着直线（弯曲线）产生弯曲变形，从而获得一定角度和形状制件的模具</td><td>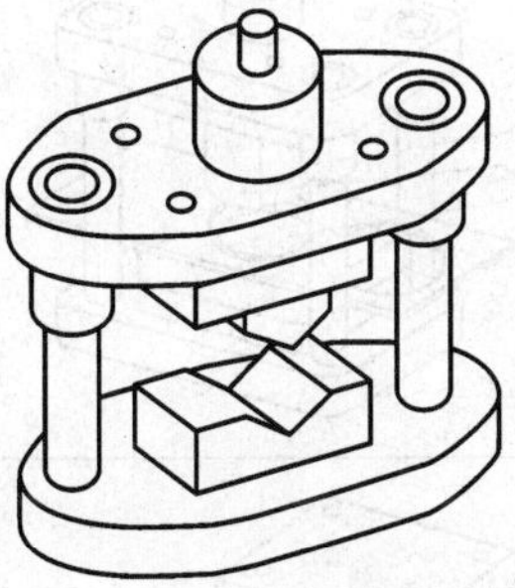</td><td>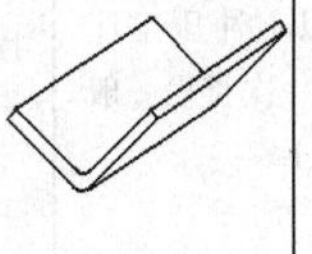</td><td>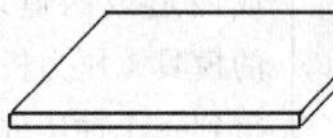</td></tr>
<tr><td colspan="2">拉深模：将板料毛坯制成开口空心件，或使空心件进一步改变形状和尺寸的模具</td><td></td><td></td><td>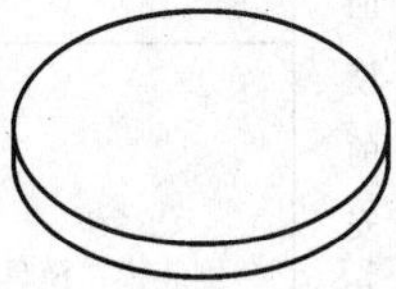</td></tr>
</table>

续表

分类方法	模具类别及其功能简介	模具样图	案例样图	
			加工制件	被加工材料或废料
按工序组合方式分类	单工序模（又称简单模）：在压力机的一次行程中，只能完成一道冲压工序的模具	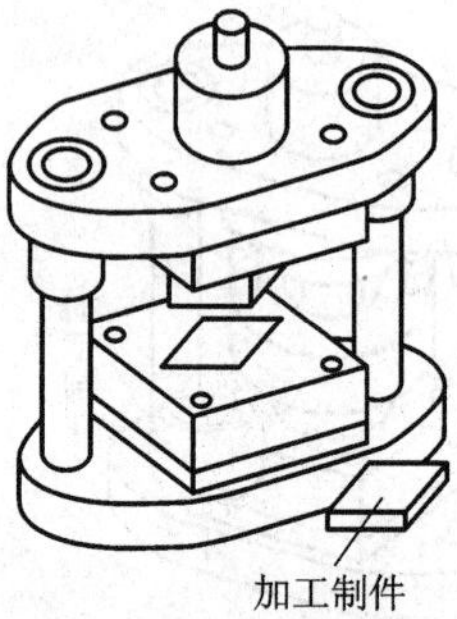 加工制件	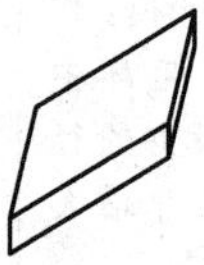	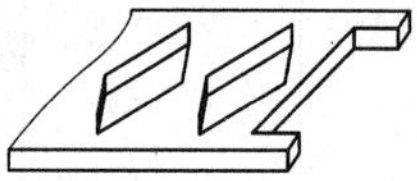
	级进模（又称连续模、跳步模或进阶模）：在毛坯的送进方向上，具有两个或多个工位，在压力机的一次行程中，在不同的工件上逐次完成两道或两道以上冲压工序的模具	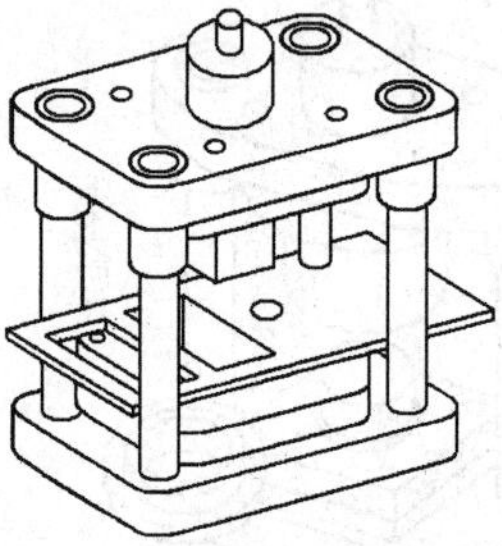	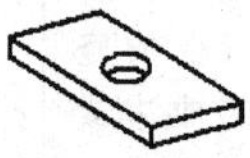 （冲孔→落料）	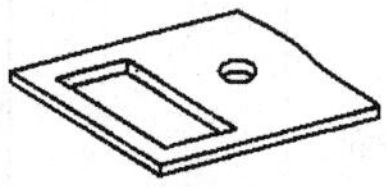
	复合模：在压力机的一次行程中，在模具的同一位置上完成两道或两道以上冲压工序的模具（压力机一次行程一般得到一个冲压件）	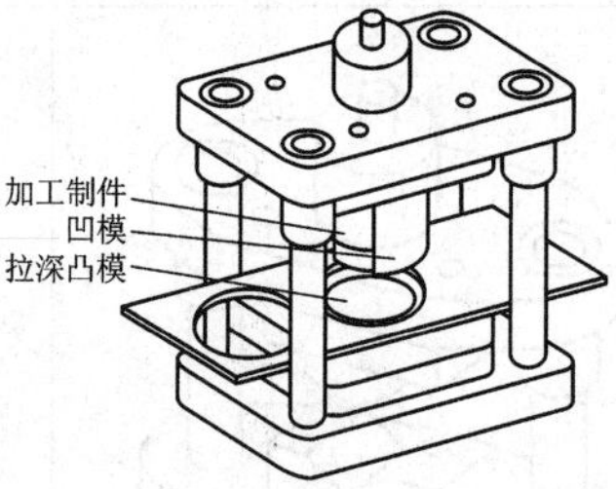 加工制件 凹模 拉深凸模	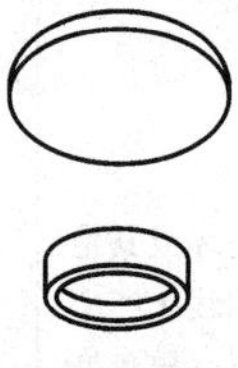 （落料→拉深）	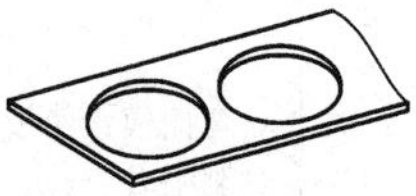
按凸模或凸凹模的安装位置分类	正装模（又称顺装式）：模具的凸模或复合模中的凸凹模安装在模具的上模部分	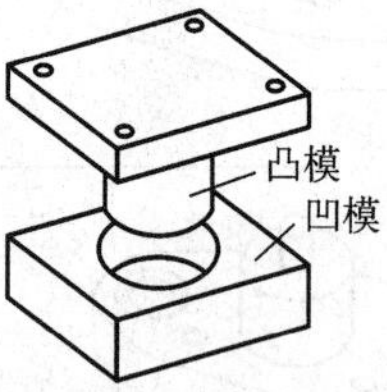 凸模 凹模	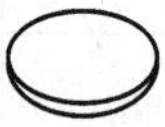	
	倒装模：模具的凸模或复合模中的凸凹模安装在模具的下模部分	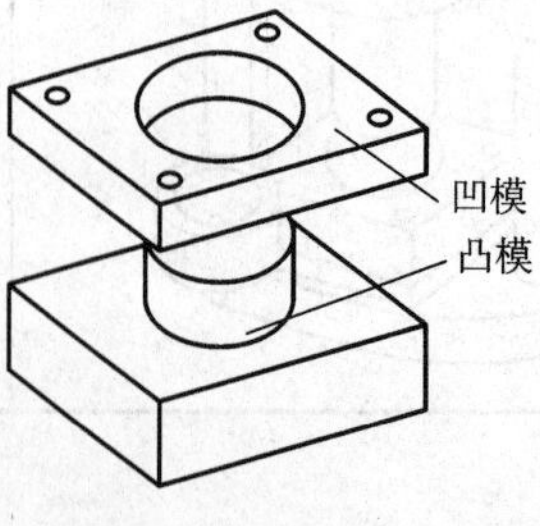 凹模 凸模	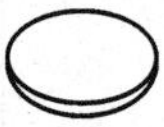	

续表

分类方法	模具类别及其功能简介	模具样图	案例样图	
			加工制件	被加工材料或废料
按冲模导向方式分类	无导向的敞开模（开式模）：模具本身无导向装置（如导柱、导套、导板等），完全靠压力机导轨导向来制造零件的模具			
	导柱模：模具的上、下模都装有导柱、导套，靠导柱和导套的配合精度来保证上、下模准确位置的模具	导套 导柱		
	导板模：用导板来保证冲裁时上、下模准确位置的模具			

除此以外，一般还能按凸、凹模的材料分类，包括硬质合金冲模、钢皮冲模、锌基合金、冲模和聚氨酯冲模；还可按加工时的自动化程度分类，包括手工操作模、半自动模、全自动模。

除了冷加工模具以外，还有热加工模具。热加工模具主要有热锻模、热挤压模、热精锻模、压铸模、热冲裁模等。

2．型腔模具的分类

型腔模具的种类很多，如按工艺性质划分，其分类方式如表1–2所示。

除此以外，还可以按模具的结构特征进行分类，包括单分型面模具、双分型面模具、带侧向分型抽芯的模具、带有活动镶件的模具、带定距分型拉紧机构的模具、自动卸螺纹的模具、无流

表 1-2　型腔模具的分类

模具类别及其功能简介		分类方法	模具类别	成 形 设 备	主要应用及产品案例样图
塑料模：对塑料制品进行成形加工的模具	注射模：在注射机上采用注射工艺成形塑料制品的模具。广泛用来成形热塑性塑料，目前也用来成形热固性塑料	按照成形塑料的品种分类	热固性塑料注射模	塑料注射机	
			热塑性塑料注射模	吹风机模具	
		按照注射机的外形特征分类	卧式注射机		
			立式注射机		
			角式注射机		
		按照塑料在料筒的塑化方式分类	柱塞式注射机	塑料制件 模具 料筒 柱塞	
			螺杆式注射机	塑料制件 模具 螺杆 料筒	

续表

模具类别及其功能简介		分类方法	模具类别	成　形　设　备	主要应用及产品案例样图
塑料模：对塑料制品进行成形加工的模具	按照塑料在料筒的塑化方式分类	按照分型面的数量分类	单分型面注射模	分型面 塑料制件	
			双分型面注射模	第二分型面　第一分型面 塑料制件　浇注系统凝料	
	压缩模（又称压塑模、压制模）：在压力机上采用压缩工艺成形塑料制品的模具。主要用于热固性塑料制品的成形。主要用来成形酚醛、环氧树脂、氨基、不饱和聚酪、聚酰亚胺等热固性塑料	按照模具在压力机上的固定方式分类	移动式压缩模	压缩成形压机	
			半固定式压缩模		
			固定式压缩模		
		按照分型面特征分类	水平分型面压缩模：分型面平行于压机的工作台面	定模板 制件 分型面 动模板	
			垂直分型面压缩模：分型面垂直于压机的工作台面	分型面	
	压注模（又称传递模、挤塑模）：在液压机上采用压注工艺成形塑料制品的模具。主要用来成形酚醛、三聚氰胺、甲醛、环氧树脂等热固性塑料	按模具装卸方式分类	移动式压注模	传递成形压机	
			固定式压注模		

续表

<table>
<tr><th colspan="2">模具类别及其功能简介</th><th>分类方法</th><th>模具类别</th><th>成形设备</th><th>主要应用及产品案例样图</th></tr>
<tr><td rowspan="3">塑料模：对塑料制品进行成形加工的模具</td><td>挤出模：用来生产各种热塑性塑料型材的模具。如管、棒、丝、板、薄膜、电缆电线的包覆和各种截面形状的管材或板材</td><td>—</td><td>—</td><td>塑料挤出机</td><td></td></tr>
<tr><td>吹塑模（又称中空吹塑模）：主要用来成形热塑性塑料的中空容器的模具。如薄壁塑料瓶、桶、罐、箱以及玩具类等中空塑料容器</td><td>—</td><td>—</td><td>瓶身吹塑模具</td><td></td></tr>
<tr><td>真空吸塑模：通过对一个凹形型腔抽真空而成型薄壁塑料容器的模具。主要用来成形包装盒、餐具盒等各种薄壁塑料包装用品及杯、碗等一次性使用的容器。材料为聚氯乙烯、聚苯乙烯、聚乙烯等塑料</td><td>—</td><td>—</td><td>制件
凹模
压缩空气
真空吸塑工艺</td><td></td></tr>
</table>

续表

模具类别及其功能简介		分类方法	模具类别	成形设备	主要应用及产品案例样图
塑料模：对塑料制品进行成形加工的模具	热流道模：一种先进的注塑模具。在模具流道附近安装有加热装置，使浇注系统中的塑料在整个注塑生产过程中始终保持熔融状态。开模后只需取出产品而不必取出浇注系统凝料	—	—	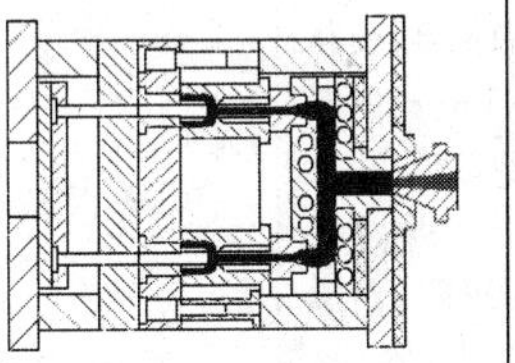 热流道塑料模具	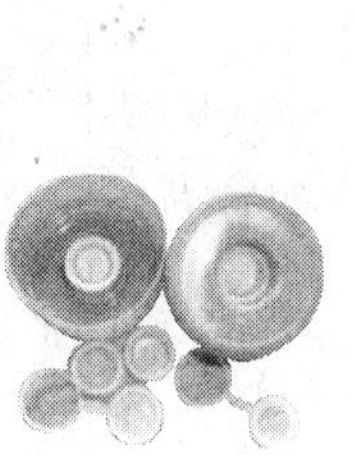
	气辅模：将高压惰性气体注射到熔融塑料中，推动塑料完成充模过程，是一种使塑件固化后再排出气体的模具、一种较新的成形加工技术	—	—	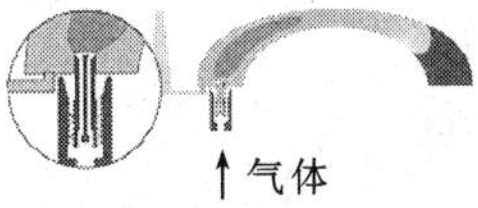 门把手气辅模具	 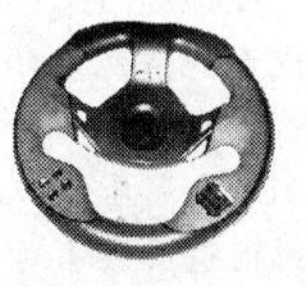
	水辅模：与气辅模成形原理基本相似，只是高压水柱代替了高压气体	—	—	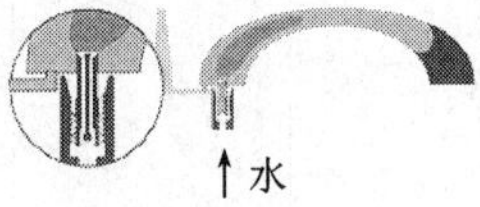 门把手水辅模具	 
	重叠注塑模（双注射模）：模具在制件的起始部分注射完成后，再将制件旋转到另一个更大的型腔中，注入另一种树脂	—	—	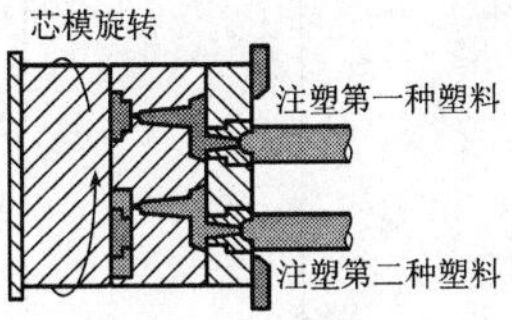 重叠注塑工艺	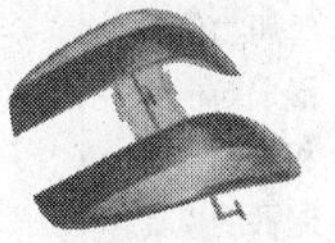 
	塑封模：主要用来成形集成电子元件	—	—	—	

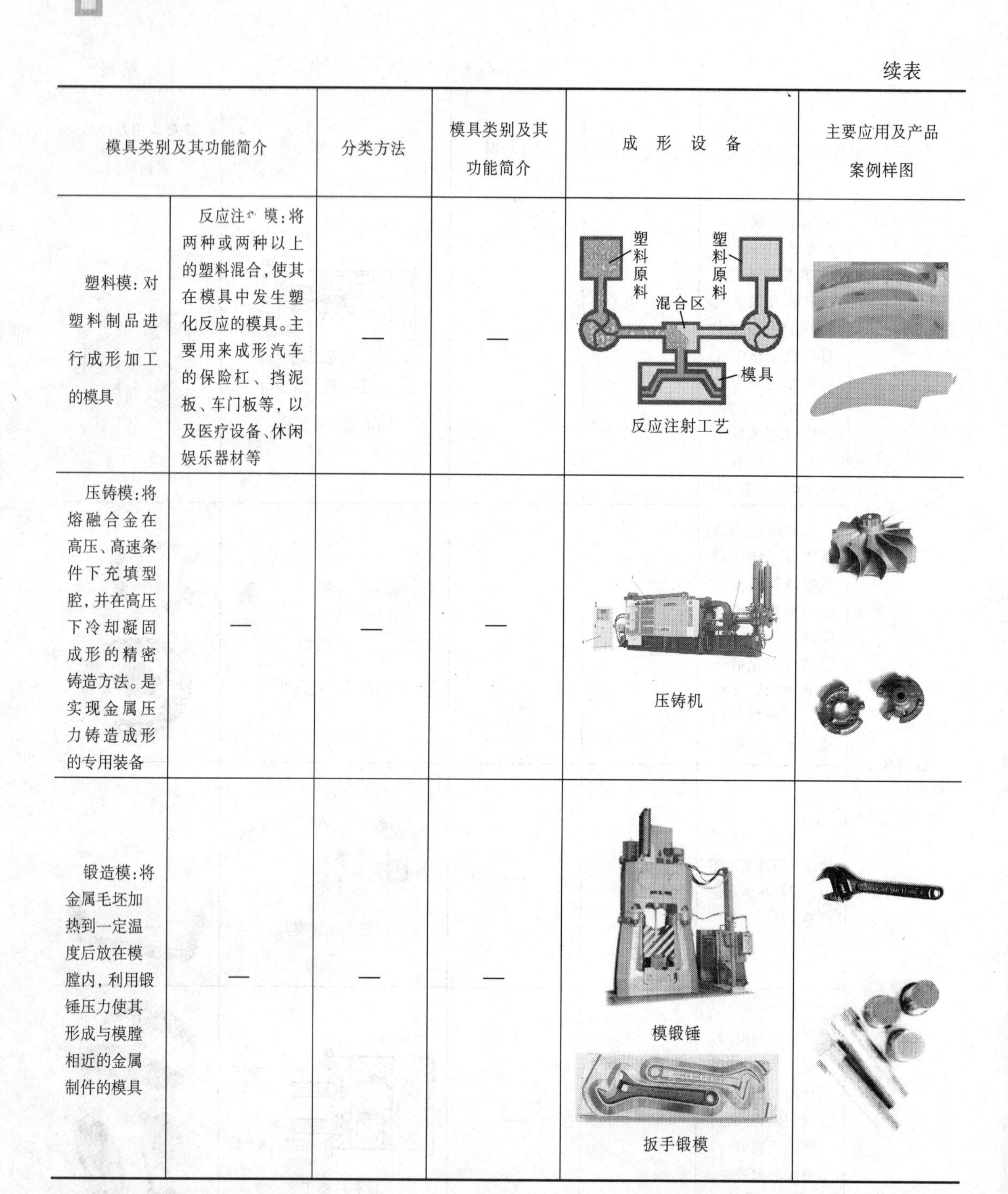

续表

模具类别及其功能简介		分类方法	模具类别及其功能简介	成形设备	主要应用及产品案例样图
塑料模：对塑料制品进行成形加工的模具	反应注射模：将两种或两种以上的塑料混合，使其在模具中发生塑化反应的模具。主要用来成形汽车的保险杠、挡泥板、车门板等，以及医疗设备、休闲娱乐器材等	—	—	反应注射工艺	
压铸模：将熔融合金在高压、高速条件下充填型腔，并在高压下冷却凝固成形的精密铸造方法。是实现金属压力铸造成形的专用装备	—	—	—	压铸机	
锻造模：将金属毛坯加热到一定温度后放在模膛内，利用锻锤压力使其形成与模膛相近的金属制件的模具	—	—	—	模锻锤 扳手锻模	

道模具、带嵌件的模具、90° 角式模具、定模设置推出机构的模具和叠层模具；按压制的材料分，包括塑料模具、金属压铸模具、橡胶模具、玻璃模具、陶瓷模具及粉末冶金模具等。

橡胶模具又分为压胶膜具、挤胶模具、注射模具、橡胶轮胎模具等；玻璃模具又分为铸压成形模具、玻璃器皿模具、吹—吹法成形瓶罐模具、压—吹法成形瓶罐模具等。

按浇注系统分类，包括冷流道模具、绝对流道模具、热流道模具和温流道模具。

此外还有汽车模具、精密模具、拉丝模具、刀具模具、五金模具、合金模具、陶瓷模具、粉末冶金模具、压花模具、低发泡模具、夹心注塑模具、低压模塑模具和熔芯模塑模具等。

在所有的型腔模具中，塑料模具的应用最为广泛。

1.2　简单冲压模具的基本结构及其工作过程

1.2.1　简单冲压模具的基本结构

无论是单工序模、复合模还是级进模，若按零件在冲床上的安装位置，冲压模都可分为上模与下模两大部分。上模是指固定在压力机滑块上的部分，并随滑块一起运动，称为冲压模具的活动部分；下模是指固定在压力机的工作台上的部分，称为冲压模具的固定部分。

图 1–1 所示为冷冲模的基本结构，其上模包括紧固件、模柄、上模座、导套、凸模固定板、凸模、卸料板等零件；下模包括下模座、凹模、导柱等零件。模具上模与下模通过导向零件（导柱、导套）导向；若从模具的结构看，冲裁模一般包括工作刃口部分、导向装置、定位装置以及推、卸料装置等。导向装置由导柱、导套等零件组成；定位装置由凸模固定板、定位圈、螺钉和销钉等零件组成；推料或卸料装置由卸料板、卸料螺钉和弹簧等零件组成。

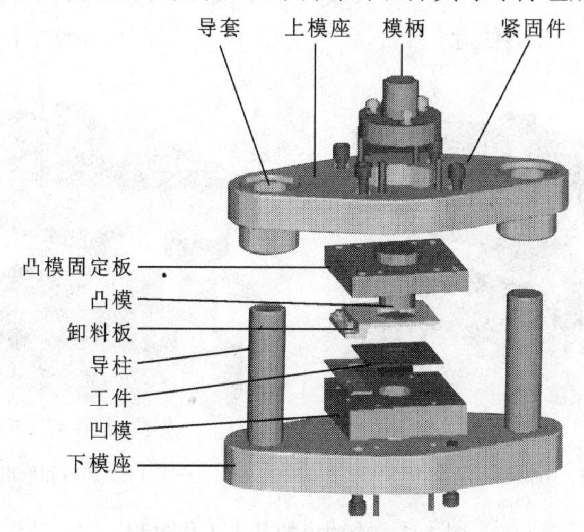

图 1–1　冷冲模的基本结构

1.2.2　简单冲压模具的工作过程

虽然冷冲模的结构多种多样，但无论哪一种冷冲模，其工作过程都基本相同。

下面以图 1–1 所示的冷冲模结构为例，说明模具的工作过程，其步骤如图 1–2 和图 1–3 所示。

（1）板料送进（定位）。冷冲模未工作时，上、下模处于分离状态，滑块在上死点位置。工作时，将板料送入模具并定位，

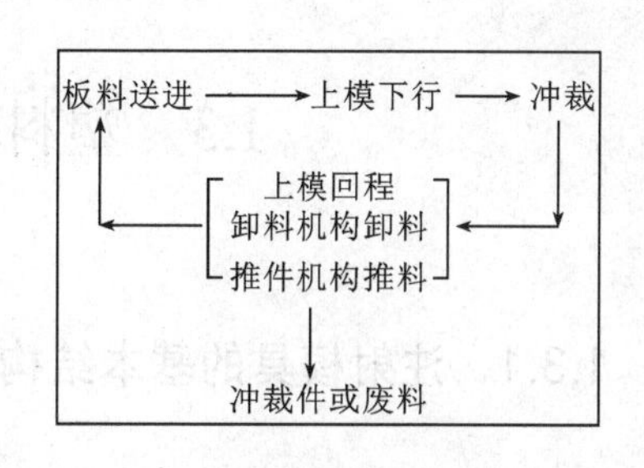

图 1–2　冷冲模的工作循环过程

如图 1-3（a）所示。

（2）上模下行。按动离合器按钮，使上模随压力机滑块下降，卸料板与凹模夹住板料，如图 1-3（b）所示。

（3）冲裁。上模随压力机滑块继续下行，接着凸模冲落凹模上的板料，使板料在冲床的压力作用下迅速分离，冲下的制件落入凹模孔中，坯料则卡在凸模上，如图 1-3（c）所示。

（4）卸料和取出制件。此时制件卡在凹模和顶块之间，废料箍在凸模上。在压力机滑块上行带动上模回程时，制件由顶块靠顶板借弹簧的弹力从凹模洞口中顶出，同时箍在凸模上的废料，由卸料板靠弹簧的弹力卸掉，滑块回到上死点，至此完成整个落料过程。再将板料送进一个步距，进行下一次冲裁落料过程，如此往复进行，如图 1-3（d）所示。

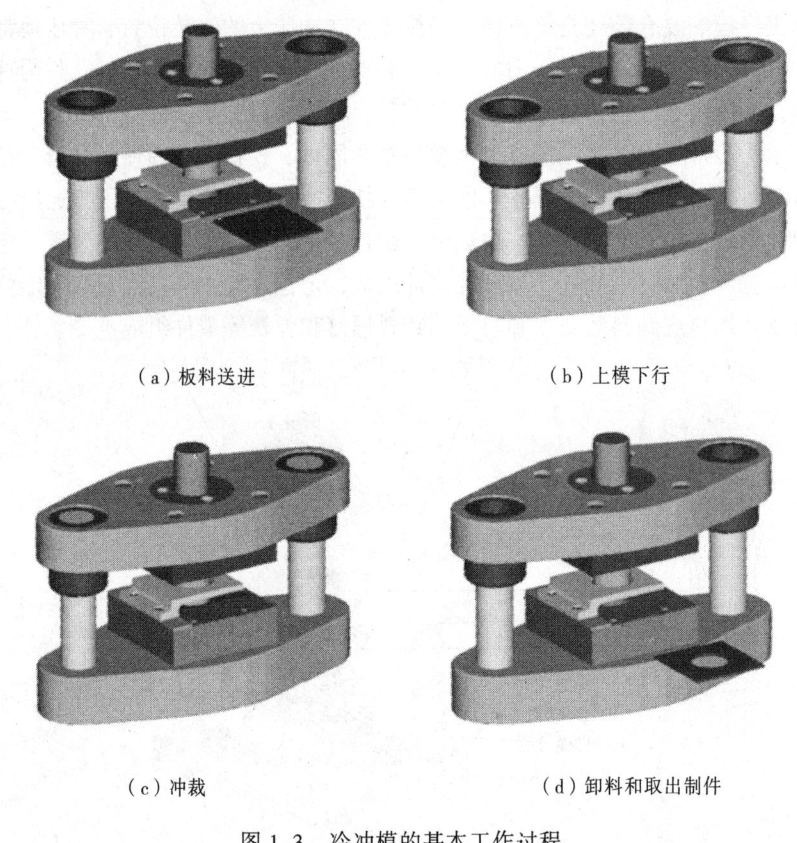

（a）板料送进　（b）上模下行

（c）冲裁　（d）卸料和取出制件

图 1-3　冷冲模的基本工作过程

1.3　塑料模具的基本结构及其工作过程

1.3.1　注射模具的基本结构

根据组成模具的各零件作用，注射模具一般包括浇注系统、成形零件、脱模系统、导向系统、支承零件、控温系统等。图 1–4 所示为热塑性塑料制品注射模的基本结构。注射模的浇注系统通常由主流道、分流道、浇口、拉料杆和冷料穴组成，该模具的浇注系统零件包括主流道衬套和拉料杆；成形零件包括型芯（凸模）和定模板；脱模系统零件包括压力机顶出杆、推杆、推杆固定板、推杆垫板和拉料杆；导向系统零件包括导柱、导套、推杆导柱、推杆导套和定模板；支承零件包括定模固定板、定模板、动模板、支承板、垫块、动模座板和动模固定板。

一般可将注射模具分为动模和定模两大部分。定模部分在注射成形过程中始终保持静止不动；动模部分在注射成形过程中可随注射机上的合模系统运动。动模部分与定模部分闭合共同构成浇注系统和型腔。型腔由定模板上的凹模和动模板上的凸模（型芯）组成。

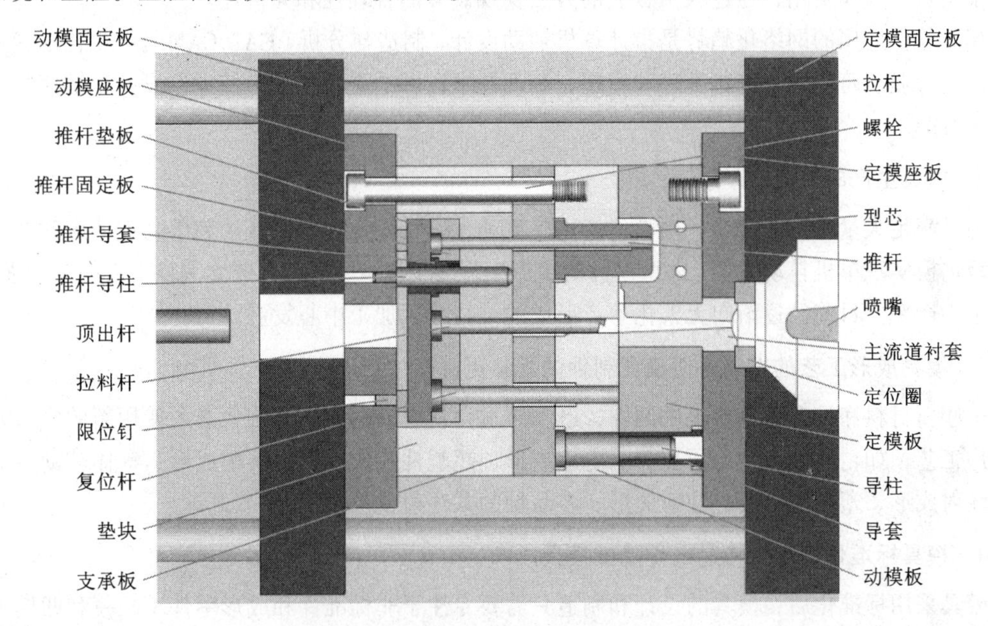

图 1–4　注射模的基本结构

1.3.2　注射模具的工作过程

开始注塑成形时，定模部分和动模部分经导柱导向而对合，其对合的精确度由导柱和导套共同来保证。动模和定模对合之后，定模板上的凹模和动模板上的型芯构成与塑料制品形状和尺寸一致的闭合型腔。塑料熔体从注射机喷嘴经模具浇注体系进入型腔。注塑成形冷却后开模，动模部分和定模部分分离，以便取出塑料制品。一般环境下塑料制品留在动模上，模具顶出机构将塑料制品推出模外。

1.4　模具技术的发展趋势

随着科学技术的不断进步和工业生产的迅速发展，模具成形技术和模具加工技术在不断的发展和提高。归纳模具技术的发展方向，其趋势主要有以下几点：

1. 模具计算机辅助设计、制造与分析（CAD/CAM/CAE）集成化、智能化和网络化

模具软件功能的集成化是指对模具设计、制造、装配、检验、测试及生产管理的全过程实现信息的综合管理与共享，从而达到实现最佳效益的目的。

模具设计、分析及制造的智能化是指新一代模具软件在先进设计理论的指导下，能充分运用模具专家的丰富知识和成功经验，对复杂曲面零件进行计算机模拟和有限元分析，预测某一工艺方案对零件成形的可能性与成形过程中将会发生的问题，供设计人员进行修改和选择。克服了设计人员和工艺人员的经验局限，将传统的经验设计提升为优化设计，缩短了模具设计与制造周期，节省了昂贵的试模费用，通过人工智能的方法实现设计的合理性和先进性。

模具软件应用的网络化趋势是指计算机辅助设计、制造与分析（CAD/CAM/CAE）技术能够跨地区、跨行业、跨院所的进行推广和应用，实现技术资源的重新整合，使虚拟设计、敏捷制造技术成为可能。

2. 模具生产的自动化

为了满足大量生产的需要，模具生产正向自动化、无人化方向发展。利用高速冲床和多工位精密级进模实现单机自动生产、大型零件的生产实现多机联合生产线，极大减轻工人的劳动强度，提高了生产率。目前已逐渐向无人化生产形成的柔性冲压加工中心发展。

3. 模具成形工艺的发展将使模具制件的质量更高，加工速度更快

一些新材料和具有特色要求的制件，已不再适合使用旧的成形方法，必须使用新的成形方法和成形工艺，如精密冲裁、液压拉深、电磁成形、超塑性成形、动力熔融成形、气体辅助成形、高压注射成形、塑料模的反应注射成形、多品种的共注射成形等。

4. 模具标准化的实施将进一步降低模具成本

模具采用标准化后，模具的设计和制造只需要专注于非标准件和成形零件（凸模和凹模）即可，标准件可直接购买，模具设计和制造的周期将明显缩短，同时还能有效地提高模具的精度，降低成本。

5. 模具新材料的开发和利用使模具能够满足精密、复杂和长寿命的要求

具有较高的韧性、耐磨性、耐蚀性和耐热性的高合金工具钢，基本满足了模具成形要求。另外，硬质合金、陶瓷材料及复合材料等也得到了很好的发展。

6. 多功能复合模具将进一步发展

新型多功能复合模具除了冲压成形零件外，还担负叠压、攻螺纹、铆接和锁紧等组装任务，对钢材的性能要求也越来越高。

7. 模具日趋大型化

由于用模具成形的零件日趋大型化和高生产效率要求而发展的“一模多腔”，使模具日趋大型化。

8. 模具设计与制造技术向快速成形技术方向转变

快速经济制模技术的应用是赢得市场竞争的有效方法之一。与传统的模具加工技术相比，快速经济制模技术有制模周期短、成本较低的特点，是综合经济效益较好的模具制造技术。快速原

形制造（RPM）技术是近 20 年来制造技术领域的一次重大突破。它是综合利用计算机辅助设计（CAD）技术、数控技术、材料科学技术、机械工程技术、电子技术、激光技术于一体的新技术，是当前最先进的零件和模具成形方法之一。快速成形制造（RPM）技术具有技术先进、成本较低、设计制造周期短、精度适中等优点。在未来，快速原形和快速经济制模新技术将会被进一步开发、提高和应用。

模具研磨抛光将向自动化、智能化、多样化方向发展。模具表面的质量对模具外观质量和模具使用寿命等方面有着较大的影响。模具表面的精加工是模具加工中的难题之一。采用手工研磨抛光，工人劳动强度大、效率低，且模具表面质量不稳定，制约了我国模具加工向高层次方向发展。因此，研磨抛光的自动化、智能化是提高模具表面质量的发展趋势。另外，由于模具型腔形状复杂，应大力发展特种研磨和抛光，如挤压研磨、电化学抛光、超声波抛光及复合抛光等模具精加工工艺，以达到模具表面质量的要求。

本 章 小 结

本章共有四节内容。第一节主要介绍模具的概念和种类；第二节主要讲述简单冲压模具的基本结构及其工作过程；第三节简单说明塑料模具的基本结构及其工作过程；最后一节介绍模具技术的发展趋势。

模具制造已广泛应用于国民经济的各个领域，随着制造业水平的提升和现代化，模具会得到更广泛的应用。模具制造正向着集成化、敏捷化、快速化、智能化、精细化方向发展。掌握模具设计与制造技术对职业生涯的发展将起到十分重要的作用，在制造行业中将大有可为。

模具制造已广泛应用于国民经济的各个领域，随着制造业水平的提升和发展的现代化，模具会得到更广泛的应用。模具制造正向着集成化、敏捷化、快速化、智能化、精细化方向发展。掌握模具设计与制造技术对职业生涯的发展将起到十分重要的作用，在制造行业中将大有可为。

思考练习

（1）什么是冷冲模？冷冲模与冲裁模有什么关系？
（2）什么是型腔模？
（3）按工艺性质分，冷冲模可分为哪几类？
（4）冷冲模主要由哪些零部件组成？
（5）简述常用几种冲裁模的功能。
（6）塑料模通常有哪几大类？
（7）按工艺性质分，塑料模可分为哪几类？简述各自的功能。
（8）什么是单工序模？简述其工作过程。
（9）画出简单冲裁模的示意图、标出各零件的名称并说明其作用、简述其工作过程。
（10）画出简单注射模的基本结构，各结构的组成及作用。
（11）简述模具技术的发展趋势。

第2章 常用模具材料的选用与热处理

模具的质量和性能的好坏及寿命的长短，直接关系到产品的质量、使用寿命和经济效益。模具材料及热处理以及表面强化处理工艺是影响模具质量、性能及使用寿命诸多因素中的主要因素。为了提高模具的质量和使用寿命，降低成本，增加效益，通常在制造模具时，要合理选用模具材料，正确选择热处理及表面强化工艺，大力推广应用新材料、新工艺和新技术。

2.1 常用模具材料

常用模具材料大致可分为冷作模具材料、热作模具材料和塑料模具材料三种类型。

2.1.1 冷作模具的材料

冷作模具是在常温条件下对材料进行塑性成形的用具，不同的冷作模具工作状况均是在冷状态下使金属变形，其在工作过程中承受较大的剪切力、压力、弯曲力、冲击力和摩擦力，所以冷作模具材料主要选用各种类型的钢材。

现按化学成分、工艺性能和承载能力可将冷作模具钢进行分类，其种类如表 2-1 所示。

表 2-1 冷作模具钢分类

类 别	牌 号
低淬透性冷作模具钢	T7A，T8A，T10A，T12A，8MnSi、Cr2、9Cr2，Cr06，GCr15，CrW5
高碳低合金冷作模具钢	9Mn2V、CrWMn、9CrWMn、9Mn2、MnCrWV、SiMnMo、9SiCr
高耐磨、微变形冷作模具钢	Cr12、Cr12MolVl（D2）、Cr12MoV、CrSMo1V、Cr4W2MoV、Cr12Mn2SiWMoV、C16W3M02.5V2.5、Cr6WV
高耐磨、高强韧性冷作模具钢	9Cr6W3Mo2V2（GM）、Cr8MoWV3Si（ER5）
高强韧性冷作模具钢	65Cr4W3Mo2VNb（65Nb）、6W6Mo5Cr4V（6W6）、7Cr7Mo2V2Si（LD）、7CrSiMnMoV（CH-1）、6CrNiSiMnMoV（GD）

续表

类　　别	牌　　　　号
高强度、高耐磨冷作模具钢	W18Cr4V、W12Mo3Cr4V3N、W6M05Cr4V2
特殊用途冷作模具钢	9Crl8、Crl8MoV、Crl4M0、Crl4Mo4、1Crl8Ni9Ti、5Cr21MngNi4W、7Mnl5Cr2A13V2WMo
抗冲击冷作模具钢	60Si2Mn、5CrNiMo、5CrMnMo、4CrW2Si、5CrW2Si 、6CrW2Si、9CrSi

1. 低淬透性冷作模具钢

低淬透性冷作模具钢指淬透性低的冷作模具钢，其牌号包括 T7A，T8A，T10A，T12A，8MnSi、Cr2、9Cr2，Cr06，GCr15，CrW5 钢等，但是在实际中使用最多是碳素工具钢和 GCr15 等。

碳素工具钢价格便宜，在退火状态下具有较好的切削加工性能，通过热处理能获得较高的硬度和一定的耐磨性，但是它的淬透性低、淬火开裂倾向大、淬火变形大、耐磨性比较差。因此，碳素工具钢适宜于制造尺寸较小、形状简单、载荷较轻、小批量生产的冷作模具。

在上表的模具材料中，碳素工具钢有 T7A 钢、T8A 钢、T10A 钢和 T12A 钢，其中 T7A 钢为亚共析钢，属于高韧性碳素工具钢，其强度及韧性都较高，适合制作易脆断的小型模具或承受冲击载荷较大的模具；T8A 钢为共析钢，它的淬透性、韧性等均优于 T10A 钢，耐磨性也较高，适于制作小型拉拔、拉深、挤压模具；T10A 钢为过共析钢，是性能较好的代表性碳素工具钢，其耐磨性也较高，经适当热处理后可得到较高的强度和一定的韧性，适合制作要求耐磨性较高而承受冲击载荷较小的模具；T12A 钢同样为过共析钢，对于要求高硬度和高耐磨性而对韧性要求不高的切边模、冲孔模等可以采用此类型钢。

在表 2-1 所示的模具材料中 GCr15 钢具有过共析成分，并加入少量的 Cr 以提高淬透性和耐回火性，是专用的轴承钢之一，但是也常用来制造冷作模具，如落料模、冷挤压模和成形模等。

2. 高碳低合金冷作模具钢

高碳低合金冷作模具钢的牌号包括 9Mn2V、CrWMn、9CrWMn、9Mn2、MnCrWV、SiMnMo、9SiCr 钢等，它是在碳素工具钢的基础上加入了适量的 Cr、Mo、W、V、Si、Mn 等合金元素发展而来。通过加入这些合金元素可以降低淬火冷却速度，减少了热应力、组织应力和淬火变形及开裂倾向，从而提高钢的淬透性。加入合金元素还可以提高耐回火性，由此提高了模具的整体使用性能。在碳素工具钢不能应用的情况下，可考虑用高碳低合金钢来制作。

高碳低合金冷作模具钢常用的钢号包括 CrWMn、9Mn2V、9SiCr、9CrWMn、9Mn2、MnCrWV、SiMnMo 钢等，在使用中 CrWMn 钢和 9Mn2V 钢是最常用的两种。

（1）CrWMn 钢。CrWMn 钢含有 Cr、Mn 和 W 元素，含有 Cr 为 0.90%～1.20%，W 为 1.20%～1.60%，Mn 为 0.80%～1.10%。由于含有 W 元素，该钢在淬火和低温回火后含有较多的钨的碳化物（比铬钢和 9SiCr 钢要多），所以它的硬度更高，耐磨性更好，而且 W 元素有助于保存细小晶粒，从而使钢获得较好的韧性。由该钢制成的刃具其崩刃现象较少，并能较好地保持刀刃形状和尺寸。

CrWMn 钢与碳素工具钢相比，其淬透性、淬硬性、强韧性、耐磨性及热处理变形性均优于碳素工具钢，是使用较为广泛的冷作模具钢。该钢主要用于制造变形小、形状较复杂的轻载冲裁模，轻载拉延、弯曲和翻边模等。

（2）9Mn2V 钢。9Mn2V 钢含有 Mn 为 1.70%～2.00%，V 为 0.10%～0.25%。是不含 Cr 元素的冷作模具钢，但是含有 Mn 元素和 V 元素。该钢中含有 Mn 元素主要是为了提高钢的淬透性，晶粒易长大；加含有少量的 V 元素目的是可以抑制晶粒长大，细化了晶粒，克服 Mn 元素的过热倾向，同时使二次碳化物细小且分布均匀。9Mn2V 钢是一种综合力学性能优于碳素工具钢的低合金工具钢，具有较高的硬度和耐磨性。

9Mn2V 钢适用于制造各种精密量具、样板，也用于制造一般要求的且尺寸比较小的冲模及冷压模、雕刻模、弯曲模和落料模等。9Mn2V 钢与 CrWMn 钢比较，其碳化物不均匀性比 CrWMn 钢小，所以冷加工及锻造性能比 CrWMn 钢好，但是淬透性、淬硬性、回火稳定性、耐磨性及强度略低于 CrWMn 钢。9Mn2V 钢有时可以替代 T10A 钢和 CrWMn 钢。

（3）9SiCr 钢。9SiCr 钢是低合金工具钢，含有 Si 为 1.20%～1.60%，Cr 为 0.95%～1.25%。该钢具有较好的淬透性、淬硬性和回火稳定性，适宜分级淬火或等温淬火，这对于防止其淬火变形极为有利，但是其缺点是加热时脱碳倾向性较大。Si 元素还能细化碳化物，可获得均匀细小的粒状碳化物组织。

9SiCr 钢适用于在标准件行业中用做切边模、冲针、冷挤模、冷镦模；在机加工行业中常用做中等载荷的直剪刃、成形剪刃、打印模；在冶金行业中常用做厚钢板的剪切刃具。

3．高耐磨微变形冷作模具钢

低变形冷作模具钢的性能优于碳素工具钢，但其耐磨性、强韧性、变形要求等均不能满足形状复杂的重载冷作模具的制作要求。对于形状复杂的重载冷作模具，必须采用性能更好的模具钢，高耐磨微变形冷作模具钢就是其中之一。

高耐磨微变形冷作模具钢的牌号包括 Cr12、Cr12MolVl（D2）、Cr12MoV、CrSMo1V、Cr4W2MoV 钢等。现以 Cr12 型钢为例进行介绍。

Cr12 钢是一种应用广泛的冷作模具钢，含有的 Cr 元素高达 12%，主要包括 Cr12、 Cr12MoV 和 Cr12Mo1V1 钢，属于高碳高铬类型的莱氏体钢。钢中有大块状的共晶碳化物和较严重的网状碳化物，尤以 Crl2（含碳量高）钢最为突出，碳化物不均匀性严重，因此，其脆性大，用于制造模具时易产生崩刃和脆断，淬火加热时碳化物大量融入奥氏体中，得到高硬度马氏体。由于其硬度很高，因而提高了钢的耐磨性。

Cr12MoV 钢的含碳量比 Cr12 钢少，并加入 Mo、V 元素使钢中碳化物分布不均匀性明显改善，韧性显著提高。Cr12Mo1V1 钢是新研制的钢种，由于 Mo、V 元素含量增加，其组织结构进一步细化，钢的耐磨性、强韧性较 Cr12MoV 钢要高，但锻造性能稍差，易断裂，退火软化也比较困难。

图 2-1 Cr12Mo1V1 模具钢

Crl2 钢由于具有良好的耐磨性和高硬度，适用于制造受冲击负荷较小的要求高耐磨的冷冲模及冲头、冲裁模、钻套、量规、拉丝模、压印模、搓丝板和螺纹滚模等模具，也可用来制造冲孔凹模、复杂模具上的镶块、钢板深拉伸模、拉丝模、螺纹挫丝板、冷挤压模等模具或零件。图 2-1 所示为 Cr12Mo1V1 模具钢。

4．高耐磨、高强韧性冷作模具钢

高耐磨、高强韧性冷作模具钢有的牌号包括 9Cr6W3Mo2V2（GM）、Cr8MoWV3Si（ER5）钢等。

（1）9Cr6W3Mo2V2 钢。9Cr6W3Mo2V2 钢是莱氏体钢，含有 Cr 为 5.60%～6.40%，Mo 为 2.00%～2.50%。它是高硬度冷作模具钢，是制作精密、耐磨、高寿命冷作模具的新钢种，其韧度和耐磨性均高于 Crl2 钢。该钢中增加了 W、Mo、V 元素，既可以提高淬透性，又可以细化晶粒，并增大基体强度，同时可以强化二次硬化效果。

9Cr6W3Mo2V2 钢适用于制作冷挤压、冷锻、冷剪、高强度螺栓滚丝轮等高耐磨精密模具，它已在高速冲床多工位级进模、滚螺纹模、切边模、拉深模等模具中得到较好应用。

（2）Cr8MoWV3Si 钢。Cr8MoWV3Si 钢包含 Si 为 0.90%，W 为 0.80%～1.20%，Mo 为 1.40%～1.80%，V 为 2.2.%～2.70%。该钢是在美国专利钢种成分的基础上研制的新型冷作模具钢，它的与基体钢（后面要介绍到）相比，提高了含碳量和 Cr、Mo、W 等碳化物元素的含量，但碳化物数量少，颗粒细小，分布均匀。Cr8MoWV3Si 钢比 Cr12 钢具有更高的强韧性和耐磨性。

Cr8MoWV3Si 钢适用于制作承受冲击力较大、冲击速度较高的精密冷冲模具、重载荷冷冲模具以及要求高耐磨性的冷作模具。

5．高强韧性冷作模具钢

高强韧性冷作模具钢的牌号包括 65Cr4W3Mo2VNb（65Nb）、6W6Mo5Cr4V（6W6）、7Cr7Mo2V2Si（LD）钢等。

（1）65Cr4W3Mo2VNb 钢。65Cr4W3Mo2VNb 钢是一种基体钢，含有 Cr 为 3.80%～4.40%，W 为 2.50%～3.50%，Mo 为 1.8 0 %～2.50%，V 为 0.20%～1.20%，Nb 为 0.20%～0.40%。基体钢是指具有高速钢正常淬火后基体成分的钢，与高速钢相比，基体钢的过剩碳化物少，颗粒细小，分布均匀，韧性好，疲劳强度高，保持较高的耐磨性和热硬性，既适用于冷作模具，又适用于热作模具。

65Cr4W3Mo2VNb 钢是以 W6Mo5Cr4V2 高速钢为母体，在其淬火基体成分基础上，适当增加含碳量，并用少量铌合金化的改型基体钢，它是一种高强韧冷热兼用模具钢。

65Cr4W3Mo2VNb 钢特别适用于复杂、大型或难变形金属的冷挤压模具和受冲击负荷较大的冷镦模具，有时也用于热作模具，但以冷作模具为主。

（2）6W6Mo5Cr4V 钢。6W6Mo5Cr4V 钢含有 W 为 6.00%～7.00%，Mo 为 4.50%～5.50%，V 为 0.70%～1.10%。它属于降碳减钒型钨钼系高速钢，又称降碳高速钢，该钢与 W6Mo5Cr4V2 钢相比，其含碳量减少，改善了碳化物分布的均匀性，提高了抗弯强度和冲击韧度，但仍保持了良好的回火稳定性。它具有类似高速钢的高硬度、高耐磨性、高强度和良好的红硬性，而韧性优于高速钢。

6W6Mo5Cr4V 钢主要适用于制造冷挤压模具、拉深模具、冷挤压凸模或冷镦模等。

（3）6CrNiSiMnMoV 钢（GD 钢）。基体钢虽然具有高强韧性和较好的耐磨性的特点，但是在其成分中所含合金元素总量大于 10%，成本相对较高；热处理时淬火温度区间较窄，一般不能用箱式电阻炉加热淬火，这些都限制了该类钢在中小企业的推广使用。GD 钢是针对基体钢的上述缺陷而研制的新钢种。

GD 钢属于高强韧性低合金冷作模具钢，其成分与 CrWMn 钢相比，降低了含碳量，增加了 Ni、Si 元素，合金元素的总质量分数在4%左右。该钢碳化物偏析小，分布均匀，主要力学性能如冲击韧度、断裂韧性和抗压屈服点显著优于 CrWMn 钢和 Crl2MoV 钢，而耐磨性略低于 Crl2MoV 钢，但优于 CrWMn 钢。

GD 钢可代替 CrWMn、Crl2、GCrl5、9Mn2V、6CrW2Si、9SiCr 等钢制作各种类型的易崩刃、易断裂的冷作模具，如冷挤、冷弯、冷镦模，精密塑料模，温挤压模等，尤其适用于制作各种异形、细长薄片冷冲凸模、形状复杂的大型薄壁凸凹模、中厚钢板冲裁模及剪刀片等，与上述传统模具钢相比，寿命提高几倍到几十倍。

6. 高强度、高耐磨冷作模具钢

高强度、高耐磨冷作模具钢要求具有高的强度、高的抗压性、高的耐磨性和高的热稳定性。高速钢是此类钢的典型钢种，它具有很高的硬度、耐磨性、热硬性、足够的强度和韧性，还同时具备热硬性和很高的回火稳定性。它的型号包括 W18Cr4V、W12Mo3Cr4V3N、W6Mo5Cr4V2 钢等。

（1）W18Cr4V 钢。W18Cr4V 钢为钨系高速钢，是莱氏体钢。该钢具有高硬度、高强度、高抗压性、高耐磨性和高热稳定性等特点。对于要求有高热强性的工具和热作模具一般可以选用 W18Cr4V 钢，其热处理范围较宽，淬火不易过热，热处理过程中不易氧化脱碳，磨削加工性能较好。

W18Cr4V 钢适用于冷挤压黑色金属的凸模，冷镦冲头，中厚钢板冲孔冲头（直径为 10～25 mm），直径小于 5～6 mm 的小凸模以及用于冲裁奥氏体钢、弹簧钢、高强度钢板的中、小型凸模和粉末冶金压模等重载冲头和冷挤压模具。

（2）W6Mo5Cr4V2 钢。W6Mo5Cr4V2 钢为钨钼系高速钢的代表，以 Mo 元素代替了部分 W 元素，使铸态莱氏体得到细化，轧制后碳化物不均匀程度较轻，粒度也细，该钢具有碳化物细小均匀、韧性高以及热塑性好等优点逐步取代 W18Cr4V 钢成为主要的高速钢代表。W6Mo5Cr4V2 钢的韧性、耐磨性以及热塑性等综合性能均优于 W18Cr4V 钢，其硬度、热硬性和高温硬度与 W18Cr4V 钢相当，因此 W6Mo5Cr4V2 钢适用于制作高负荷下的耐磨损零件如冷挤压模具。

7. 特殊用途冷作模具钢

特殊用途冷作模具钢的牌号包括 9Crl8、Crl8MoV、Crl4Mo、Crl4Mo4、1Crl8Ni9Ti、5Cr21MngNi4W 钢等。

（1）9Cr18 钢。9Cr18 钢是耐蚀冷作模具钢，属于高碳高铬马氏体不锈钢，具有淬火后具有高硬度、高耐磨性和耐腐蚀性能的特点，它含有 C 为 0.90%～1.00%，Cr 为 17.00%～19.00%。它的耐腐蚀性要差于低碳不锈钢，但是其强度、硬度和耐磨性等力学性能有了显著的提高。该钢适用于制造承受高耐磨、高负荷以及在腐蚀介质作用下的塑料模具。

（2）7Mn15Cr2Al3V2WMo 钢。7Mn15Cr2Al3V2WMo 钢代号为 70Mn15，它含有 Mn 为 14.50%～16.00%，Al 为 2.70%～3.30%，Cr 为 2.00%～2.50%。它属于无磁模具钢，是一种高锰—钒系无磁钢。该钢在各种状态下都能保持稳定的奥氏体组织，具有非常低的导磁系数，高的硬度、强度，较好的耐磨性。由于高锰钢的冷作硬化现象，切削加工比较困难。可采用高温退火工艺来改变碳化物的颗粒尺寸、形状与分布状态，从而可明显地改善钢的切削加工性能。

7Mn15 钢适用于制造无磁模具。由于其具有较高的高温强度和硬度，也可用来制造 700～800 ℃温度下使用的热作模具。

8．抗冲击冷作模具钢

抗冲击冷作模具钢这组钢属于中碳低合金工具钢，具有高韧性、高的耐冲击疲劳能力，但抗压和耐磨性不高。它主要用于冲剪工具和大、中型冷墩模、精压模等，该钢的牌号包括 60Si2Mn、5CrNiMo、5CrMnMo、4CrW2Si、5CrW2Si 钢等。

（1）60Si2Mn 钢。60Si2Mn 钢为硅锰弹簧钢，含有 Si 为 1.50%～2.00%。该钢经过适当的热处理后具有高屈服强度、高疲劳极限和优良的塑性等特点，是一种价格低廉的冷作模具钢，主要适用于内、外六角螺栓的成形，制造螺母冷镦模具、冷镦凸模、硬质合金凹模预应力套、中或厚钢板穿孔凸模等。

（2）5CrNiMo 钢。5CrNiMo 钢具有良好的韧性、强度和高耐磨性。它在室温下和温度为 500～600℃时的力学性能几乎相同。在加热到 500℃时，仍能保持住 300 HB 左右的硬度。由于钢中含有 Mo 元素，因而其对回火脆性并不敏感。从 600℃缓慢冷却下来以后，冲击韧性仅稍有降低。5CrNiMo 钢具有良好的淬透性。但是该钢易形成白点，所以需要严格控制冶炼工艺及锻轧后的冷却制度。

5CrNiMo 钢适用于来制造各种大、中型锻模。它是目前国内用量较大的锻模钢，通用性强，大、中、小型模具，深、浅型槽的模具均用 5CrNiMo 钢。由于新钢种的研制成功，5CrNiMo 钢的应用范围在逐渐缩小。由于该钢淬透性好，更适合用于大批量生产中的大、中型模具的制造。

2.1.2　热作模具的材料

热作模具是指主要用于热变形加工和压力铸造的模具。热作模具能够使加热的固体金属在一定压力作用下发生塑性变形，也可使高温的液态金属铸造成形。因此需要热作模具的材料满足高温强度、热稳定性、热疲劳性、导热性、冲击韧性和断裂性等使用性能的要求。表 2-2 所示为热作模具钢的分类。

表 2-2　热作模具钢分类

类　别	按性能分类	按合金分	牌　　号
锤锻模用钢	高韧性热作模具钢	低耐热模具钢	5CrNiMo、5CrMnMo、4CrMnSiMoV
热锻模、热挤压模用钢、热镦模具用钢	高热强热作模具钢	中合金热作模具钢	3Cr2W8V、4Cr5MoSiV、4Cr5MoSiV1、4Cr5W2VSi、3Cr3Mo3W2V、4Cr3Mo3SiV、5Cr4W5Mo2V、5Cr4Mo3SiMnVAl
	特高热强热作模具钢	高合金热作模具钢	7Mn15Cr2Al3V2Wmo
压铸模用钢	高热强热作模具钢	中合金热作模具钢	4Cr5MoSiVl、3Cr2W8V
冲裁模用钢	高耐磨热作模具钢	低合金高碳模具钢	8Cr3、7Cr3

1．低耐热高韧性热作模具钢

低耐热高韧性热作模具钢主要用于各种尺寸的锤锻模、平锻机锻模和大型压力机锻模等，其型号包括 5CrNiMo、5CrMnMo、4CrMnSiMoV 钢等。

（1）5CrMnMo 钢。5CrMnMo 钢含有 Cr 为 0.60%～0.90%，Mn 为 1.20%～1.60%等，不含 Ni 元素。其力学性能与前面讲述的 5CrNiMo 钢相近，是为了节约 Ni 元素而研制的新钢种，用 Mn 元素取代了 Ni 元素。5CrMnMo 钢的强度略高于 5CrNiMo 钢，而冲击韧度明显低于 5CrNiMo 钢。

5CrMnMo 钢只适用于制造一些对强度和耐磨性要求较高，而韧性要求不太高的各种中、小型锤锻模具及部分压力机模块（最大边长不大于 400 mm），也可用于工作温度低于 500℃的其他小型热作模具。

（2）4CrMnSiMoV 钢。4CrMnSiMoV 钢含有 Cr 为 1.30%～1.50%，含有 Si 和 Mn 均为 0.80%～1.10%，含有 Mo 为 0.40%～0.60%，含有 V 为 0.20%～0.40%等。该钢的特点是具有较高的强度、耐磨性、良好的冲击韧度、淬透性，并有较高的抗回火性以及较好的高温强度和热疲劳性能；其高温性能、抗回火稳定性、热疲劳性均比 5CrNiMo 钢好，主要适用于制造大型锤锻模和水压机锻造用模。

2．中耐热韧性热作模具钢

中耐热韧性热作模具的特点是含碳质量分数较低，含有较多的 Cr、Mo、V 等碳化物形成元素，在较小截面时与 5CrNiMo 钢具有相近的韧性，而在工作温度为 500～600℃时具有更高的硬度、热强性和耐磨性，适用于加工热变形用模具（机锻模、高速锤锻模）和压铸模上，其牌号包括 3Cr2W8V、4Cr5MoSiV、4Cr5MoSiV1、4Cr5W2Vsi 钢等。

（1）4Cr5MoSiV（H11）钢。4Cr5MoSiV 钢含有含有 Cr 为 4.75%～5.50%，含有 Mn 为 0.20%～0.50%，含有 Mo 为 1.10%～1.16%等。该钢是一种空冷硬化的热作模具钢，特点是在中温条件下具有很好的韧性，较好的高温强度、热疲劳性能和一定的耐磨性。在较低的奥氏体化温度条件下进行空淬，其热处理变形小，空淬时产生氧化铁皮的倾向小，而且可以抵抗熔融铝的冲蚀作用。

4Cr5MoSiV（H11）钢适用于制造铝铸件用的压铸模、热挤压模和穿孔用的工具和芯棒、压力机锻模以及塑料模等。

（2）4Cr5MoSiV1（H13）钢。4Cr5MoSiV1 钢是一种空冷硬化的热作模具钢，也是所有热作模具钢中使用最广泛的钢号之一。与 H11 钢相比，该钢具有较高的高温强度和硬度。在中温条件具有很好的韧性、热疲劳性能和一定的耐磨性，在较低的奥氏体化温度条件下进行空淬，其热处理变形小，空淬时产生氧化铁皮的倾向小，而且可以抵抗熔融铝的冲蚀作用。

4Cr5MoSiV1 钢广泛适用于制造热挤压模具和芯棒、模锻锤的锻模、锻造压力机模具，精锻机用模具镶块以及合金的压铸模。

（3）4Cr5W2VSi（W2）钢。4Cr5W2VSi 钢在中温下具有较高的高温强度、硬度、耐磨性、韧性和较好的热疲劳性能。采用电渣重熔技术，可以比较有效地提高该钢的横向热疲劳性能。

4Cr5W2Vsi 钢适用于制造热挤压用的模具和芯棒，铝、锌等轻金属的压铸模，热顶锻结构钢和耐热钢用的工具，以及成形某些零件用的高速锤模具。

3．高耐热性热作模具钢

高耐热性热作模具钢含碳量不高，但是合金元素含量高。这类钢的耐热性、耐磨性高，淬透性好，有强烈的二次硬化效果，同时具有较高的回火稳定性，较高的抗疲劳性和断裂韧性。高耐热性热作模具钢的塑性、韧性和抗疲劳性低于中耐热韧性钢，但是具有较高的回火稳定性及热稳定性，主要适用于较高温度下工作的热顶锻模具、热挤压模具、铜及黑色金属压铸模具和压力机模具等。其牌号包括 3Cr2W8V（H21）、4Cr3Mo2NiVNbB（HD）钢等。

（1）3Cr2W8V（H21）钢。3Cr2W8V 钢是钨系高耐热性热作模具钢的代表钢号，合金元素以 W 为主，含 W 量高达 8%以上，它是我国制作热作模具的传统用钢。该钢因其冷热疲劳抗力差，在急热、急冷条件下工作容易出现冷热疲劳裂纹，所以不适宜在急冷、急热条件下工作，但因其抗回火能力较强，仍作为高热强性热作模具钢在许多热加工领域中应用。

3Cr2W8V（H21）钢适用于制造压力机锻模、热挤压模、压铸模等。图 2–2 所示为 3Cr2W8V 模具钢。

图 2–2　3Cr2W8V 模具钢

（2）4Cr3Mo2NiVNbB（HD）钢。4Cr3Mo2NiVNbB 钢是综合了 3Cr2W8V 钢和 H13 钢的优点而研制的新钢种，在钢中加入了一定数量的 Cr、Mo、V 等合金元素，通过强化基体并形成有效的强化第二相，提高钢的高温性能。该钢具有高温强度较高，热稳定性及塑性较好的特点。它高温强度、回火稳定性、断裂韧性、热疲劳性能和耐磨性均优于 3Cr2W8V 钢，而耐热性优于 H13 钢。

HD 钢主要用来替代 3Cr2W8V 钢制作热挤压凸模与凹模，适用于制造钢质药筒热挤压凸模、铜合金管材挤压底模和穿孔针、热挤压轴承环的凸模与凹模、气门挤压底模等模具。

4．特殊用途的热作模具钢

随着科学技术的不断发展，新的热加工工艺方法不断涌现，为了满足对模具性能的要求，出现了几种特殊用途的热作模具钢，主要有奥氏体耐热钢、高温合金、难熔合金等。

（1）奥氏体热作模具钢。为了满足模具在 750℃以上的温度下的耐高温、耐腐蚀、抗氧化要求而引入的奥氏体耐热钢获得了广泛的应用。奥氏体耐热钢的优点是组织比较稳定，在加热和冷却过程中均不发生相变，具有很高的高温强度和耐热性。其缺点是线膨胀系数大，导热性差，降低了热疲劳性能，不适宜作为强烈水冷的模具材料。

奥氏体耐热钢主要包括铬镍系奥氏体钢和高锰系奥氏体钢两种。铬镍系奥氏体钢的代表钢种包括 4Cr14Ni14W2Mo、Cr14Ni25Co2V 钢；高锰系奥氏体钢的代表钢种包括 5Mn15Cr8Ni5Mo3V2、7Mn10Cr8Ni10Mo3V2 钢。

（2）高温合金。当挤压耐热钢管时，模具型腔温度会高达 900～1 000℃，就需要采用高温合金来制造模具，如铁基、镍基、钴基合金。常用的镍基合金中，以尼莫尼克 100 镍铬合金的高温强度最高，在 900℃时持久强度仍有 150 MPa，可用于制作挤压耐热钢零件或挤压铜管的凹模及芯棒。

2.1.3 塑料模具的材料

随着塑料产量的提高和应用领域的不断扩大，对塑料模具提出了越来越高的要求，现在塑料模具也是不断进步发展。我国目前用于塑料模具的钢种，可按钢材特性和使用时的热处理状态进行分类，其类型如表 2-3 所示。

表 2-3 塑料模具钢分类

类别	牌号
渗碳型	20、20Cr、20Mn、12CrNi3A、20CrNiMo、DT1、DT2、0Cr4NiMoV（LJ）
调质型	45、50、55、40Cr、40Mn、50Mn、S48C、4Cr5MoSiV、38CrMoAlA
淬硬性	T7A、T8A、T10A、5CrNiMo、9SiCr、9CrWMn、GCrl5. 3Cr2WSV、Cr12MoV、45Cr2NiMoVSi、6CrNiSiMnMoV
预硬性	3Cr2Mo、Y20CrNi3AlMnMo（SM2）、5NiSCa、Y55CrNiMnMoV（SMl）、4Cr5MoSiV、8Cr2MnWMoVS（8Cr2S）
耐蚀性	3Cr13、2Cr13、Cr16Ni4Cu3Nb（PCR）、1Cr18Ni9、3Crl7Mo、0Cr17Ni4Cu4Nb（17-4PH）
时效硬化型	18Nil40、18Nil70、18Ni210、10Ni3MnCuAI（PMS）、18Ni9Co、06Nil6MoVTiAI、25CrNi3MoM
碳素型	SM45、SM48、SM50、SM53、SM55
无磁型	7Mnl5Cr2A13V2WMo、18Mn12Cr18NiN、8Mn15Cr18

1. 渗碳型塑料模具钢

渗碳型塑料模具钢主要用于制造冷挤压成形的塑料模具。为了便于冷挤压成形，这类钢在进行退火处理时需要有高的塑性和低的变形抗力，因此，对这类钢要求有低的或超低的碳含量。为了提高模具的耐磨性，这类钢在冷挤压成形后一般都进行渗碳和淬、回火处理。该钢的牌号包括20、20Cr、20Mn、12CrNi3A、20CrNiMo、DT1、DT2、0Cr4NiMoV（LJ）钢等。

（1）0Cr4NiMoV（LJ）钢。LJ 钢含碳量很低，具有良好的锻造性能和热处理性能，它的变形抗力低。该钢中主要元素为 Cr，辅助元素为 Ni、Mo、V 等，这些合金元素的作用是增加渗碳层的硬度和耐磨性以及心部的强韧性和提高淬透性、渗碳能力。

LJ 钢主要用途是替代 10、20 钢及工业纯铁等冷挤压成形的精密塑料模具。由于其渗碳淬硬层较深，基体硬度高，不会出现型腔表面塌陷和内壁咬伤现象，使用效果良好。

（2）20Cr 钢。20Cr 钢与 20 钢相比，其具有较好的淬透性、中等的强度和韧性的特点，经渗碳处理以后，具有很高的硬度、耐磨性和适当的抗腐蚀性。

20Cr 钢适用于制造中、小型塑料模具。为了提高模具型腔的耐磨性，模具成形后需要进行渗碳处理，然后再进行淬火和低温回火，从而保证模具表面具有高硬度、高耐磨性，心部具有很好的韧性。对于使用寿命要求不很高的模具，也可以直接进行调质处理。

（3）12CrNi3A 钢。12CrNi3A 钢属于是中淬透性合金渗碳钢，该钢的碳含量较低，加入 Ni、Cr 合金元素，以提高钢的淬透性和渗碳层的强韧性，它在淬火、低温回火或高温回火后具有良好的综合力学性能。

12CrNi3A 钢适用于作为冷挤压成形的形状复杂的浅型腔塑料模具，也可用来制造大、中型切削加工成形的塑料模具，为了改善切削加工性，模具必须经正火处理。

2. 调质型塑料模具钢

调质型塑料模具用钢的牌号包括 45、50、55、40Cr、40Mn、50Mn、S48C、4Cr5MoSiV 钢等，现用 40Cr 钢为例进行介绍。

40Cr 钢是机械制造行业中使用最为广泛的钢种之一，该钢在调质处理后具有良好的综合力学性能、低的缺口敏感性和良好的低温冲击韧度。钢的淬透性良好，水淬时可淬透到 ϕ28～ϕ60 mm，油淬时可淬透到 ϕ14～ϕ15 mm。由于该钢切削性能较好，适用于制作中型塑料模具。

3. 淬硬性塑料模具用钢

在应用中，负荷较大的热固性塑料模和注射模，除了要求型腔表面应有高耐磨性之外，还要求模具基体具有较高的强度、硬度和韧性，以避免或减少模具在使用中产生塌陷、变形和开裂现象，那么这类模具可选用淬硬型塑料模具用钢来制造。该钢的牌号包括 T7A、T8A、T10A、5CrNiMo、9SiCr、9CrWMn、GCrl5、3Cr2WSV、Cr12MoV、45Cr2NiMoVSi 钢等。

常用的淬硬型塑料模具钢包括碳素工具钢（如 T7A、T10A）、高速钢（如 W6MoSCr4V2 钢）、低合金冷作模具钢（如 9SiCr、9Mn2V、CrWMn、GCr15、7CrSiMnMoV 钢等）、Cr12 型钢（如 Cr12MnV 钢）、基体钢和某些热作模具钢等。这些钢的最终热处理一般是淬火和低温回火（少数采用中温回火或高温回火），热处理后的硬度通常在 45～50 HRC 以上。表 2-4 所示为常见的淬硬性塑料模具用钢的应用范围。图 2-3 所示为 9CrWMn 模具钢。

图 2-3　9CrWMn 模具钢

表 2-4　常见的淬硬性塑料模具用钢的应用范围

名　称	用　　途
碳素工具钢	仅适用于制作尺寸不大，受力较小，形状简单以及防变形要求不高的塑料模
低合金冷作模具钢	主要适用于制作尺寸较大、形状较复杂和精度较高的塑料模
Cr12MoV 钢	适用于制作要求高耐磨性的大型、复杂和精密的塑料模
W6M05Cr4V2 钢	适用于制作要求强度高和耐磨性好的塑料模
热作模具钢	适合用于制作有较高强韧性和一定耐磨性要求的塑料模

除表 2-4 所介绍的几种外，在前面讲过的 GD 钢也是推广使用的一种淬硬性塑料模具用钢。

4．预硬性塑料模具用钢

预硬性塑料模具钢就是由冶金厂在供货时就对模具钢材或模块预先进行调质处理，得到模具所要求的硬度和使用性能。当模具通过一定方法加工成形后，不需要再进行最终热处理就可以直接使用，从而从源头避免由于热处理而引起的模具变形和裂纹问题。该钢的牌号包括 3Cr2Mo、Y20CrNi3AlMnMo（SM2）、5NiSCa、Y55CrNiMnMoV（SMl）、4Cr5MoSiV 钢等。

（1）3Cr2Mo 钢。3Cr2Mo 钢是国家引进的美国塑料模具钢常用钢号，又称 P20 钢。该钢综合力学性能好，淬透性高，可以使较大截面钢材获得较均匀的硬度，并具有良好的镜面加工性能，模具表面粗糙度好。在使用该钢制造模具时，一般先进行调质处理，硬度为 28～35 HRC（即预硬化），再经冷加工制造成模具后，可直接使用。

3Cr2Mo 钢适用于制造大、中型的精密的长寿命塑料模具和低熔点锡、锌、铅等合金用的压铸模具等。图 2-4 所示为 3Cr2Mo 模具钢。

图 2-4　3Cr2Mo 模具钢

（2）3Cr2MnNiMo 钢。3Cr2MnNiMo 钢简称 718 钢，其综合力学性能好，淬透性高，可以使大截面钢材在调质处理后具有较均匀的硬度分布，有很好的镜面加工性能和低的粗糙度。

3Cr2MnNiMo 钢是镜面塑料模具钢，来自瑞典 ASSAB 厂家的钢号，相当于市场上俗称的 P20+Ni 钢，可预硬化交货。该钢具有高淬透性，良好的抛光性能、电火花加工性能和皮纹加工性能，适用于制作大型镜面塑料模具、汽车配件模具、家用电器模具、电子音响产品模具。图 2-5 所示为 3Cr2MnNiMo 预加硬塑胶模具钢。

图 2-5　3Cr2MnNiMo 预加硬塑胶模具钢

5．耐蚀性塑料模具用钢

生产化学腐蚀介质的塑料制品（如聚氯乙烯、聚苯乙烯和阻燃塑料等）时，模具材料必须具有较好的抗腐蚀性能。一般可以在模具表面采取镀铬保护措施，但是在生产中主要是需采用耐蚀钢制造模具，一般采用中碳或高碳的高铬马氏体不锈钢。该钢的型号包括 3Cr13、2Cr13、Cr16Ni4Cu3Nb（PCR）、1Cr18Ni9、3Crl7Mo、9Cr18 钢等。

（1）2Cr13 钢。2Crl3 钢属于马氏不锈钢，该钢力学性能较好，经热处理后具有优良的耐腐蚀性能，较好的强韧性，适用于制造承受高负荷并有腐蚀介质作用的塑料模具、不透明和透明塑料制品模具等。

（2）9Cr18 钢。9Cr18 钢属高碳高铬型马氏体不锈钢，经淬火、回火后具有高硬度、高耐磨性和耐腐蚀性的性能。由于该钢属于莱氏体钢，容易形成不均匀的碳化物偏析而影响模具使用寿命，所以在热加工时必须严格控制热加工工艺。

9Cr18 钢适用于制造承受高耐磨、高负荷以及在腐蚀介质作用下的齿轮、微型开关等精密塑料模具。

（3）0Cr16Ni4Cu3Nb（PCR）钢。0Cr16Ni4Cu3Nb（PCR）钢是马氏体沉淀硬化不锈钢，经固溶及时效处理后，有较好的综合力学性能和抗蚀性能，在含 F、Cl 等离子的腐蚀性介质中的耐蚀性明显优于马氏体型不锈钢。

PCR 钢适用于制造含 F、Cl 或加入阻燃剂的热塑性塑料的注射模具，或在腐蚀环境条件下要求承高负荷、高耐磨、精密的塑料模具。

6. 时效硬化型塑料模具用钢

对于复杂、精密、高寿命的塑料模具要保持其高寿命，模具材料的使用状态必须有高的综合力学性能，要通过最终热处理来达到要求，但是一般最终热处理工艺（淬火和回火）会导致模具热处理变形，即模具的精度很难达到要求。那么时效硬化塑料模具钢在固溶硬化后变软可进行切削加工，待冷加工成形后进行时效处理，可获得很高的综合力学性能，时效热处理变形很小，而且这类钢一般具有焊接性能好以及可以进行表面氮化等优点，适于制造复杂、精密、高寿命的塑料模具。该钢的型号包括 18Nil40、18Nil70、18Ni210、10Ni3MnCuAI（PMS）、18Ni9Co 等。

（1）18Ni 系列钢。18Ni 系列钢属于低碳马氏体时效钢，其特点是含碳质量极低，目的是改善钢的韧性。因这类钢的屈服强度有 1400 MPa，1700 MPa，2100 MPa 三个级别，可分别简写为 18Ni140 级、18Ni170 级和 18Ni210 级，也分别对应国外的 18Ni250 级、18Ni300 级和 18Ni350 级。18Ni 马氏体时效钢中起时效硬化作用的合金元素是 T、Al、Co、Mo。18Ni 中加入大量的 Ni，主要作用是保证固溶体淬火后能获得单一的马氏体，其次 Ni 与 Mo 作用形成时效强化相 Ni3Mo，Ni 的质量分数在 10%以上，可以有效地提高马氏体时效钢的断裂韧度。

18Ni 系列钢主要适用于精密锻模及制造高精度、超镜面、型腔复杂、大截面、大批量生产的塑料模具。其缺点是因 Ni、Co 等贵重金属元素含量高，价格昂贵，所以在应用受到条件限制。

（2）25CrNi3MoAl 钢。25CrNi3MoAl 钢是低碳合金马氏体时效硬化型钢，该钢经奥氏体化固溶处理后得到板条状马氏体组织，硬度为 48～50 HRC，然后在温度为 650～680℃内回火，降低钢的硬度以便于切削加工制成模具。最后在温度为 500～540℃内进行时效处理，从而保证模具的使用性能。

25CrNi3MoAl 钢适用于制造形状复杂、精密的塑料模具，也可以用于制造冷挤压型腔的塑料成形模具。

7. 碳素型塑料模具用钢

国外通常利用碳的质量分数为 0.50%～0.60%的碳素钢作为碳素塑料模具钢。国内对于生产批量不大、没有特殊要求的小型塑料模具，采用价格便宜、来源方便、加工性能好的碳素钢（如 45 钢、50 钢、55 钢、T8 钢、T10 钢）制造。为了保证塑料模具具有较低的表面粗糙度值，对碳素钢的冶金质量提出了一些特殊要求，如钢材的有害杂质含量、低倍组织等。这类钢一般适用于制造普通热塑性塑料成形模具。该钢的型号包括 SM45、SM48、SM50、SM53、SM55 钢等，现主要介绍 SM45 和 SM50 钢两种碳素塑料模具钢。

（1）SM45 钢。SM45 属于优质碳素塑料模具钢，由于该钢淬透性差，制造较大尺寸塑料模具时，一般用热轧、热锻或正火状态，模具的硬度低，耐磨性较差。制造小型塑料模具时，用调质处理可获得较高的硬度和较好的强韧性。钢中碳含量较高，水淬容易出裂纹，一般采用油淬。

SM45 钢优点是价格便宜，切削加工性能好，淬火后具有较高的硬度，调质处理后具有良好的强韧性和一定的耐磨性，被广泛用于制造中、小型的中、低档次的塑料模具和模架。

（2）SM50 钢。SM50 钢属于碳素塑料模具钢，其力学性能比普通的 50 钢更稳定。SM50 钢经正火或调质处理后，具有一定的硬度、强度和耐磨性，而且价格便宜，切削加工性能好。缺点是 SM50 钢的焊接性能不好，冷变形性能差。

SM50 钢适用于制造形状简单精度要求不高的小型塑料模具、使用寿命不长的模具等。

2.2　模具材料的选用

模具材料对模具的正常使用、模具使用寿命和模具成本的影响很大。不同的模具种类有不同的考虑因素，现在分别介绍冷作模具、热作模具和塑料模具的选用要求。

2.2.1　冷作模具材料的选用

在冷作模具选材时应综合考虑模具的使用性能要求，对于模具材料本身，则要考虑其力学性能、可加工性、耐热性、耐磨性、热变形、淬透性、供货和价格等因素。在选材时应遵循以下原则：

（1）满足模具的使用性能要求。根据实际使用条件，综合考虑模具的工作条件、模具结构、尺寸和生产批量等，确定模具材料应具备的主要性能指标，以满足主要的性能要求来选择模具材料。

① 承受大负荷的重载模具，选材应考虑用强度高的材料；承受强烈摩擦和磨损的模具，应考虑用硬度高、耐磨性好的材料；承受冲击负荷大的模具，应考虑用韧性高的材料。

② 对于形状复杂、尺寸精度要求高的模具，应考虑用微变形材料。

③ 对于结构复杂、尺寸较大的模具，宜采用淬透性好、变形小的高合金材料或制成镶拼结构。

④ 对于小批量生产或新产品试制，可选用一般材料；当生产批量大或自动化程度高时，最好选用高合金钢或钢结硬质合金等材料。

（2）考虑模具材料的工艺性能。模具材料一般应具有优良的切削性与锻造性能。对尺寸较大、精度较高的重要模具，还要求有较好的淬透性，较小的氧化脱碳和淬火变形、开裂倾向等。对要焊接加工的模具，其材料应有较好的可焊性。

（3）经济性模具材料发展很快，可用的产品种类在不断增加，在进行材料选用时应结合具体条件，在满足前两项要求的前提下，尽可能选用价格比较低的一般材料，少用特殊材料，多用货源充足、供应方便快捷的材料，少用或不用贵重和稀缺材料。

冷作模具在选材时在原则上要考虑以下几方面因素：

① 模具受力因素包括模具载荷大小和载荷形式。冷作模具按工况条件不同主要有冷作压模、冷镦模、冷挤压模、拉拔模等，模具类型不同载荷的形式也不同，选材也不相同。此外，选材还要考虑到被加工材料，不同被加工材料，塑性变形的抗力是不同的。

② 模具尺寸因素包括模具几何尺寸大小、形状及尺寸精度要求。对于小尺寸、形状简单的模具可以考虑使用碳素钢制作；对于大尺寸、形状复杂的模具，则要求模具材料的淬透性高、淬火变形小，模具材料选择应考虑中、高合金模具钢。

③ 模具工作量因素对相同类型相同被加工材料的模具，其压制产品的批量不同，模具寿命要求也不同，模具选材也应与此相对应。当生产批量大，要求模具寿命长时，可选用高耐磨性、高淬透性的 Crl2 钢、高速钢及基体钢；要求使用寿命特别长时，可选用硬质合金或钢结硬质合金材料。

④ 模具加工工艺性能和经济性在模具生产成本中，材料费用一般占 10%～20%，而机械加工、热处理、装配和管理费用占 80%以上，所以模具的工艺性能是影响模具生产成本和制造难易的主要因素之一。

2.2.2　热作模具材料的选用

热作模具按照工作条件热作模具钢可分为热锤锻模具钢、热镦锻模具钢、热挤压模具钢、压铸模具钢等。

热作模具钢的特点是在高温下通过比较大的压力或冲击力的作用，强迫被加工金属塑性变形。因此，对模具材料选用的基本要求：在工作情况时，在所需的温度下要保持高的强度，良好的冲击韧性，高的热疲劳强度，较高的耐磨性和淬透性以及好的导热性等工艺性能。

现以挤压模具材料的选择进行说明，如表 2–5 所示。

表 2–5　热挤压模具材料的选用

模具工作零件	挤压材料	推荐模具材料
凹模	轻金属及其合金	4Cr5MoSiVI、3Cr2W8V、4Cr5MoSiV
	铜及合金	3Cr2W8V、4Cr3M03W2V、5Mnl5C18Ni5Mo3V2
冲头	轻金属及其合金、铜及其合金、钢	5CrNiMo、4CrMnSiMoV
冲头头部	轻金属及其合金、铜及其合金、钢	4Cr5MoSiVl、3Cr2W8V、Crl4Ni25Co2V
管材挤压芯棒	轻金属及其合金、铜及其合金、钢	3Cr2W8V、4Cr3Mo3W2V

2.2.3　塑料模具材料的选用

塑料模具在选材料时应遵循的主要原则：所选材料的使用性能，应能满足零件的工作条件；所选材料的工艺性能良好，能适应零件的加工要求；在满足使用的前提下，还应重视降低模具零件的总成本，包括材料本身的价格及其与生产有关的其他一切费用。

塑料模具材料在选材方面应考虑以下几个方面：

（1）根据生产批量、模具精度要求。选择生产批量较小或试制产品的模具，可选用优质碳素结构钢制作成形零件。对于高精度的模具，生产量又大时，可选用微变形钢或预硬钢。

（2）根据模具各零件的功用合理选择。对于与熔体接触并受熔体流动摩擦的零件（成形零件和浇注系统零件）和工作时有相对运动摩擦的零件（导向零件、推出和抽芯零件）以及重要的定位零件等，应视不同情况选用优质碳素结构钢、合金结构钢或合金工具钢等，并根据其工作条件提出热处理要求。对于其他结构零件，根据其重要性要求可选用优质碳素结构钢或普通碳素结构钢，较重要的零件需经过热处理，有的不需要提出热处理要求。

（3）根据模具的加工方法和复杂程度进行选择。对于结构复杂的型腔，采用机械加工方法，可选用热处理变形小的合金工具钢。采用冷挤压成形的简单型腔，则可选用较好韧性和塑性的优质碳素结构钢。

2.3 模具材料热处理

热处理是将金属材料放在一定的介质内加热、保温、冷却，通过改变材料表面或内部的金相组织结构,来控制其性能的一种金属热加工工艺，它一般包括加热、保温、冷却三个过程，有时只有加热和冷却两个过程。

金属热处理工艺大体可分为整体热处理、表面化学热处理两大类。

整体热处理是对工件整体加热，然后以适当的速度冷却，获得需要的金相组织，以改变其整体力学性能的金属热处理工艺。钢、铁材料采用的整体热处理方法大致有退火、正火、淬火和回火四种。

表面化学热处理是指将金属工件放在活性介质中保温，使一种或几种元素的原子渗入工件表面，在工件一定深度的表层发生化学组织变化的金属热处理工艺。根据渗入元素的不同，模具的化学热处理可分为渗碳、渗氮、碳氮共渗、氮碳共渗、渗硫、硫氮共渗、渗硼、碳氮硼三元共渗、渗金属等。

1. 整体热处理

（1）退火。退火是一种金属热处理工艺，是指将金属缓慢加热到一定温度，保持足够时间，然后以适宜速度冷却。其目的是降低钢的硬度，改善切削加工性；消除残余应力，稳定尺寸，减少变形与裂纹倾向；细化晶粒，调整组织，消除组织缺陷。

（2）正火。正火是将工件加热至 AC3 或 ACCM 以上 30～50℃或是更高的温度，保温一段时间后，从炉中取出在空气中或喷水、喷雾或吹风冷却的金属热处理工艺。其目的是在于使晶粒细化和碳化物分布均匀化。

（3）淬火。淬火是指将钢加热到临界温度 AC3（亚共析钢）或 AC1（过共析钢）以上某一温度，保温一段时间，使之全部或部分奥氏体化，然后以大于临界冷却速度的冷速快冷到 MS 以下（或 MS 附近等温）进行马氏体（或贝氏体）转变的热处理工艺。

通常也将铝合金、铜合金、钛合金、钢化玻璃等材料的固溶处理或带有快速冷却过程的热处理工艺称为淬火。淬火是热处理工艺中最重要的工序，其目的是可显著提高钢的强度和硬度。

（4）回火。回火是指将工件淬硬后加热到 AC1 以下的某一温度，保温一段时间，然后冷却到室温的热处理工艺。其目的是消除钢件在淬火时所产生的应力，使钢件具有高的硬度和耐磨性外，并具有所需要的塑性和韧性等。

（5）调质处理。调质处理是指将钢材或钢件进行淬火及高温回火的复合热处理工艺。其主要目的是得到强度、塑性、韧性都比较好的综合机械性能。

（6）时效处理。时效处理是指合金工件经固溶热处理（把钢加热到高温，使各种合金元素溶入奥氏体中，完成奥氏体后淬火获得马氏体组织）后在室温或稍高于室温保温，以达到沉淀硬化目的。

2. 表面化学热处理

（1）渗碳。渗碳是将钢件置于活性碳原子介质中，加热到较高的温度并保温，使其表面渗入碳原子，以提高钢件表面层的含碳量，再经过淬火和低温回火，使之表层具有高硬度和耐磨性，而工件心部保持良好韧性和较高强度的化学热处理过程。

（2）渗氮。渗氮是指将氮渗入钢件表面的过程以提高表层氮浓度的热处理过程称。模具渗氮后比渗碳具有更高的表面硬度、耐磨性能、疲劳性能和热硬性。渗氮同样可以提高工件的抗大气、过热蒸汽的腐蚀能力，提高抗回火软化能力，降低缺口敏感性。

（3）碳氮共渗。碳氮共渗是指在一定温度下，向工件表层同时渗入碳和氮，并以渗碳为主的化学热处理工艺，所以兼顾了渗碳和渗氮的优点，所以在模具上也有应用。碳氮共渗按共渗温度的不同，可以分为低温（520～580℃）、中温（780～880℃）和高温（880～930℃）三种共渗工艺。

（4）氮碳共渗。氮碳共渗是在一定温度下，向工件表面同时渗入氮和碳，并以渗氮为主的化学热处理工艺。因其处理后的渗层脆性较小，硬度较渗氮层低，也称软氮化。该方法有液体法和气体法两种，在生产中大多是采用气体氮碳共渗。

（5）渗硫。渗硫具有摩擦系数小、耐磨性好、抗咬合性高、抗擦伤力强等特点。渗硫可以在钢铁材料表面生成很薄的 FeS 薄膜，以降低摩擦因数，提高抗咬合性能。

（6）渗硼。渗硼是指将工件置于含硼的介质中，经过加热与保温，使硼元素渗入工件表面，形成 FezB 与 FeB 化合层的工艺过程。渗硼层硬度高达 1 300～2 000 HV，耐磨性高，优于其他表面处理工艺；渗硼层热稳定性好，经硼化处理的模具一般可在 600℃以下可靠地工作。

（7）硫氮碳共渗。硫氮碳共渗是指将工件置于含有活性硫、氮、碳原子的介质中，在 500～600℃中保温一定时间，使工件表面同时渗入这三种元素的化学热处理工艺。经过三元共渗工件表层获得硫化物的薄表层、氮碳化合物的次表层和扩散层。硫氮碳共渗可以在盐浴、气体介质、粉末渗剂中形成，其中气体法最常用。

2.3.1 冷作模具钢的热处理

冷作模具钢的热处理有以下六个特点：

（1）冷作模具钢中的合金元素品种多、含量多，合金化较复杂。而钢的导热性差，且奥氏体化温度又高，所以应缓慢加热，多采用预热方式。

（2）在达到淬火目的的前提下，应采用较缓慢的冷却方式，如等温淬火、分级淬火、空冷淬火、高压气淬等。

（3）为保护钢的表面质量，应重视加热介质，所以普遍采用控制气氛炉、真空炉等先进加热设备和方法。采用盐浴加热时应充分净化。

（4）为进一步强化其性能，可采用冷处理、渗氮等表面处理方式。

（5）冷作模具钢价格昂贵，冷作模具工件加工复杂、周期长、制造成本高、不宜返修，所以工艺规程的制订和操作应十分慎重，以保证生产安全。

（6）盐浴处理后应及时清理，并应重视工序间的防护工作。

不同类型的冷作模具钢具有不同的热处理工艺，现以 CrWMn 钢、9SiCr 钢和 W18Cr4V 钢为例进行介绍。

对于 CrWMn 钢，其退火、淬火与回火热处理工艺如表 2-6 所示。

表 2-6　CrWMn 钢的热处理工艺

热处理	加热温度/℃	保温时间/h（加热保温）	回火保温/h	等温温度/℃	保温时间/h（等温保温）	冷却介质	硬　度
退火	830～860	2～4	—	720～740	3～4	—	267～217 HB
淬火	950～980	—	—	—	—	油	61～64 HRC
回火	180～200	—	1～2	—	—	—	60～62 HRC

对于 9SiCr 钢，其退火、淬火与回火热处理工艺如表 2-7 所示。

表 2-7　9SiCr 钢的热处理工艺

热处理	加热温度/℃	保温时间/h（加热保温）	回火保温/h	等温温度/℃	保温时间/h（等温保温）	冷却介质	硬　度
退火	790～810	1～2	—	700～720	3～4	—	241～297 HB
淬火	860～880	—	—	—	—	油	62～65 HRC
回火	180～200	—	1～2	—	—	—	60～62 HRC

对于 W18Cr4V 钢，其退火、淬火与回火热处理工艺如表 2-8 所示。

表 2-8　W18Cr4V 钢的热处理工艺

热处理	加热温度/℃	保温时间/h（加热保温）	回火保温/h	等温温度/℃	保温时间/h（等温保温）	冷却介质	硬　度
退火	860～880	2～4	—	740～760	2～4	—	≤255 HB
淬火	1200～1240	—	—	—	—	油	62～64 HRC
回火	550～570	—	2～4	—	—	—	≥62 HRC

2.3.2　热作模具钢的热处理

热作模具的分类方法很多，不同的热作模具钢都有各自的处理方法，现以热挤压模的热处理特点来说明热作模具的热处理方法。

1．热挤压模热处理的特点

锻造工艺热挤压模用钢多为高合金钢，所以模坯需经良好的锻造，尤其是含 Mo 元素的热作模具钢，要注意锻造加热温度和保温时间的控制，以避免严重脱碳导致模具早期失效。

2．预先热处理

预先热处理工艺分为退火、正火和双重热处理。

（1）退火。锻后退火是为了消除应力，降低硬度，便于切削加工，同时为了改善模具钢的组织结构，为随后的淬火工序提供良好的显微组织。热挤压模的退火通常采用等温球化退火工艺。

（2）正火。为了消除链状或网状碳化物，需对模具进行正火等预处理。然后再经球化退火，可消除链状碳化物。

（3）双重热处理。双重热处理工艺是先将锻后的模具毛坯加热到某一高温，使过剩碳化物充分固溶，然后快速冷却到室温；接着是高温回火，既为降低硬度，保证模具能进行机械加工，又可防止最终热处理时晶粒粗大化。

3．淬火及回火

淬火温度的选择主要考虑奥氏体晶粒的尺寸大小和冲击韧性的高低。由于热挤压模用钢多为高合金钢，淬透性较好，采用油冷或空冷即可，对要求变形小的也可以采用等温淬火的方式。淬火后的模具都应尽快进行回火，特别是形状复杂的模具。选择回火温度的原则：在不影响模具抗脆断能力的前提下，尽可能提高模具的硬度，在回火加热和冷却时都应缓慢进行。回火一般应进行两次，回火时间可按加热系数 3 min/mm 计算，但不应低于 2 h，第二次回火温度可比第一次低 10～20℃。

4．化学热处理工艺

为提高模具耐磨性，热挤压模具常用化学热处理，其方法有渗碳、渗硼、渗氮、氮碳共渗、渗金属及多元共渗等工艺。

下面以 5CrNiMo 和 3Cr2MnNiMo 钢为例介绍热作模具钢的材料的热处理工艺。

对于 5CrNiMo 钢，其退火、淬火与回火热处理工艺如表 2-9 所示。

表 2-9　5CrNiMo 的钢的热处理工艺

热处理	加热温度/℃	保温时间/h（加热保温）	回火保温/h	等温温度/℃	保温时间/h（等温保温）	冷却介质	硬　度
退火	760～780	4～6	—	760～780	2～4	—	241～197 HB
淬火	830～860	—	—	—	—	油	52～58 HRC
回火	480～600	—	1～2	—	—	—	40～45 HRC

对于 3Cr2MnNiMo 钢，其退火、淬火与回火热处理工艺如表 2-10 所示。

表 2-10　3Cr2W8V 钢的热处理工艺

热处理	加热温度/℃	保温时间/h（两次）	冷却介质	硬　度
退火	820 ~ 840	2 ~ 4	—	241～217 HB
淬火	1100 ~ 1150	—	油或空气	50～55 HRC
回火	560 ~ 580	2 ~ 3	—	48～52 HRC

2.3.3　塑料模具钢的热处理

在塑料模具钢的热处理中，不同种类的模具钢在热处理时会采用不同的方式，现以预硬性塑料模具钢和时效硬化型塑料模具钢两个例子说明塑料模具钢的热处理方式。

预硬性塑料模具钢是以预硬态供货的，一般不需热处理，但有时需进行改锻，所以改锻后的模坯必须进行预先热处理。预先热处理通常采用球化退火，目的是消除锻造应力，获得均匀的球状珠光体组织，降低硬度，提高塑性，以改善模坯的切削加工性能或冷挤压成形性能。预硬性塑料模具钢的预硬化处理一般采用调质处理（淬火+高温回火），调质后获得回火索氏体组织。高温回火的温度范围很宽，具体选择应满足模具的工作硬度要求。由于这类钢淬透性良好，淬火时可采用油冷、空冷或硝酸盐分级淬火。

时效型硬化塑料模具钢的热处理工艺分两步基本工序。第一步是进行固溶处理；第二步进行时效处理，利用时效强化达到最后要求的力学性能。固溶处理加热一般在盐浴炉和箱式炉中进行，淬火采用油冷，淬透性好的钢种也可空冷。如果锻造模坯时能准确控制终锻温度，锻造后可直接进行固溶淬火。时效处理最好在真空炉中进行，若在箱式炉中进行，为防模腔表面氧化，炉内须通入保护气体，或者用氧化吕粉、石墨粉、铸铁屑，在装箱保护的条件下进行时效。装箱保护加热要适当延长保护时间，否则难以达到时效效果。

2.4 模具材料的检测

在模具零件进入粗加工之前，应对模具毛坯质量进行检测，检验毛坯的外部缺陷、内部缺陷及退火硬度。对一些重要模具，还应对材料的材质进行检验，以防止不合格材料进入下道工序。模具工件经热处理后还应进行硬度检查、变形检查、外观检查、金相检查、力学性能检查等，以确保热处理的质量。表 2–11 所示为模具热处理检查内容及要求。

表 2–11 模具热处理检查内容及要求

检查内容	技术要求及方法
硬度检查	（1）硬度检查应在零件的有效工作部位进行； （2）硬度值应符合图样要求； （3）检查时，应按硬度试验的有关过程进行； （4）检查硬度不应在表面质量要求较高的部位进行
变形检查	（1）模具零件热处理后的尺寸应在图样及工艺规定范围要求之内； （2）若零件有两次留磨余量，应保证变形量小于磨量的 1/2～1/3； （3）表面氧化脱碳层不得超过加工余量的 1/3； （4）模具的基准面一般应保证不平度小于 0.02 mm； （5）对于级进模（连续模）各孔距、步距变形应保证在 ± 0.01 mm 范围内
金相检查	主要检查零件化学处理后的层深、脆性或内部组织状况
外观检查	（1）模具热处理后不允许有裂纹、烧伤和明显的腐蚀痕迹； （2）留两次磨量的零件，表面氧化层的深度不允许超过磨量的 1/3

本 章 小 结

本章共有四节内容，其中第一节从模具分类的角度入手分别详细地介绍了冷作模具材料、热作模具材料和塑料模具材料三个方面制造模具的常用模具材料；在第二节中从冷作模具材料的选用、热作模具材料的选用、塑料模具材料的选用三个方面介绍了模具材料的选用方法；在第三节中，列举三个实例分别介绍了模具热处理的相关内容；最后一节介绍了模具材料检测的相关知识。

（1）冷作模具钢按化学成分、工艺性能和承载能力进行分类，可以分为哪几类，分别是什么？

（2）简述 CrWMn 钢、H11 钢和 LJ 钢的性能和应用范围。

（3）冷作模具在选材时在原则上要考虑哪些因素？

（4）简述塑料模在选材料时要遵循的主要原则。

（5）简述模具热处理检查内容和对应的要求。

第3章 常用模具成形设备

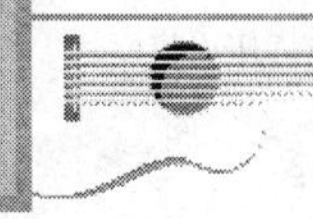

模具的种类很多，其成形设备也多种多样且各具特色，本章将对模具成形过程中所使用的设备进行具体介绍。

3.1 冲压成形设备

3.1.1 冲压设备的分类

冲压成形设备的类型有很多种，以适应不同的冲压工艺要求，在我国锻压机械的八大类中，冲压成形设备就占了一半以上。冲压设备可分为如下几类：

（1）按驱动滑块的动力种类可分为机械的、液压的、气动的。

（2）按滑块的数量可分为单动的、双动的、三动的，如图 3-1 所示。目前使用最多的是单动压力机，双动和三动压力机主要用于拉深工艺。

（3）按滑块驱动结构可分为曲柄式、肘杆式、摩擦式。

（4）按连杆数目可分为单连杆、双连杆、四连杆，如图 3-2 所示。曲柄连杆数的设置主要根据滑块面积的大小和吨位而定，点数多，滑块承受偏心负荷能力大。

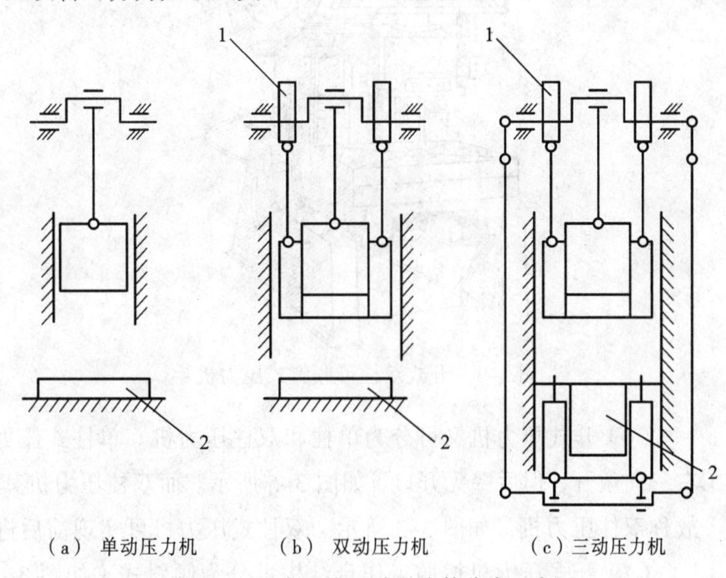

（a） 单动压力机　　（b） 双动压力机　　（c）三动压力机

图 3-1　压力机按运动滑块数分类示意图

1—凸轮；2—工作台

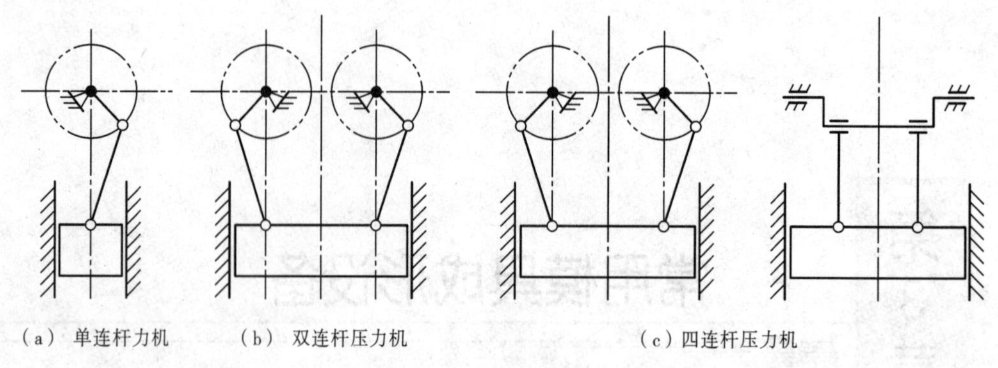

（a） 单连杆力机　　（b） 双连杆压力机　　（c）四连杆压力机

图 3-2　压力机按连杆数分类示意图

（5）按机身结构可分为开式、闭式；单拉、双拉；可倾、不可倾。开式压力机的机身形状类似于英文字母 C，如图 3-3 所示，其机身工作区域三面敞开，操作空间大，但机身刚度差，压力机在工作负荷下会产生角变形，影响精度。所以，这类压力机的吨位比较小，一般在 3 000 kN 以下。

闭式压力机机身左右两侧是封闭的，如图 3-4 所示。只能从前后两个方向接近模具，操作空间较小，操作不大方便。但因机身形状组成一个框架，刚度好，压力机精度高。所以，压力超过 3 500 kN 的大、中型压力机几乎都采用此种结构形式。

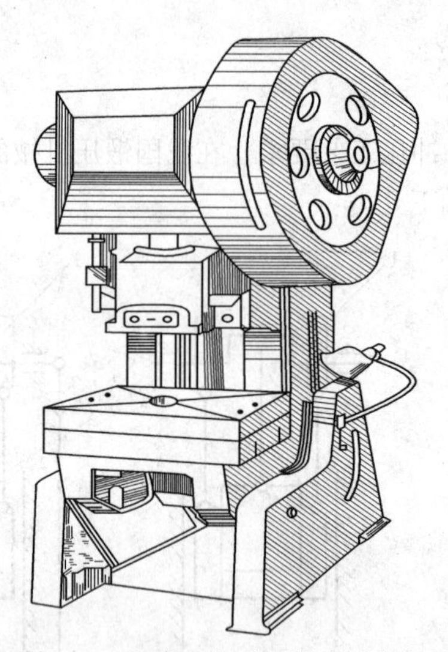

图 3-3　开式双柱可倾斜式压力机

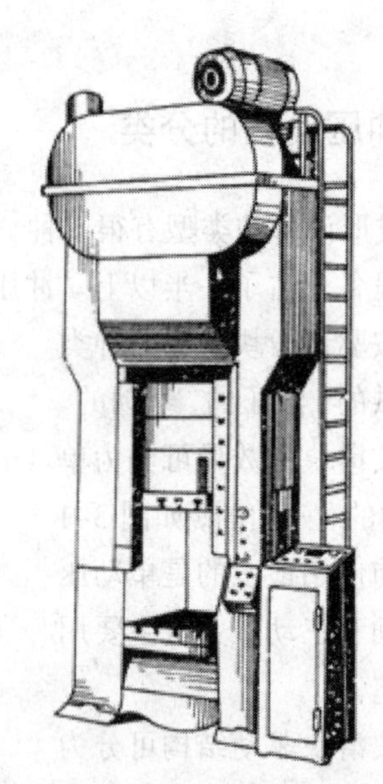

图 3-4　闭式压力机

（6）开式压力机又可分为单柱和双柱压力机。单柱式压力机其机身工作区域也是前面从左右三向敞开，但后壁无开口，如图 3-5 所示。而双柱压力机其机身后壁有开口、形成两个立柱，故称双柱压力机，如图 3-3 所示。双柱式压力机可实现前后进料和左右送料两种操作方式。

（7）开式压力机按照工作台结构可分为倾斜式（如图 3-3 所示）、固定式和升降台式（如图 3-6 所示）。

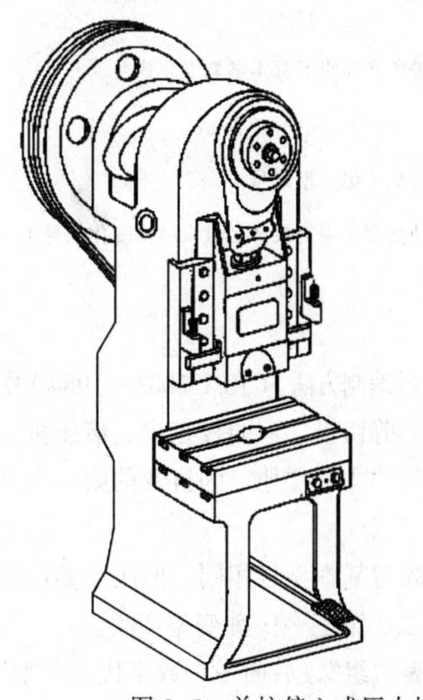
图 3-5　单柱偏心式压力机

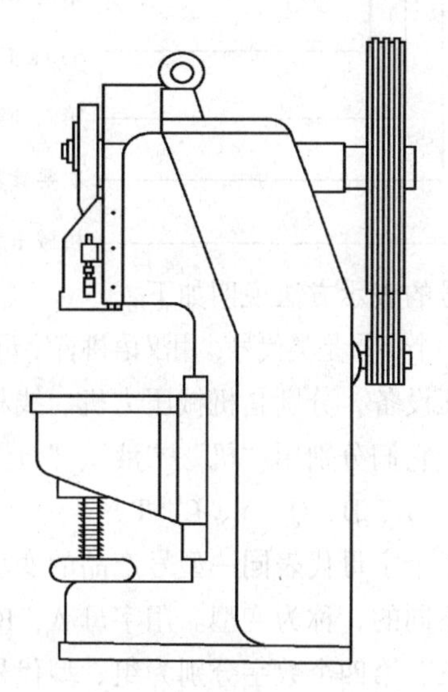
图 3-6　升降台式压力机

3.1.2　冲压设备的代号

我国锻压机械的分类和代号如表 3-1 所示。实际生产中，应用最广泛的是曲柄压力机、摩擦压力机和液压机。

表 3-1　锻压机械分类代号

序　号	类 别 名 称	汉语简称及拼音	拼 音 代 号
1	机械压力机	机 ji	J
2	液压机	液 ye	Y
3	自动锻压机	自 zi	Z
4	锤	锤 chui	C
5	锻机	锻 duan	D
6	剪切机	切 qie	Q
7	弯曲校正机	弯 wan	W
8	其他	他 ta	T

按照《锻压机械　型号编制方法》(JB/T 9965—1999) 的规定，通用压力机的型号由设备名称、结构特征、主参数等项目的代号组成，用汉语拼音字母、英文字母和数字表示，如 JC23—63A，其各字母及数字的意义：

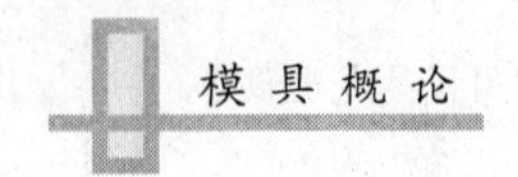

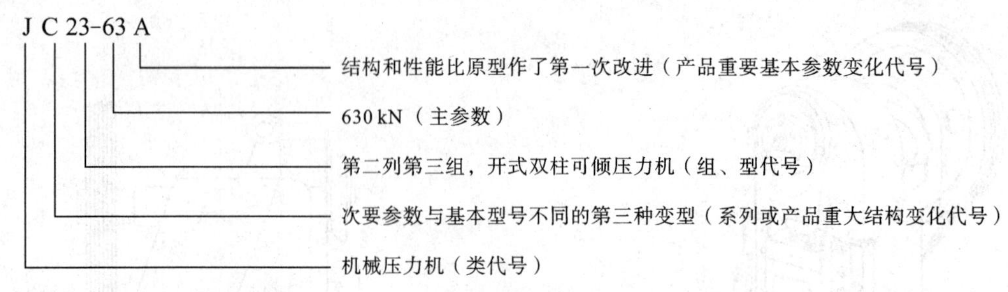

型号的表示方法说明如下：

第一个字母是类代号，用汉语拼音字母表示。《锻压机械　型号编制方法》（JB/T 2003—1984）中有八类锻压设备，分别是机械压力机、线材成形自动机、锻机、剪切机、弯曲校正机、液压机、锤和其他。它们分别用“机”、“液”、“自”、“锤”、“锻”、“切”、“弯”、“他”的拼音的第一个字母表示为 J、Z、D、Q、Y、C、T。

第二个字母代表同一型号产品的变型设计序号。凡主参数与基本型号相同，但次要参数与基本型号不同的，称为变型。用字母 A、B、C…表示第一、第二、第三……种变型产品。

第三、第四个数字分别为组、型代号。前面一个数字代表“组”，后面一个数字代表“型”。在型谱表中，每类锻压设备分为 10 组，每组分为 10 型。由表 3-2 所示通用曲柄压力机型号可知，“31”代表“闭式单点压力机”。有些锻压设备，紧接组、型代号的后面还有一个字母，代表设备的通用特性，例如 J31G-30 中的 G 代表“高速”；J93K-350 中的 K 代表“数控”。

横线后面的数字代表主参数。一般用压力机的标称压力作为主参数。型号中的标称压力用工程单位制的 tf 表示，将此数字乘以 10 即为法定单位制的 kN，如上例的 63 代表 63 tf，即 630 kN。

最后一个字母代表产品的重大改进设计序号，凡型号已确定的锻压机械，结构和性能上与原产品有显著不同，则称为改进，用字母 A、B、C…代表第一、第二、第三……次改进。

表 3-2　通用曲柄压力机型号

组		型　号	名　　称	组		型　号	名　　称
特　征	号			特　征	号		
开式单柱	1	1 2 3	单住固定台压力机 单柱升降台压力机 单柱柱形台压力机	开式双柱	2	8 9	开式柱形台压力机 开式底传动压力机
开式双柱	2	1 2 3 4 5	开式双柱固定台压力机 开式双柱升降台压力机 开式双柱可倾压力机 开式双柱转台压力机 开式双柱双点压力机	闭式	3	1 2 3 6 7 9	闭式单点压力机 闭式单点切边压力机 闭式侧滑块压力机 闭式双点压力机 闭式双点切边压力机 闭式四点压力机

注：从此型号中，凡未列出的序号均留做待发展的型号使用。

3.1.3　典型冲压设备的组成与工作原理简介

实际生产中，应用最广泛的是曲柄压力机、双动拉深压力机、螺旋压力机和液压机等。

1．通用曲柄压力机的组成

通用曲柄压力机一般由图 3-7 所示的几个部分组成，分述如下：

（1）工作机构：即曲柄滑块机构，由曲轴、连杆、滑块、导轨等零件组成。其作用是将传动系统的旋转运动转变为滑块的直线往复运动，由滑块带动模具工作。

（2）传动系统：包括带传动和齿轮传动等机构，起能量传递作用和速度转换作用。

（3）操纵系统：包括离合器、制动器等部件，用来控制工作机构的工作和停止。

（4）能源系统：包括电动机、飞轮等。电动机提供动力源，飞轮起存储和释放能量的作用。

（5）支承部件：如机身，起连接固定所有零部件的作用，保证它们的相对位置和工作关系。工作时承受所有的变形工艺力。

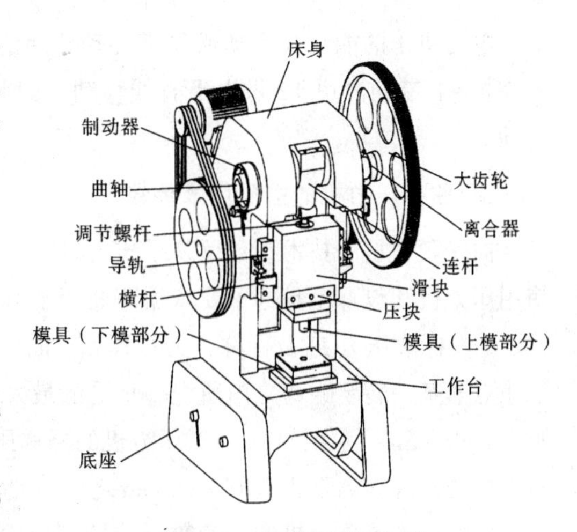

图 3-7 通用曲柄压力机

（6）辅助装置和附属系统：包括保护装置、滑块平衡装置、顶件装置、润滑系统、电路及电气控制系统等。

2. 曲柄压力机的工作原理

尽管曲柄压力机类型众多，但其工作原理和基本组成是相同的。开式双柱可倾式压力机的运动原理如图 3-8 所示。

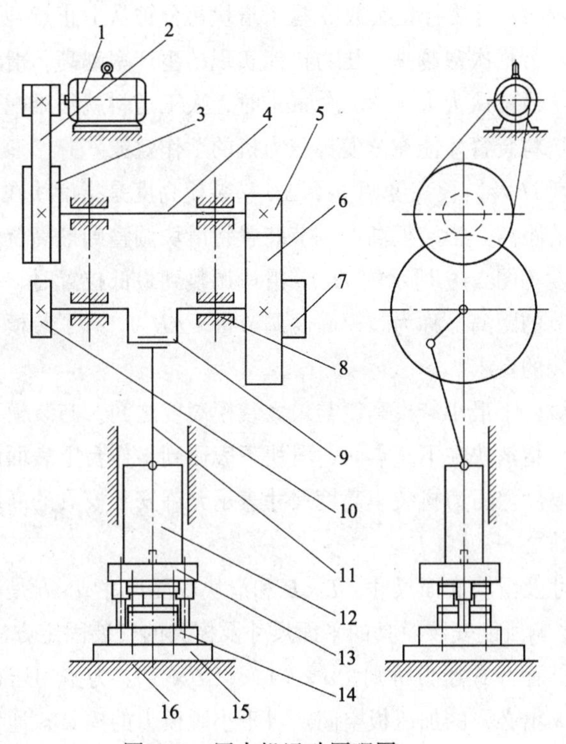

图 3-8 压力机运动原理图

1—电动机；2—小带轮；3—大带轮；4—中间传动轴；5—小齿轮；6—大齿轮；7—离合器；8—机身；9—曲轴；10—制动器；11—连杆；12—滑块；13—上模；14—下模；15—垫板；16—工作台

电动机 1 的能量和运动通过带传动传递给中间传动轴 4，再由齿轮 5 和齿轮 6 传动给曲轴 9，经连杆 11 带动滑块 12 做上下直线移动。因此，曲轴的旋转运动通过连杆变为滑块的直线往复运动。

3．曲柄压力机的主要技术参数

曲柄压力机的技术参数反映了压力机的工艺能力、应用范围及生产率等指标，同时也是选择、使用压力机和设计模具的重要依据。曲柄压力机的主要技术参数介绍如下。

（1）标称压力 F_g 及标称压力行程 S_g。曲柄压力机的标称压力（或称额定压力）是指滑块到达下止点前某一特定距离之内所允许承受的最大作用力，这一特定距离称为标称压力行程（或额定压力行程）S_g。例如，J31–400 压力机的标称压力为 4 000 kN，标称压力行程为 13.2 mm，即指该压力机的滑块在离下止点前 13.2 mm 之内，允许承受的最大压力为 4 000 kN。

标称压力是压力机的主参数。我国生产的压力机的标称压力已经系列化，例如 160 kN、200 kN、250 kN、400 kN、500 kN、630 kN、800 kN、1 000 kN、1 600 kN、2 500 kN、3 150 kN、4000 kN、6300 kN 等。

（2）滑块行程。图 3–9 所示的 S 是指滑块从上止点到下止点所经过的距离，它是曲柄半径的两倍，或是偏心齿轮、偏心轴销偏心距的两倍。它的大小随工艺用途和标称压力的不同而不同，也反映压力机的工作范围。选用压力机时，应使滑块行程满足便于制件进出模具、操作方便的要求。

（3）滑块行程次数 n。滑块行程次数 n 是指滑块每分钟从上止点到下止点，然后再回到上止点的往复运动的次数。行程次数越高，压力机能实现的生产率越高。滑块行程可以是单动或连续动作，在连续动作时，通常认为大于 30 次/min 时，人工送料就很难配合好，因此行程次数高的压力机只有安装自动送料装置才能充分发挥压力机的工作效能。

（4）最大装模高度 H_1 及装模高度调节量 ΔH_1。装模高度是指滑块在下止点时，滑块下表面的工作台垫板到上表面的距离。当装模高度调节装置将滑块调整到最高位置时，装模高度达到最大值，称为最大装模高度（图 3–9 所示的 H_1）。滑块调整到最低位置时，得到最小装模高度。装模高度调节装置所能调节的距离，称为装模高度调节量（ΔH_1）。有了装模高度调节量，就可以满足不同闭合高度模具安装的要求。

模具闭合高度应该处于最小装模高度与最大装模高度之间。与装模高度并行的参数尚有封闭高度。所谓封闭高度是指滑块在下止点时，滑块下表面到工作台上表面的距离，它和装模高度之差等于工作台垫板的厚度。压力机装模高度尺寸表示允许安装模具的高度尺寸范围，是模具设计时考虑的重要工艺参数之一。

（5）工作台面尺寸及滑块底面尺寸。$L \times B$ 和滑块底面尺寸 $a \times b$ 是与模架平面尺寸有关的尺寸，它们的大小直接影响所能安装模具的平面尺寸及模具的安装固定方法。通常对于闭式压力机，这两者尺寸大体相同，而开式压力机则（$a \times b$）<（$L \times B$）。为了用压板对模座进行固定，这两者尺寸应比模座尺寸大出必要的加压板空间。对于小脱模力的模具，通常上模座只是用模柄固定到滑块上，则可不考虑加压板空间。如果直接用螺栓固定模座，虽不用留出加压板空间，但必须考虑工作台面及滑块底面上放螺栓的 T 形槽大小及分布位置。

（6）工作台孔尺寸。工作台孔尺寸 $L_1 \times B_1$（左右 × 前后）、D_1（直径）如图 3-9 所示。用做排除工件、废料或安装顶出装置的空间。当制件或废料漏料时，工作台或垫板孔（漏料孔）的尺寸应大于制件或废料尺寸。当模具需要装有弹性顶料装置时，弹性顶料装置的外形尺寸应小于工作台孔尺寸。模具下模板的外形尺寸应大于工作台孔尺寸，否则需增加附加垫板。

（7）立柱间距 A 和喉深 C。立柱间距是指双柱式压力机立柱内侧面之间的距离。对于开式压力机，其值主要关系到向后侧送料或出件机构的安装。对于闭式压力机，其值直接限制了模具和加工板料的最宽尺寸。

喉深是开式压力机特有的参数，它是指滑块的中心线到机身前后方向的距离，如图 3-9 所示的 C。喉深直接限制加工件的尺寸，也与压力机机身的刚度有关。

（8）模柄孔尺寸。模柄孔尺寸 $d \times l$ 是“直径 × 孔深”，冲模模柄尺寸应和模柄孔尺寸相适应。大型压力机没有模柄孔，而是开设 T 形槽，以 T 形槽螺钉紧固上模。

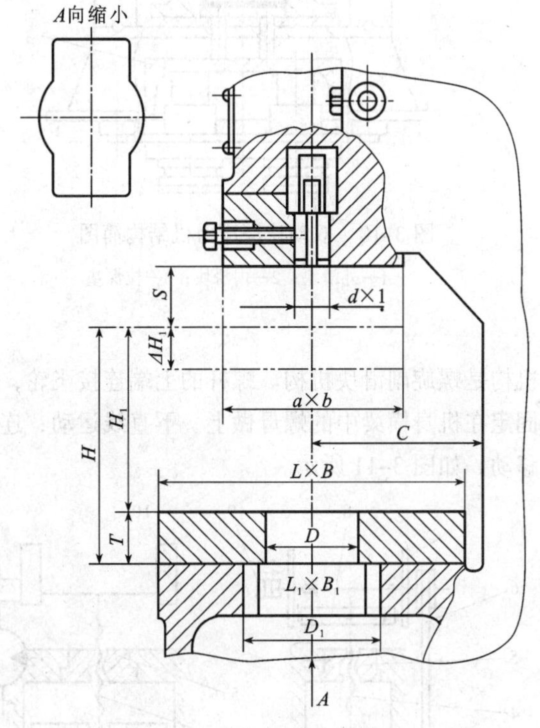

图 3-9　压力机基本参数

3.1.4　其他类型的冲压设备

为适应不同的冲压生产及工艺需求，现在介绍几种其他类型的冲压设备。

1. 双动拉深压力机

双动拉深压力机是具有双滑块的压力机。图 3-10 所示为上传动式双动拉深压力机结构简图，它有一个外滑块和一个内滑块。外滑块用来落料或压紧坯料的边缘，防止起皱，内滑块用于拉深成形；外滑块在机身导轨上做下止点有“停顿”的上下往复运动，内滑块在外滑块的内导轨中做上下往复运动。

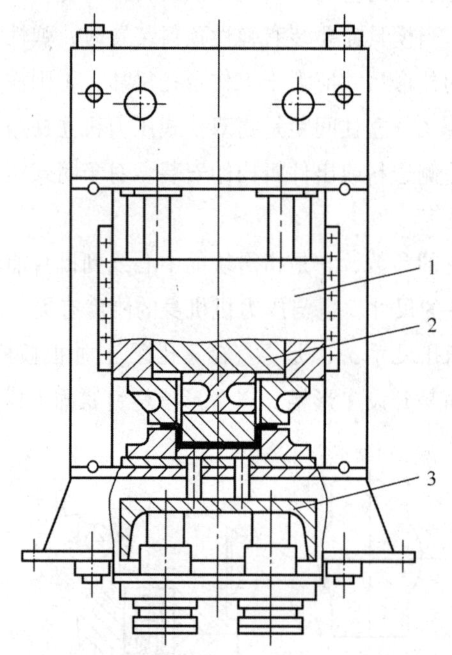

图 3-10　双动拉深压力机结构简图

1—外滑块；2—内滑块；3—拉深垫

2．螺旋压力机

螺旋压力机的工作机构是螺旋副滑块机构。螺杆的上端连接飞轮，当传动机构驱使飞轮和螺杆旋转时，螺杆便相对固定在机身横梁中的螺母做上、下直线运动，连接于螺杆下端的滑块即沿机身导轨做上、下直线移动，如图 3-11 所示。

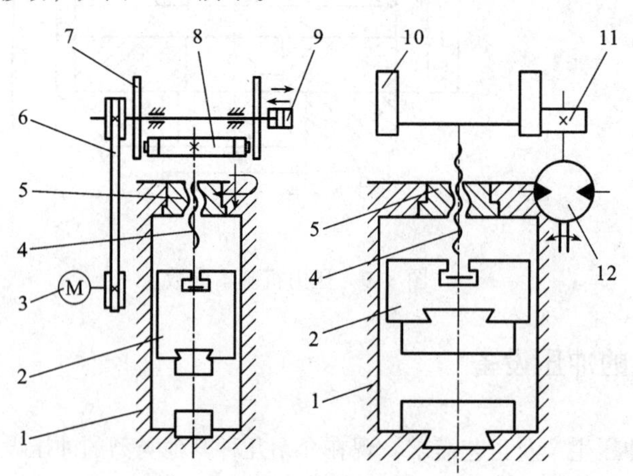

（a）摩擦式螺旋压力机　　（b）液压螺旋压力机

图 3-11　螺旋压力机结构简图

1—机架；2—滑块；3—电动机；4—螺杆；5—螺母；6—传动带；
7—摩擦盘；8—飞轮；9—操纵汽缸；10—大齿轮（飞轮）；11—小齿轮；12—液压马达

3．精冲压力机

精密冲裁（简称精冲）是一种先进的冲裁工艺，采用这种工艺可以直接获得剪切面粗糙度 *Ra* 为 3.3～0.8 μm 和尺寸公差达到 IT8 级的零件，大大提高了生产效率。

精冲是依靠 V 形齿圈压板 2、反压顶杆 4 和冲裁凸模 1、凹模 5 使板料 3 处于三向压应力状态下进行的，如图 3-12 所示。图 3-13 所示为精冲压力机的全套设备示意图。

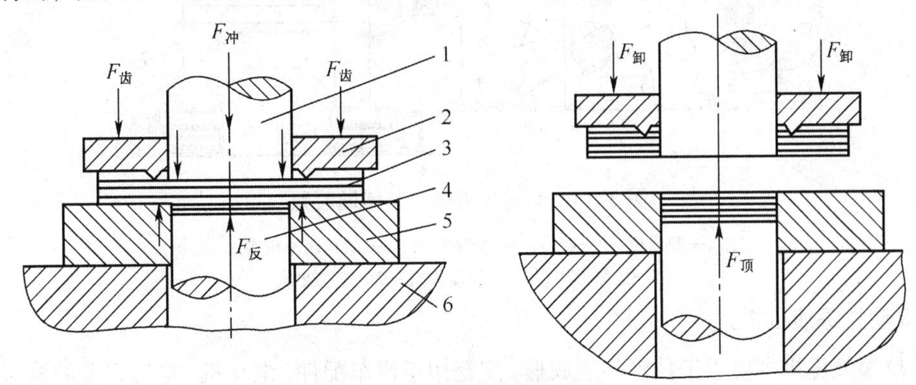

图 3-12　齿圈压板精冲简图

1—冲裁凸模；2—齿圈压板；3—板料；4—反压顶杆；5—凹模；6—下模座

$F_{冲}$—冲裁力；$F_{齿}$—齿圈压力；$F_{反}$—向顶力；$F_{卸}$—卸料力；$F_{顶}$—顶件力

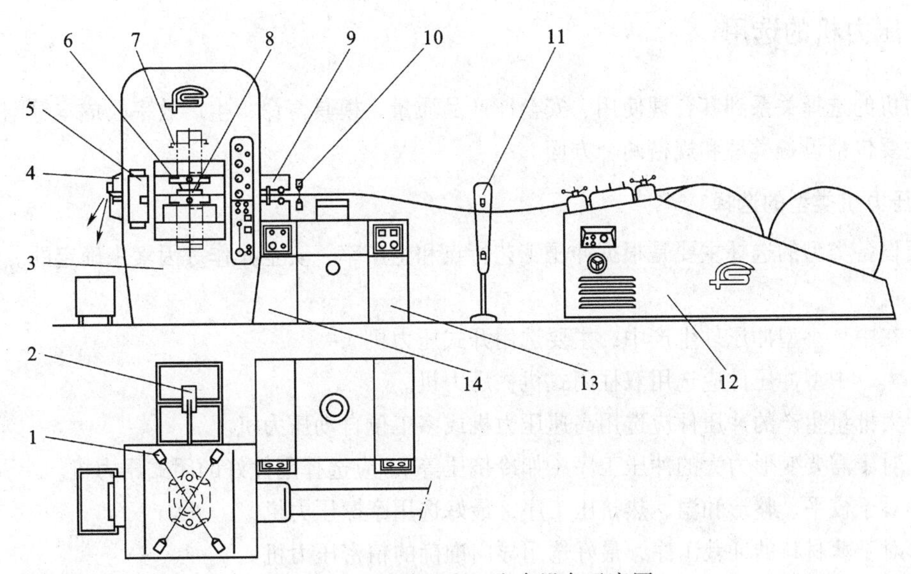

图 3-13　精冲压力机全套设备示意图

1—精冲件和废料光电检测器；2—取件（或气吹）装置；3—精冲压力机；4—废料切刀
5—光电安全栅；6—垫板；7—模具保护装置；8—模具；9—送料装置；10—带料末端检测器
11—机械或光学的带料检测器；12—带料校直设备；13—电气设备；14—液压设备

4．高速压力机

高速压力机是应大批量的冲压生产需要而发展起来的。高速压力机必须配备各种自动送料装置才能达到高速的目的。高速压力机及其辅助装置，如图 3-14 所示。一般在衡量高速标准时，应当结合压力机的标称压力和行程长度加以综合考虑。

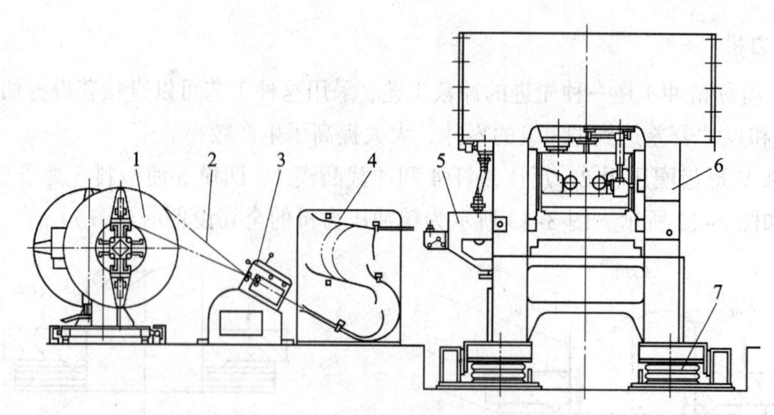

图 3-14　高速压力机及其辅助装置

1—开卷机；2—卷料；3—校平机构；4—供料缓冲机构；
5—送料机构；6—高速压力机；7—弹性支承

5. 双动拉深液压机

双动拉深液压机主要用于拉深件的成形，广泛用于汽车配件、电动机、电气行业的罩形件（特别是深罩形件）的成形，同时也可以用于其他的板料成形工艺，还可用于粉末冶金等需要多动力的压制成形。

3.1.5　压力机的选用

压力机的选择关系到其合理使用、安全、产品质量、模具寿命、生产效率及成本等问题。设备选择主要包括设备类型和规格两个方面。

1. 压力机类型的选择

冲压设备类型的选择主要是根据冲压工艺特点和生产率、安全操作等因素来确定的。遵循原则如下：

（1）在中、小型冲压件生产中，主要选用开式压力机。

（2）大、中型冲压件应选用双柱闭式机械压力机。

（3）大批量生产的冲压件应选用高速压力机或多工位自动压力机。

（4）对于需要变形力大的冲压工序（如冷挤压等），应选择刚性好的闭式压力机。

（5）对于校平、整形和温、热挤压工序，最好选用摩擦压力机。

（6）对于薄材料的冲裁工序，最好选用导向准确的精密压力机。

（7）对于大型拉深的冲压工序，最好选用双动拉深压力机。

（8）大批量生产中应选用高速压力机或多工位自动压力机。

（9）小批量生产中的大型厚板件的成形工序，多采用液压压力机。

2. 压力机规格的选择

选择压力机的规格应当遵循如下原则：

（1）压力机的标称压力必须大于冲压工序所需的压力。

（2）压力机滑块行程应满足制件的取出与毛坯的安放。

（3）压力机的行程次数应符合生产率和材料变形速度的要求。

（4）工作台尺寸必须保证模具能正确安装到台面上，每边一般应大于模具底座 50～70 mm；工作台底孔尺寸一般应大于工件或废料尺寸，以便于工件或废料从中通过。

（5）压力机的闭合高度、滑块尺寸、模柄孔尺寸都应能满足模具的正确安装要求。

3.2 模塑成形设备

塑料成形设备的类型也很多，主要包括各种模塑成形设备和压延机等。模塑成形设备有挤出机、注射机、浇铸机、中空成形机、发泡成形机、塑料液压机以及与之配套的辅助设备等。生产中应用最广的是挤出机和注射机，其次是液压机和压延机。挤出成形生产的制品产量约占塑料制品总产量的一半，注射成形生产的制品占 30%～40%，这个比例还在扩大。就成形设备而言，注射机的产量最大，所以这里主要介绍注射机和挤出机。

3.2.1 注射机的简介

1. 注射机的分类

（1）按传动方式分：液压式、机械式和液压—机械（连杆）式注射机。

（2）按加工能力分：超小型、小型、中型、大型和超大型。

超小型的注射量和锁模力分别小于 30 cm^3 和 400 kN；小型的注射量为 60～500 cm^3，锁模力 400～3 000 kN；中型的注射量为 500～3 000 cm^3，锁模力 3 000～6 000 kN；大型和超大型的注射量及锁模力大于 3 000 cm^3 和 8 000 kN。

（3）按操作方式分：自动、半自动和手动注射机。

（4）按外形特征分：卧式注射机、立式注射机、角式注射机。

卧式注射机的合模部分和注射部分处于同一水平中心线上，且模具是沿水平方向打开的，如图 3-15 所示。其特点：机身矮，易于操作和维修；机器重心低，安装较平稳；制品顶出后可利用重力作用自动落下，易于实现全自动操作。目前，市场上的注射机多采用此种型式。

图 3-15 卧式注射机

立式注射机的合模部分和注射部分处于同一垂直中心线上，且模具是沿垂直方向打开的，如图 3-16 所示。因此，其占地面积较小，容易安放嵌件，装卸模具较方便，从料斗落入的物料能较均匀地进行塑化。但制品顶出后不易自动落下，必须用手取下，不易实现自动操作。立式注塑机宜用于小型注塑机，一般是在 60 t（60 t 是指代锁模力）以下的注塑机采用较多，大、中型机不宜采用。

角式注射机的注射方向和模具分界面在同一个面上，它特别适合于加工中心部分不允许留有浇口痕迹的平面制品，如图 3-17 所示。其占地面积比卧式注塑机小，但放入模具内的嵌件容易倾斜落下。这种型式的注塑机宜用于小型机。

图 3-16　立式注射机

图 3-17　角式注射机

（5）按塑料在料筒的塑化方式不同分：柱塞式注射机和螺杆式注射机。

图 3-18 所示为卧式螺杆注射机结构示意图。螺杆式注射机的工作原理已在前面章节中详细讲述，这里不再赘述。卧式注射机多为螺杆式，螺杆式注射机最大注射量可达到 60 cm^3 以上。目前在工厂中得到广泛使用。

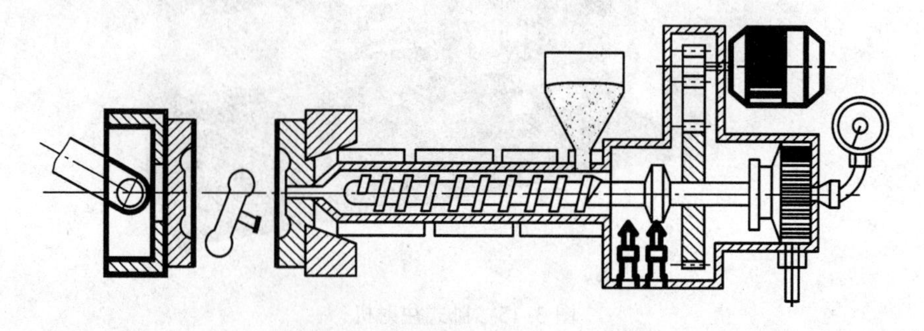

图 3-18　卧式螺杆注射机结构示意图

图 3-19 为卧式柱塞注射机结构示意图。柱塞式注射机多为立式注射机，注射量小于 30～60 cm³，不易成形流动性差、热敏性强的塑料。柱塞式注射机由于自身结构特点，在注射成形中存在着塑化不均、注射压力损失大等问题。

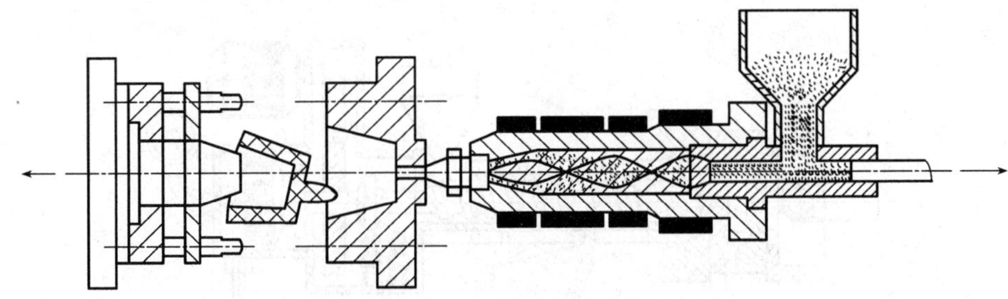

图 3-19　卧式柱塞注射机结构示意图

2．注射机的型号和主要技术参数

（1）注射机规格型号。目前主要有注射量、合模力、注射量与合模力同时表示三种。我国允许采用注射量、注射量与合模力两种同时表示方法。

① 注射量表示法。例如 XS-ZY-500 注射机，各符号的意义如下：

XS——类别代号（XS 为塑料成形机）；

Z——组别代号（Z 为注射）；

Y——预塑方式（Y 为螺杆预塑）；

500——主参数（注射容量为 500 cm³）。

② 合模力与注射量表示法。例如 SZ—63/50 注射机，各符号的意义如下：

S——类别代号（S 为塑料机械类）；

Z——组别代号（Z 为注射）；

63/50——主参数（注射容量为 63 cm³，合模力为 50 × 10 kN）。

（2）注射机的主要技术参数包括如下几种：

① 公称注射量。公称注射量是指在对空注射的条件下，注射螺杆或柱塞做一次最大注射行程时，注射装置所能达到的最大注射量。

注射量有两种表示法：一种是以加工聚苯乙烯塑料为标准，用注射出熔料的重量（单位为 g）表示；另一种是用注射出熔料的容积（单位为 cm³）表示。我国注射机规格系列标准采用前一种表示法。

② 注射压力。为了克服熔料经喷嘴、浇注系统流道和型腔时所遇到的一系列流动阻力，螺杆或柱塞在注射时，必须对熔料施加足够的压力，此压力称为注射压力。

③ 注射速率、注射时间与注射速度。注射时，为了使熔料及时充满模腔，除了必须有足够的注射压力外，还必须使熔料具有一定的流动速度，描述这一参数的量称为注射速率，也可用注射时间或注射速度表示。

④ 塑化能力。塑化能力是指单位时间内塑化装置所能塑化的物料量。

⑤ 锁模力（又称合模力）。锁模力是指注射机的合模装置对模具所能施加的最大夹紧力。

⑥ 合模装置的基本尺寸。合模装置的基本尺寸包括模板尺寸、拉杆间距、模板间最大距、移动模板的行程、模具最大和最小厚度等。这些参数制约了注射机所用模具的尺寸范围和动作范围。

3. 注射机的组成

注射机主要由注射装置、合模装置、液压传动和电气控制系统组成，如图 3-20 所示。

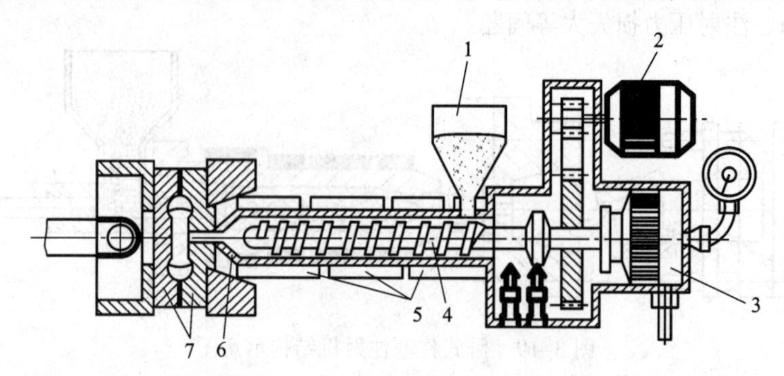

图 3-20 螺杆式注射机结构示意图

1—料斗；2—螺杆转动传动装置；3—注射液压缸
4—螺杆；5—加热器；6—喷嘴；7—模具

（1）注射装置。注射装置是注射机的主要部分，其作用是使塑料均匀地塑化并达到流动状态，并以足够的压力和速度将一定量的熔料注射到模具的型腔内，当熔料充满型腔后，仍需保持一定的压力和作用时间，使其在合适压力作用下冷却定型。

注射装置主要由塑化部件（螺杆、料筒、喷嘴）和料斗、传动装置、注射液压缸等组成。

（2）合模装置。合模装置的作用是实现模具的闭合并锁紧，以保证注射时模具可进行合紧及脱出制品的动作。

合模装置主要由前后固定板、移动模板、连接前后固定用的拉杆、合模油缸、移动油缸、连杆机构、调模装置及塑料顶出装置等组成。图 3-21 为曲臂合模装置的工作示意图。

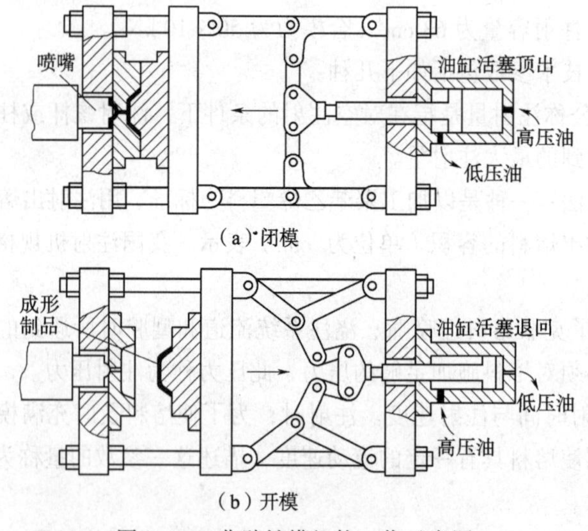

（a）闭模

（b）开模

图 3-21 曲臂锁模机构工作示意图

（3）液压传动和电气控制系统。液压传动和电气控制系统的作用是保证注射机按工艺过程的动作程序和预定的工艺参数（压力、速度、温度、时间等）要求准确有效地工作。液压传动系统主要由各种液压元件和回路及其他附属设备组成。电气控制系统主要由各种电气仪表等设备组成。

3.2.2　挤出机简介

挤出成形又称为挤塑、挤压成形。图 3–22 所示为挤出机装置；图 3–23 为卧式单螺杆挤出机结构示意图。其工作原理是将塑料放入挤出机料筒内加热，利用挤出机的螺杆旋转（柱塞）加压，使塑料挤出模具机头口模，成为形状与口模相仿的粘流态熔体，经定型装置定型、冷却，借助牵引装置拉成具有一定截面形状的塑料型材，经切割装置切割，完成挤出机的整个工作。

挤出成形是塑料制品的加工中最常用的成形方法之一，在塑料成形加工生产中占有很重要的地位。在塑料制品成形加工中，挤出成形塑件的产量居首位，主要用于热塑性塑料的成形，也可用于某些热固性塑料的成形。

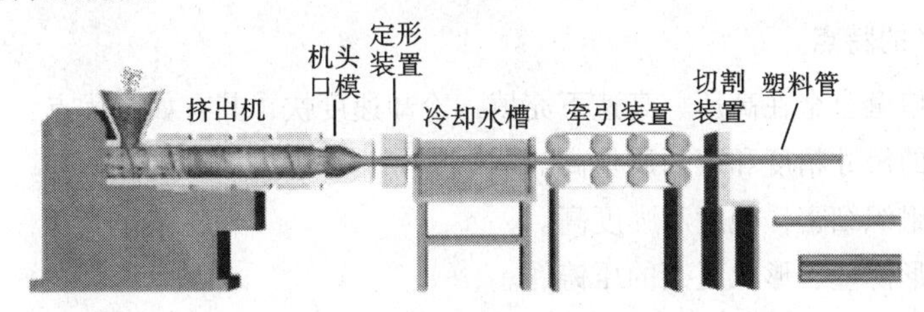

图 3–22　挤出机装置

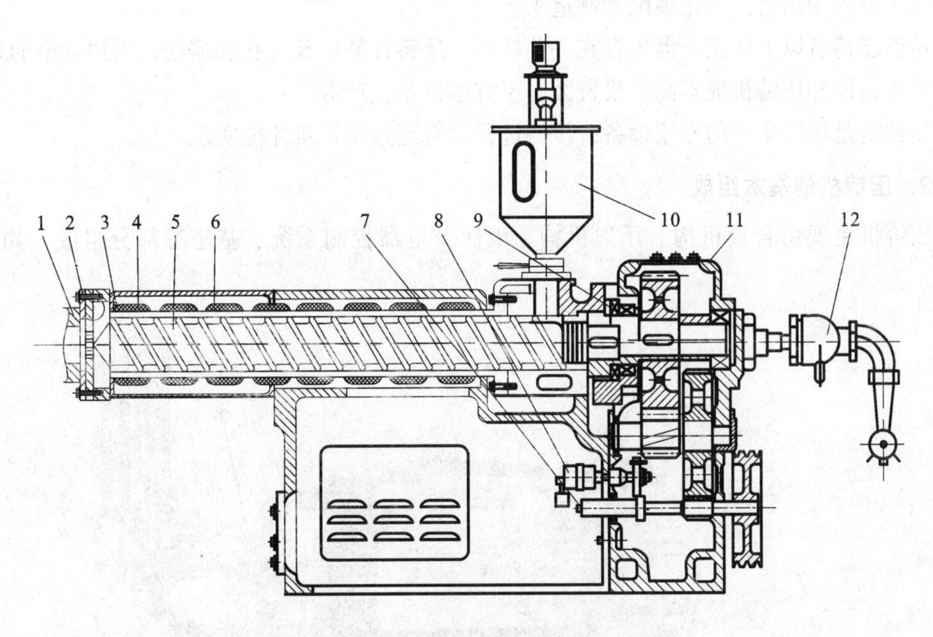

图 3–23　卧式单螺杆挤出机结构示意图

1—机头连接法兰；2—过滤网；3—冷却水管；4—加热器；5—螺杆；6—料筒；
7—液压泵；8—测速电动机；9—推力轴；10—料斗；11—减速器；12—螺杆冷却装置

塑料挤出成形与其他成形方法（如注射成形、压缩成形等）相比，其特点是挤出生产过程是连续的，其产品可根据需要生产任意长度的塑料制品；模具结构简单，尺寸稳定；生产效率高，生产量大，成本低，应用范围广，能生产管材、棒材、板材、薄膜、单丝、电线电缆、异型材等。目前，挤出成形已广泛用于农业、建筑业、石油化工、机械制造、电子、国防等工业部门的生产和日常生活中。

3.3 其他模具产品的成形设备

3.3.1 压铸成形设备

压铸即压力铸造，是将熔融合金在高压、高速条件下充填型腔，并在高压下冷却凝固成形的一种精密铸造方法。用压铸成形获得的制件称为压铸件，简称铸件。

1. 压铸成形的特点

由于压铸时熔融合金在高压、高速下充填，冷却速度快，其有如下优点：

（1）压铸件的尺寸精度和表面质量高。

（2）压铸件组织细密，硬度和强度高。

（3）可以成形薄壁、形状复杂的压铸件。

（4）生产效率高、易实现机械化和自动化。

（5）可采用镶铸法简化装配和制造工艺。

尽管压铸有以上优点，但也存在一些缺点：压铸件易出现气孔和缩松；压铸合金的种类受到限制；压铸模和压铸机成本高、投资大，不宜小批量生产等。

压铸机是压铸生产的专用设备，压铸过程只有通过压铸机才能实现。

2. 压铸机的基本组成

压铸机主要由合模机构、压射机构、液压及电器控制系统、基座等部分组成，如图 3-24 所示。

图 3-24 压铸机装置

1—合模机构；2—压射机构；3—基座；4—液压及电器控制系统

3. 压铸机的分类

压铸机的分类如表 3-3 所示。

表 3-3　压铸机的分类

分类特征	基本结构方式
压室浇注方式	（1）冷室压铸机（包括冷室位于模具分型面的）； （2）热室压铸机（活塞式和气压式）
压室的结构和布置方式	（1）卧式压室压铸机； （2）立式压室压铸机
总体结构	（1）卧式合模压铸机； （2）立式合模压铸机
功率（机器锁模力）	（1）小型压铸机（热室<630 kN，冷室<2 500 kN）； （2）中型压铸机（热室 630～4 000 kN，冷室 2 500～6 300 kN）； （3）大型压铸机（热室>4 000 kN，冷室>6 300 kN）
通用程度	（1）通用压铸机； （2）专用压铸机
自动化程度	（1）半自动压铸机； （2）全自动压铸机

4．压铸机的型号和主要技术参数

（1）压铸机的型号。目前，国产压铸机已经标准化，其型号主要反映压铸机类型和锁模力大小等基本参数。例如：

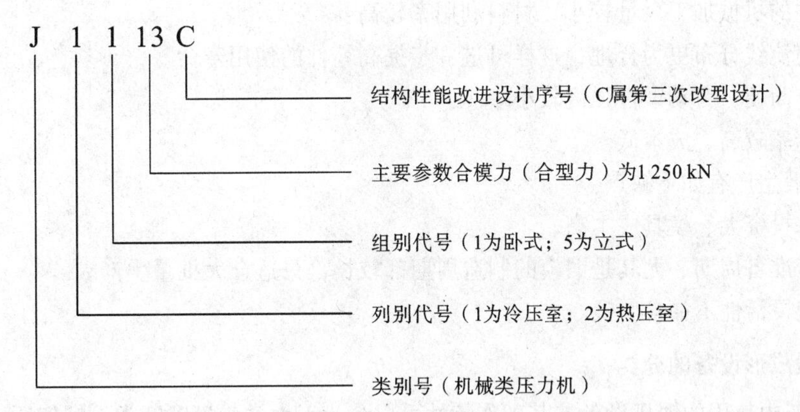

在国产压铸机型号中，普遍采用的主要有 J213B、J1113C、J113A、J16D、J163 等型号。

（2）压铸机的主要技术参数。压铸机的主要技术参数已经标准化，在产品说明书上均可查到。主要参数有锁模力、压射力、压室直径、压射比压、压射位置、压室内合金的最大容量、开模行程及模具安装用螺孔位置尺寸等。

5．压铸机的选用

实际生产中应根据产品的要求和具体情况选择压铸机。一般从以下两个方面进行考虑：

（1）按生产规模及压铸件品种选择压铸机。在组织多品种、小批量生产时，一般选用液压系统简单、适应性强和能快速调整的压铸机；在组织少品种、大批量生产时，则应选用配备各种机械化和自动化控制机构的高效率压铸机；对单一品种大量生产时，可选用专用压铸机。

（2）按压铸件的结构和工艺参数选择压铸机。压铸件的外形尺寸、质量、壁厚以及工艺参数对压铸机的选用有重大影响。一般应遵循以下原则：

① 压铸机的锁模力应大于胀型力在合模方向上的合力。

② 每次浇入压室中熔融合金的质量不应超过压铸机压室的额定容量。

③ 压铸机的开、合模距离应能保证铸件在合模方向上能获得所需尺寸，并在开模后能顺利从压铸模上取出铸件和浇注系统凝料。

④ 压铸机的模板尺寸应能满足压铸模的正确安装。

3.3.2 模锻成形设备

在锻压生产中，将金属毛坯加热到一定温度后放在模膛内，利用锻锤压力使其发生塑性变形，充满模膛后形成与模膛相仿的制品零件，这种锻造方法称为模型锻造，简称模锻。

模锻是批量或大批量生产锻件的锻造方法。其特点是在锻压设备动力作用下，坯料在锻模模膛内被压塑成形，得到比自由锻件质量更高的锻件。经模锻的工件，可获得良好的纤维组织，并且可以保证 IT7 ~ IT9 级精度等级，有利于实现专业化和机械化生产。

1. 模锻成形的特点

（1）模锻生产有如下优点：

① 可以锻造形状较复杂的锻件，尺寸精度较高，表面粗糙度较低。

② 锻件的机械加工余量较小，材料利用率较高。

③ 可使流线分布更为合理，这样可进一步提高零件的使用寿命。

④ 操作简便，劳动锻件强度较小。

⑤ 生产率较高、成本低。

（2）模锻生产有如下缺点：

① 设备投资大、模具成本高。

② 生产准备周期、尤其是锻模的制造周期都较长，只适合大批量生产。

③ 工艺灵活性不如自由锻。

2. 模锻成形设备的分类

模锻生产中使用的锻压设备按其工作特性可以分为五大类：模锻锤类、螺旋压力机类、曲柄压力机类、轧锻压力机类和液压机类。表 3-4 所示为模锻设备分类及用途特点。

表 3-4 模锻设备分类及用途特点

类别	锻压设备的分类及其名称			主要工艺用途或模锻工艺特点
锤类	模锻锤	有模砧锻座锤	蒸汽—空气模锻锤（简称模锻锤）	双作用锤用于多型槽多击模锻
			落锤（如夹板模锻锤）	单作用锤用于多型槽多击模锻，还可以用于冷校正

续表

类别	锻压设备的分类及其名称		主要工艺用途或模锻工艺特点
		无砧座蒸汽—空气模锻锤（简称无砧座锤）	主要用于单型槽多击模锻
		高速锤	主要用于单型槽单击闭式模锻
螺旋类压力机	摩擦螺旋压力机		主要用于单型槽多击模锻，以及冷热校正等
	液压螺旋锤		用于单型槽多击模锻
曲柄压力机类	热锻模曲柄压力机	楔形工作台式	主要用于 3~4 型槽单击模锻，终锻应位于压力中心区
		楔式传动	主要用于 3~4 型槽单击模锻，型槽可按工序顺序排列
	平锻机	垂直分模	主要用于 3~6 工步多型槽单击模锻，主要变形方式为局部镦粗和冲孔成形，多采用闭式模锻
		水平分模	
	径向旋转锻造机		专用于轴类锻件
	精压机		用于平面或曲面冷精压
	切边压机		用于模锻后切边、冷冲孔和冷剪切下料
	普通单点臂式压机		用于冷切边、冷冲孔和冷剪切下料
	型剪机		用于冷、热剪切下料
轧锻压力机类	纵向轧机	辊锻机	用于模锻前的制坯和模锻辊锻
		扩孔机	专用于环形锻件的扩孔
		四辊螺旋纵向轧机	专用于麻花钻头的生产
	横纵向轧机	二辊或三辊螺旋横轧机	专用于热轧齿轮和滚柱、滚珠、轴承环轧制
		三辊仿形横轧机	用于圆变断面轴杆零件或坯料的轧制
液压机类	模锻水压机	单向模锻水压机	用于单型槽锻模
		多向模锻水压机	用于单型槽多个分模面的多向镦粗、挤压和冲孔模锻
	油压机		可用于校正、切边和液态模锻等

3．典型模锻成形设备的组成及工作原理

蒸汽—空气模锻锤。利用压力为（7～9）×10⁵ Pa 的蒸汽或压力为（6～8）×10⁵ Pa 的压缩空气为动力的锻锤称为蒸汽—空气锤，它是目前普通锻造车间常用的锻造设备。蒸汽—空气自由锻锤按用途不同分为自由锻锤和模锻锤两种；根据机架形式，可分为单柱式、拱式和桥式三种，如图 3-25 所示。

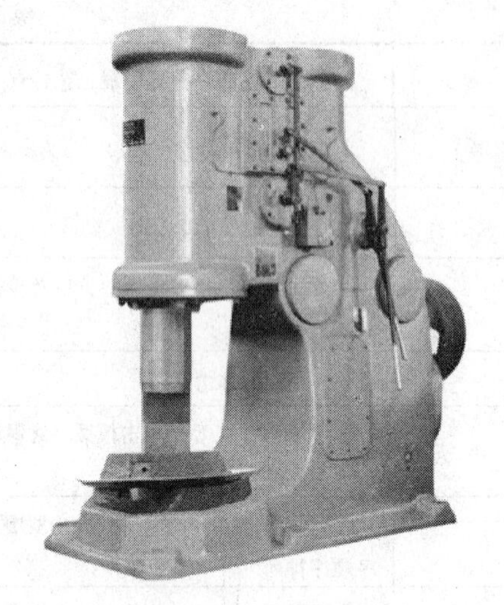

（a）单柱式自由锻锤

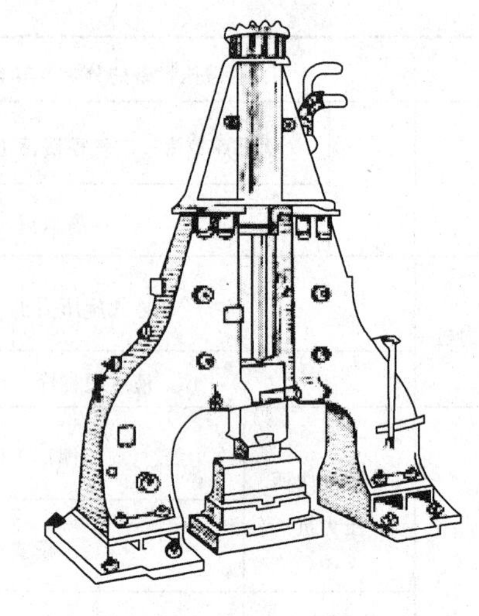

（b）拱式自由锻锤

（c）桥式自由锻锤

（d）模锻锤

图 3-25　蒸汽—空气锤分类示意图

由于模锻工艺需要，立柱与砧座的相对位置可通过横向调节楔来进行锤身的左右微调。为保证机架中心精度要求，立柱直接用八个向斜置 10°～13° 的螺栓与砧座连接。锻造时，由于冲击力的作用，使立柱与砧座产生的间隙可通过螺栓下的弹簧所产生的侧向分力将立柱压紧在砧座的配合面上，从而防止左右立柱卡住锤头。

（1）蒸汽—空气模锻锤的组成。模锻锤是在蒸汽—空气自由锻锤的基础上发展而成的。由于多模膛锻造，常承受较大的偏心载荷和打击力，所以为满足模锻工艺的要求，模锻锤必须有足够的刚性。图 3-26 所示为蒸汽—空气模锻锤组成示意图，蒸汽—空气模锻锤由汽缸（带打滑阀和节气阀）、落下部分（活塞、锤杆、锤头和上模块）、立柱、导轨、砧座和操纵机构等部分组成。

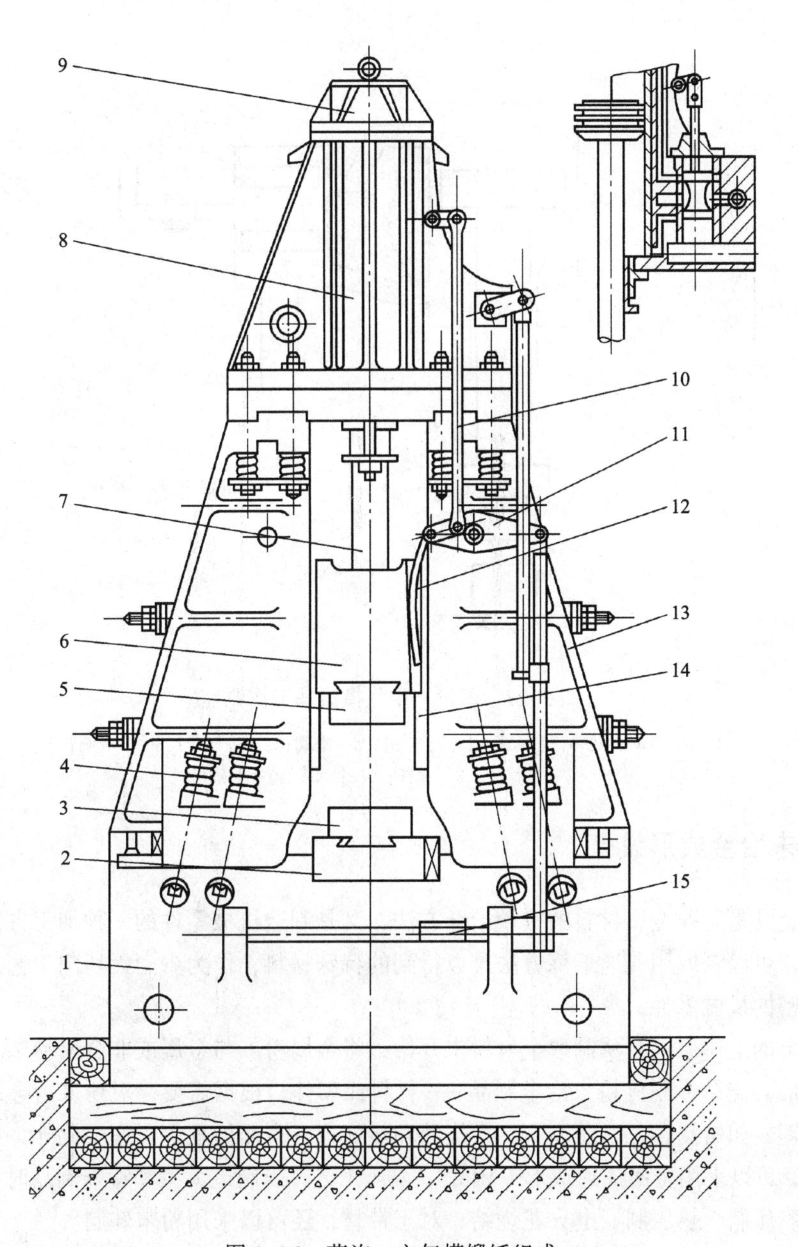

图 3-26　蒸汽—空气模锻锤组成

1—砧座；2—模座；3—下模；4—弹簧；5—上模；6—锤头；7—锤杆；8—汽缸；9—保险缸；10—拉杆；11—杠杆；12—曲杆；13—立柱；14—导轨；15—脚踏板

（2）蒸汽—空气模锻锤工作原理。各种不同用途和结构形式的蒸汽—空气锤，其工作原理都相似，如图 3-27 所示。当蒸汽或压缩空气充入进气管 5 经节气阀 6、滑阀 4 的外周和下气道 3 时，进入气缸 2 的下部，在活塞下部环形底面上产生向下作用力，使落下部分向上运动。此时，汽缸上部的蒸汽（或压缩空气）从上气道 3 进入滑阀内腔，经排气管 7 排入大气。

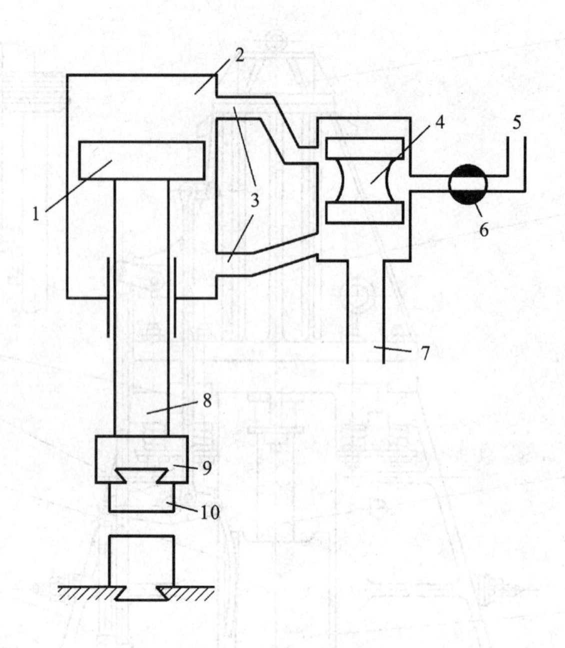

图 3-27　蒸汽—空气模锻锤工作原理

1—活塞锤头；2—汽缸；3—上、下气道；4—滑阀；5—进气管；6—节气阀；
7—排气管；8—锤杆；9—锤头；10—上砧

3.3.3　粉末冶金成形设备

粉末冶金既是制取金属材料的一种冶金方法，又是制造机械零件的一种加工方法。作为特殊的冶金工艺，可以制取用普通熔炼方法难以得到的特殊材料；作为少、无切削工艺之一，则可以制造各种精密的机械零件。

粉末冶金的工作原理是从制取金属粉末开始，将金属粉末与金属或非金属粉末（或纤维）混合，经过成形、烧结、制成粉末冶金制品——材料或零件。根据需要，对粉末冶金制品还可进行各种后续处理，如熔浸、二次压制、二次烧结和热处理、表面处理等工序。此外，当制造形状复杂的零件时，可以采用金属注射成形（MIM）、温压工艺；当制造大型和特殊制品时，可以采用挤压成形、等静压制、热压制、电火花烧结；对于带材，还可以采用粉末轧制。

1. 粉末冶金材料特点

粉末冶金工艺之所以能够在机械制造、汽车、电气、航空等工业和行业中获得广泛的应用，主要有如下特点：

（1）可制取合金与假合金，发挥每种组元各自的特性，使材料具有良好的综合性能。常见的多组元材料有如下几类：

① 铁基、铜基结构零件材料。当选用较高的密度时，其力学性能与碳钢相当。

② 摩擦材料。以金属组元作为基体（如铁、铜），加入提高摩擦系数的非金属组元（如氧化铝、二氧化硅、铸石粉）以及抗咬合、提高耐磨性能的润滑组元（如铅、锡、石墨），制成有良好综合性能的摩擦材料，用做动力机械的离合器片和制动片。

③ 电工触头材料。将高熔点的组元作为耐电弧的基体（如钨、石墨），加入电导率高的组元（如铜、银），做成有良好综合性能的触头材料，用于电器开关中的触头。

④ 烧结铜铅减磨材料。用预合金铜铅粉或混合粉，经松装烧结到钢背上并轧制，或经压制成形并加压烧结扩散焊接到钢件上，制成双金属轴瓦、侧板和柱塞泵缸体，可显著减少材料中铅的偏析，提高材料的减磨性能。

⑤ 金刚石—金属工具。用金属粉末（如钴、镍、铜、铁、钨或碳化钨等）作为胎体，孕镶金刚石颗粒或粉末，做成各种金刚石工具。

⑥ 纤维增强复合材料。用金属纤维、碳纤维、单晶须等与金属粉末混合后，经成形（压制或轧制）、烧结制成复合材料，使材料的强度及耐磨性显著提高。

（2）可制取多孔材料。熔炼材料通常是致密的，有时存在不可控制的气孔、缩孔，它们是材料的缺陷，无法利用。而粉末冶金工艺制造的零件材料，基体粉末不熔化，粉末颗粒间的空隙可以留在材料中，且分布较均匀。

（3）可制取硬质合金和难熔金属材料。钨、钼、钽、铌、锆、钛及其碳化物、氮化物等材料的熔点一般在 1 800℃以上，用熔炼方法，会遇到熔化和制备炉衬材料困难。用粉末冶金工艺，可利用压坯自身电阻加热，在真空或保护气氛中烧结，避免了制备耐高温炉衬材料的困难。因此，粉末冶金工艺是制取难熔金属及合金的最佳方法。

（4）一种精密的，少、无切削加工方法。用粉末冶金方法来制造机械零件，在材料性能符合使用要求的同时，制品的形状和尺寸已达到或接近最终成品的要求，无需或只需少量切削加工。与切削加工工艺相比，粉末冶金工艺有如下优点：

① 生产效率高。一台粉末冶金专用压机，班产量通常为 1 000 ~ 10 000 件。

② 材料利用率高。通常材料利用率在 90%以上。

③ 节约有色金属。在减磨材料领域里，相当多的情况下，多孔铁可取代青铜及巴氏合金。

④ 节省机床。节约切削加工机床及其占地面积。

2. 粉末冶金成形过程

粉末冶金并不是一种制品，而是一门制造金属制品的技术。用粉末冶金制造金属制品的过程如图 3-28 所示。

粉末冶金的基本工序：粉末制造、成形、烧结及烧结后的加工处理，有时要增加熔浸、二次压制和二次烧结等工序。此外，有时还采取一些特殊方法，如制造大型和特殊制品时，采用挤压成形、等静压制、热压制、火花烧结；对于带材，采用粉末压制等。

3. 粉末冶金制品的种类

粉末冶金制品种类很多，在此仅介绍机械制造工业中常用的几个品种，如减磨零件、结构零件、摩擦零件、过滤零件、磁性零件和电触头等。

（1）减磨零件。粉末冶金的减磨零件主要有两大类：一类是自润滑轴承，如使用最广泛的是铁基和铜基含油轴承；另一类是需要外界润滑的轴承，如带钢背的铜铅轴瓦、钢背—铜镍—巴氏合金的三金属轴瓦，以及纯铁硫化处理的轴承等。

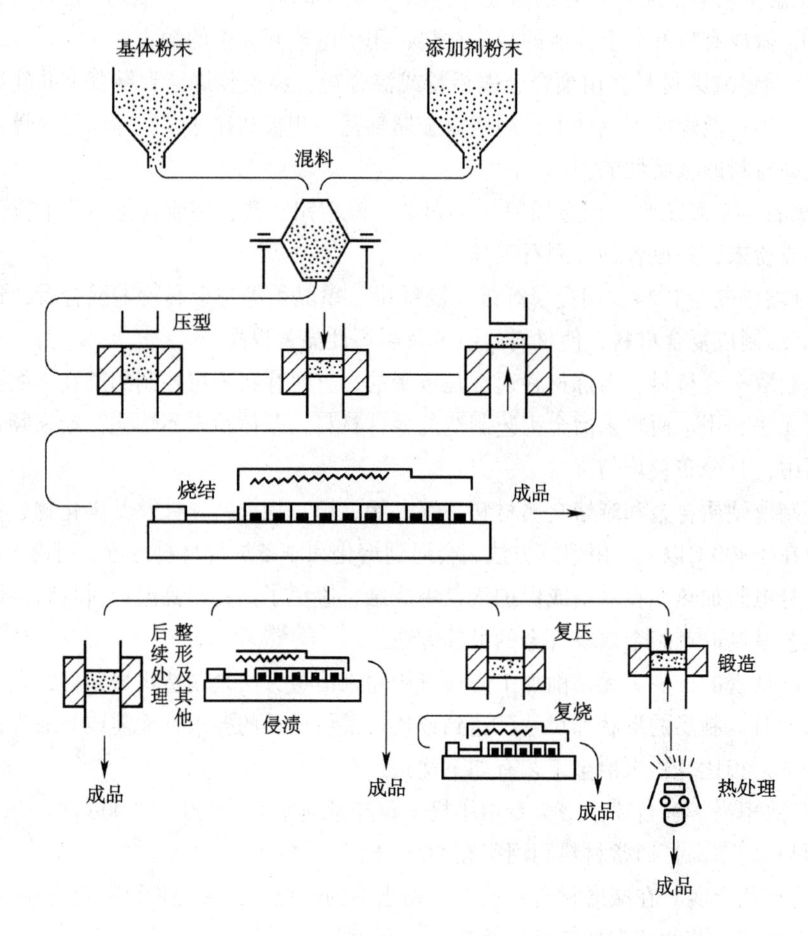

图 3-28　粉末冶金工艺流程

（2）结构零件。粉末冶金的结构零件分为两大类：一类是铁基的烧结零件，其应用最广，近来由于工艺上的改进和发展，出现了取代中高强度钢制的零件；另一类是有色金属的结构零件，如黄铜、青铜和铝合金的制品等。

（3）摩擦零件。粉末冶金的摩擦零件有铁基和铜基的两类，铜基的主要用于液体摩擦的条件；铁基的主要用于摩擦的条件。

（4）过滤零件。粉末冶金的过滤零件可由铁、镍、镍铬合金、不锈钢、钛、青铜等材料来制造，其中铁、镍、青铜及不锈钢的过滤零件应用最广。

（5）磁性零件。用粉末冶金制造的磁性零件有软磁零件、硬磁零件和磁介质三类。软磁零件可由纯铁、铁铜磷钼、铁硅、铁镍及铁铝合金等材料烧结。硬磁零件由铝镍钴合金等烧结。磁介质零件由软磁材料与电介质组合物制成的制品，如铝硅铁粉芯。

（6）电触头。由于粉末冶金可将高熔点的钨、钼及碳化物与电导率高的易熔金属银铜结合起来，制成兼有高强度、耐电蚀及高电导率的复合烧结合金触头，用于大电流高压电路的开闭设备中。烧结银—氧化镉，银—铁触头在低压电器与弱电设备中也得到广泛应用。

4. 粉末冶金成形设备

由于粉末冶金制品的材料成分、几何形状和力学性能多种多样，因此，除单轴向刚性闭合模具压制成形外，还有冷或热等静压、挤压、粉末锻造、注射成形等成形工艺。但目前生产量最大的粉末冶金机械零件仍然是用单轴向刚性闭合模具压制成形的。

粉末成形压机及其模架不仅应用于以结构零件为主的铁、铜基粉末冶金机械零件的生产，而且也应用于压制成形铁氧体磁性元件、精密陶瓷件，以及硬质合金制品等。在生产中，除粉末成形压机外还有精整压机，其结构比粉末压机简单。

在进行模具设计时，应对所选择的（使用的）粉末成形设备的性能、结构有所了解，因为它将直接影响粉末成形（精整）的模具结构方案的确定。粉末成形设备通常是由机械和液压驱动的，故分为机械式粉末成形压机和液压式粉末成形压机。

随着生产技术的发展，粉末成形压机已作为一种专用设备，并逐渐增加了一些任选附件（模架等）或附属装置（模架快速交换装置等）以供选用。

专用的粉末成形压机功能齐全，但价格较昂贵。对一些形状简单、精度不高的粉末冶金件的成形（精整），可通过对普通可倾压力机（冲床）、框式（四柱）液压机进行自动化改造，也可达到较好的技术经济效果。

本章小结

利用模具成形金属制件或塑料制件离不开模具成形设备，金属制件或塑料制件的成形是通过模具成形设备（如压力机、剪板机、塑料注射机、压铸机等）和模具实现的。冲压成形设备和塑料成形设备的种类很多，不同的冲压成形设备用来适应不同的冲压工艺要求。同样，不同的塑料成形设备用来适应不同的模塑工艺要求。操作者应根据不同的加工对象和工艺要求，准确、合理地选用不同种类和结构的模具成形设备。

思考练习

（1）冲压设备可分为哪几类？
（2）说明冲压设备代号J93K-350中各字母和数字所表示的含义。
（3）简述通用曲柄压力机的组成与工作原理。
（4）如何正确选择压力机？
（5）注射机可分为哪几类？
（6）简述注射机的组成。
（7）什么是模锻？模锻生产的特点是什么？
（8）试述压铸生产的特点及压铸机的组成。

第4章 冲压成形技术

冲压成形加工是利用安装在压力机上的模具，对板料施加压力，从而获得一定形状、尺寸和性能制件的一种加工方法。冲压加工通常是在常温状态下进行的，因此也称冷冲压加工。冷冲压加工是金属压力加工方法之一。由于模具加工成本高，因此冲压成形加工一般用于大批量生产。

4.1 冲压成形加工的特点

冲压成形加工与其他加工方法相比，在技术和经济方面有如下特点：

（1）冲压零件的尺寸精度是由模具来保证的，无需加热、无氧化皮，因此冲压制件的表面质量高、尺寸稳定，冲压零件的形状和尺寸的互换性好，可以满足一般装配和使用要求。

（2）冲压零件经过塑性变形，金属内部组织得到改善，力学性能有所提高，可获得其他加工方法所不能或难以制造的壁薄（冲压加工一般适用于加工厚度小于 4 mm 的材料）、重量轻、刚性好、形状复杂的零件。

（3）冲压成形加工是少屑或无切屑的高效加工方法，材料废料少，利用率高，节能环保。

（4）冲压成形加工操作简便，易于实现机械化和自动化生产，生产效率高。大型冲压件的生产可达几件/min；高速冲压成形（一般把 600 次/min 以上的冲压称为高速冲压）的小件可达几千件/min。大批量生产时，成本较低。

（5）冲压材料可使用黑色金属、有色金属及某些非金属材料，使用的材料较广泛。

（6）能获得其他加工方法难以加工或无法加工的、形状复杂的零件。

（7）冲压加工时噪音大、振动强、模具加工成本较高、有加工硬化现象，严重时能使金属失去进一步变形能力。

冲压成形加工既可制造钟表及各种仪表仪器中的小零件，也可制造汽车、拖拉机等大型机器中的大零件，在航空航天、机械、电子信息、交通、兵器、日用电器等各个领域中得到广泛应用。

4.2　冲压模具零件的类型及作用

按模具零件的不同作用，可以将模具零件分为工艺零件和结构零件两大类。

（1）工艺零件。此类零件直接参与完成冲压工艺过程，并与毛坯直接发生接触。包括工作零件、定位零件、压料、卸料及出件零件。

（2）结构零件。此类零件不直接参与完成冲压工艺过程，也不和毛坯直接接触，只对模具完成工艺过程起保证作用和对模具的功能起完善作用。包括导向零件、固定零件、紧固件及其他零件。

表 4-1 所示为冲压模具零件的类型及作用。

表 4-1　冲压模具主要零件及作用

名　称	分　类	组　别	零件名称	零　件　作　用
冲压模具零件	工艺零件	工作零件（成形零件）	凸模（也称阳模）	是形成模腔的基本模具构件。是在冲压过程中，被制件或废料所包容的冲模工作零件
			凹模（也称阴模或型腔）	在冲压过程中，与凸模配合直接对制件进行分离或成形的工作零件，是成形制件外表面形状的模具零件
			凸凹模	在复合模中，凸模和凹模在一个工作零件上，同时具有凸模和凹模作用，是同时成形制品内、外表面形状的模具零件
		定位零件	挡料销、始用挡料销	挡料销用来控制条料送进距离，即送料步距；始用挡料销是在级进模中加工首件时，用来保证首件的正确位置
			定位销	用来定位的销钉
			定位板	用来定位的板料
		压料、卸料及顶出零件	卸料板	在模具中起压料、卸料和顶料的作用，负责把卡在凸模上或凸凹模上的制件或废料推出、顶出
			压料板	在冲裁、弯曲和成形加工中，把板料压紧在凸模或凹模上的可动板件
			弹顶器	安装在下模的下方或下模座的下部，用气压、油压、弹簧或橡胶通过托板、托杆、顶杆给压边圈或顶件块加以向上的力的弹顶装置
			推杆	用于推出制件或废料的杆件
	结构零件	导向零件及配套零件	导柱	与安装在另一模座上的导套（或孔）相配合，在冲裁过程中保证凸模和凹模之间相对位置准确、运动导向精度达到图样要求的圆柱形零件；此类零件标准化、通用化程度很高，可根据需要直接到专业化生产企业或市场购买
			导套	与安装在另一模座上的导柱相配合，用以确定上、下模的相对位置，保证运动导向精度的圆套形零件；此类零件标准化、通用化程度很高，可根据需要直接到专业化生产企业或市场购买

续表

名称	分类	组别	零件名称	零件作用
冲压模具零件	结构零件	固定零件	上模座	用于支承上模的所有零件的模架零件，或将模具安装固定到压力机上；此类零件标准化、通用化程度很高，可根据需要直接到专业化生产企业或市场购买
			下模座	用于支承下模所有零件的模架零件；此类零件标准化、通用化程度很高，可根据需要直接到专业化生产企业或市场购买
			模柄	使模架的中心线与压力机的中心线重合，并把上模固定在压力机滑块上的连接零件；此类零件标准化、通用化程度很高，可根据需要直接到专业化生产企业或市场购买
			凸模固定板	用于安装固定凸模的板
			凹模固定板	用于安装固定凹模的板

4.3 冲压成形工艺

冲压加工的零件，由于其形状、尺寸、精度要求、生产批量、原材料性能等方面的不同，因此生产中所采用的工艺方法也多种多样。冷冲压工序可以按照不同的方法进行分类。若根据材料的变形性质进行分类，可以将冷冲压工序划分为分离工序和变形工序。

分离工序是指使板料按一定的轮廓线分离而得到一定形状、尺寸和切断面质量的冲压件。可分为落料、切断、冲孔、切舌、切边、剖切等工序，如表 4-2 所示。

表 4-2　分离工序

序号	工序名称	简图	工序特点	应用示例
1	落料	工件 废料	用冲模沿封闭轮廓曲线冲切板料的一种冲压工序。冲下来的部分为工件。多用于加工各种形状的平板零件	垫圈外形、电机定子和转子外形
2	切断		用剪刀或冲模沿敞开轮廓曲线切断板材的一种冲压工序。多用于加工形状简单的平板零件	冲压剪板下料、级进模的废料切断
3	冲孔	工件 废料	用冲模沿封闭轮廓曲线冲切板料，在板料上获得所需要孔的一种冲压工序。冲下来的部分为废料	垫圈内形、转子内孔、合页螺钉孔

续表

序号	工序名称	简　　图	工　序　特　点	应　用　示　例
4	切舌	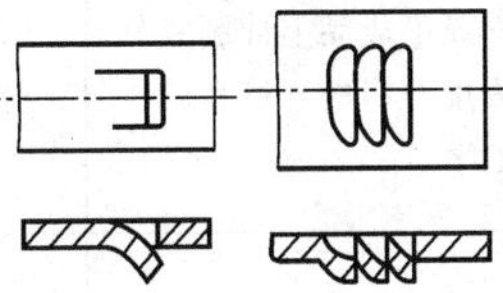	沿敞开轮廓将材料的局部切开并使其下弯的一种冲压工序。被局部分离的材料，不再位于分离前所处的平面上	电器触片、某些级进模的通风板
5	切边	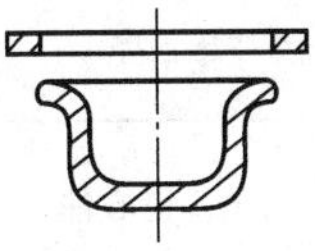	是利用冲模将成形零件的边缘修切整齐或切成一定形状，使之具有一定直径、一定高度或一定形状的一种冲压工序	电机外壳切口、相机外壳切口、水槽切边
6	剖切	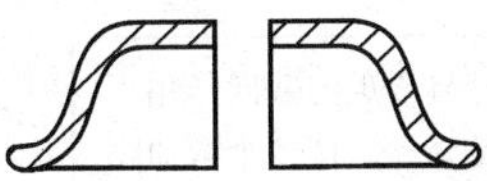	将冲压加工后的半成品切成两个或几个零件的一种冲压工序。常用于不对称零件的成双或成组冲压成形之后	

变形工序是使冲压件在不破坏其完整性的条件下发生塑性变形，转化成所要求的制件形状，是依靠材料流动而不依靠材料分离使材料改变形状和尺寸的冲压工序的统称。可分为弯曲、拉深、翻边、翻孔、胀形、缩口等工序，如表 4-3 所示。

表 4-3　变形工序

序号	工序名称	简　　图	工　序　特　点	应　用　示　例
1	弯曲	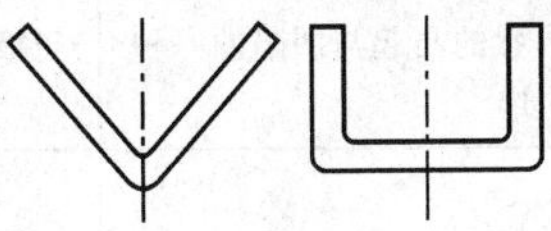	将坯料或半成品制件沿弯曲线弯曲成有一定曲率、一定角度和一定形状的一种变形工序	机壳、灯罩、自行车把、电极触片
2	卷边	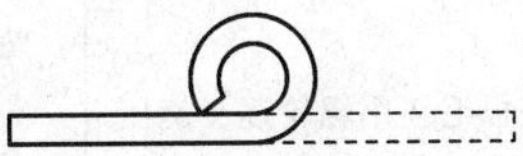	将板料端部卷曲成接近封闭圆形的一种变形工序	合页、铰链、器皿外缘、饮料罐、易拉环
3	胀形	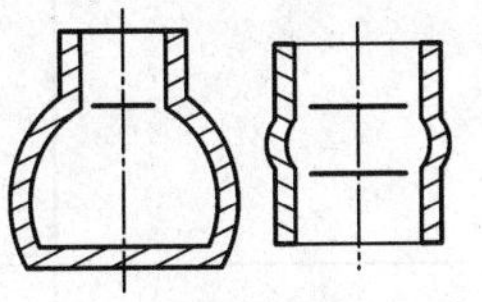	将空心毛坯或管状毛坯沿径向往外扩张，获得凸肚曲面形状的一种变形工序	铃铛、水龙头
4	缩口	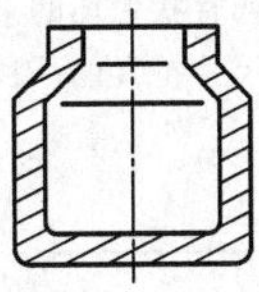	在空心毛坯或管状毛坯敞口处加压使其径向尺寸缩小的一种变形工序	水壶、压力容器

续表

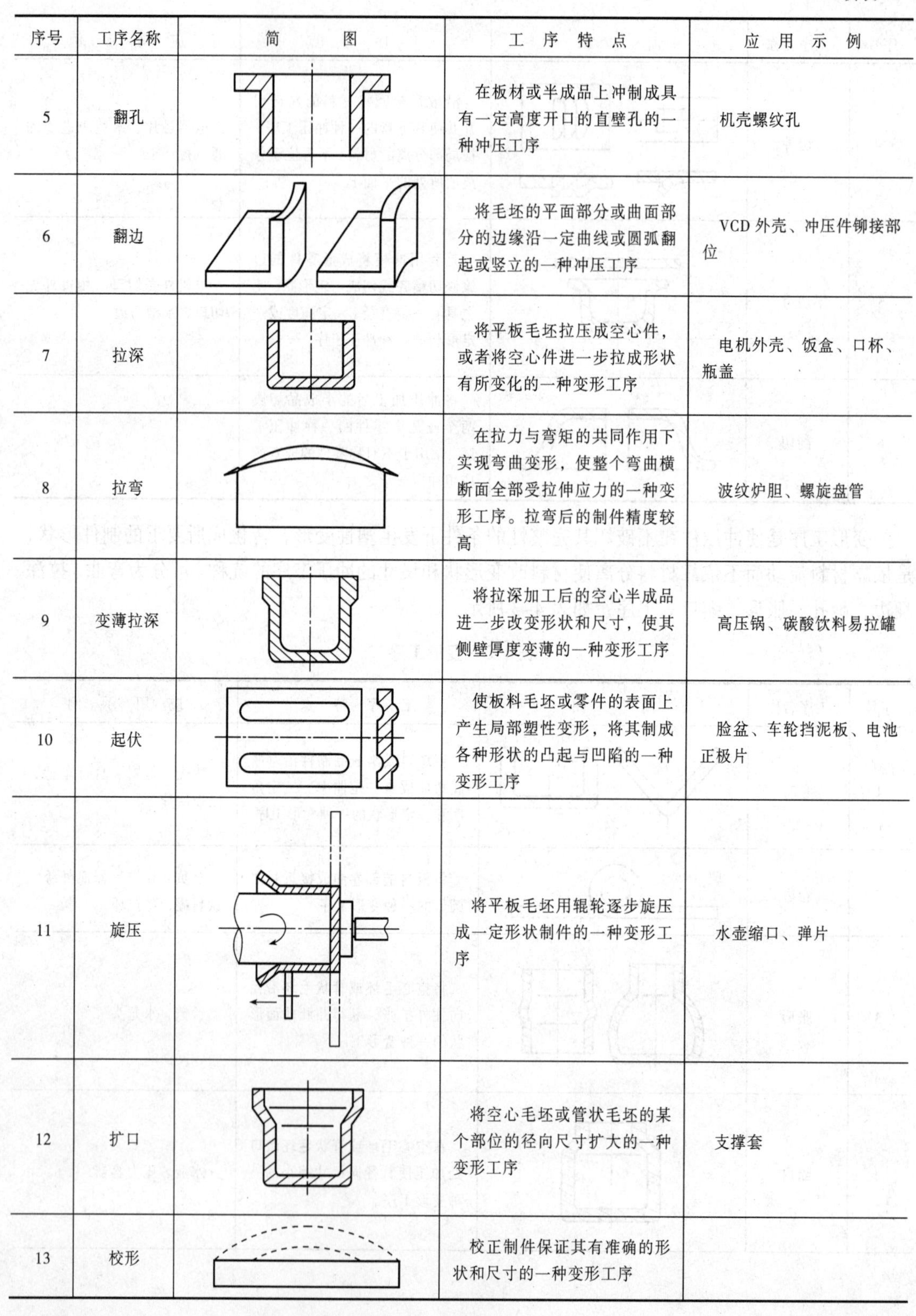

序号	工序名称	简　图	工　序　特　点	应　用　示　例
5	翻孔		在板材或半成品上冲制成具有一定高度开口的直壁孔的一种冲压工序	机壳螺纹孔
6	翻边		将毛坯的平面部分或曲面部分的边缘沿一定曲线或圆弧翻起或竖立的一种冲压工序	VCD外壳、冲压件铆接部位
7	拉深		将平板毛坯拉压成空心件，或者将空心件进一步拉成形状有所变化的一种变形工序	电机外壳、饭盒、口杯、瓶盖
8	拉弯		在拉力与弯矩的共同作用下实现弯曲变形，使整个弯曲横断面全部受拉伸应力的一种变形工序。拉弯后的制件精度较高	波纹炉胆、螺旋盘管
9	变薄拉深		将拉深加工后的空心半成品进一步改变形状和尺寸，使其侧壁厚度变薄的一种变形工序	高压锅、碳酸饮料易拉罐
10	起伏		使板料毛坯或零件的表面上产生局部塑性变形，将其制成各种形状的凸起与凹陷的一种变形工序	脸盆、车轮挡泥板、电池正极片
11	旋压		将平板毛坯用辊轮逐步旋压成一定形状制件的一种变形工序	水壶缩口、弹片
12	扩口		将空心毛坯或管状毛坯的某个部位的径向尺寸扩大的一种变形工序	支撑套
13	校形		校正制件保证其有准确的形状和尺寸的一种变形工序	

4.4　冲裁模具基本结构及其成形过程

冲裁是利用冲裁模在冲床上使一部制件外形由凸凹模和落料凹模落料完成。是将料与另一部分板料沿一定的封闭曲线分离的一种冲压工序。冲裁工序可分为落料工序和冲孔工序。用冲模沿封闭轮廓曲线冲切，若封闭线内是制件，封闭线外是废料的工序为落料；若封闭线内是废料，封闭线外是制件的工序为冲孔。

冲裁模是冲压生产中不可缺少的工艺装备。由于冲裁件形状、尺寸、精度、生产批量及生产条件的不同，冲裁模的结构类型也不相同。

根据工序组合的方式不同，可将冲裁模分为单工序冲裁模、复合冲裁模和级进冲裁模。下面依次介绍单工序冲裁模、复合冲裁模和级进冲裁模的结构及其工作过程。

4.4.1　单工序落料模

1．单工序无导向落料模

（1）单工序无导向落料模的基本结构。

图 4-1 所示为一个无导向装置的单工序落料模，也称敞开式落料模。在压力机的一次行程中，模具只能完成一个制件的一道落料工序。冲模的上模部分由模柄 10、上模座 9、凸模 8、卸料板 7 等零件组成，通过模柄 10 安装在冲床滑块上。下模部分由导料板 6、凹模 5、下模座 4 等零件组成，通过下模座 4 安装在冲床工作台上。无导向单工序落料模的上、下模之间没有直接导向关系，靠冲床导轨导向，冲裁间隙由冲床滑块与冲床滑块导轨的导向精度决定。

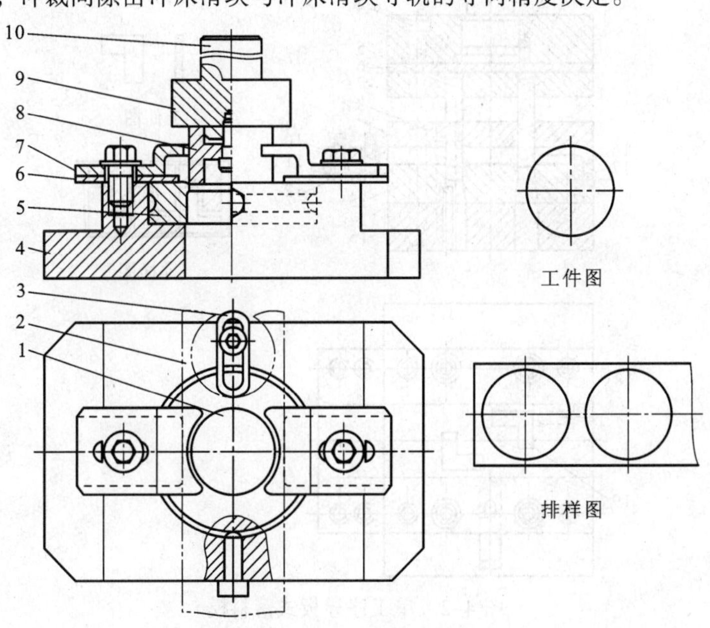

图 4-1　单工序无导向落料模

1—工件；2—板料；3—挡料板；4—下模座；5—凹模；6—导料板；7—卸料板；8—凸模；9—上模座；10—模柄

（2）单工序无导向落料模的工作过程。

板料 2 放入模具后，由导料板 6 控制板料 2 宽度方向与凹模 5 的相对位置，由挡料板 3 控制板料 2 长度方向与凹模孔口的相对位置，即送进距离。在工作零件凸模 8 和凹模 5 的冲裁下，从板料 2 上分离出一块圆片 1，即进行落料。落料之后，落料制件从下模的下面出来，箍在凸模 8 上的废料在冲床滑块回程时，在卸料板 7 的作用下被刮下来。更换凸模 8 和凹模 5，便可落料出其他直径的制件。

单工序无导向落料模结构简单，尺寸小、重量轻、制造容易、成本低，但寿命短、模具的均匀间隙不易保证。在冲床上每安装一次模具，需要重新调整一次模具间隙，安装调试复杂，冲裁制件精度低，因此无导向单工序落料模适于加工精度要求低、形状简单、小批量或试制的冲裁件。

2. 单工序导板式落料模

该结构属于有导向装置（导板导向）的冲裁模，如图 4-2 所示。其上、下模的导向是依靠导板 2 与凸模 6 的间隙配合（一般为 H7/h6）进行的，故又称导板模。

（1）单工序导板式落料模的基本结构。

图 4-2 所示为利用导板进行模具导向的单工序的落料模。上模部分主要模柄 3、上模座 1、凸模 5、垫板 6、凸模固定板 7 等零件组成，凸模由凸模固定板、螺钉、销钉与上模座紧固并定位，凸模顶面垫上垫板 8；下模部分主要由下模座 15、凹模 13、导板 9、导料板 10、固定挡料销 16、承料板 11 等零件组成，凹模由内六角螺钉和销钉与下模座紧固并定位。冲模的工作零件为凸模 5 和凹模 13，定位零件为导料板 10 和固定挡料销 16，导向零件是导板 9（兼起固定卸料板作用），止动销 2 防止模柄 3 在上模座 1 中转动。

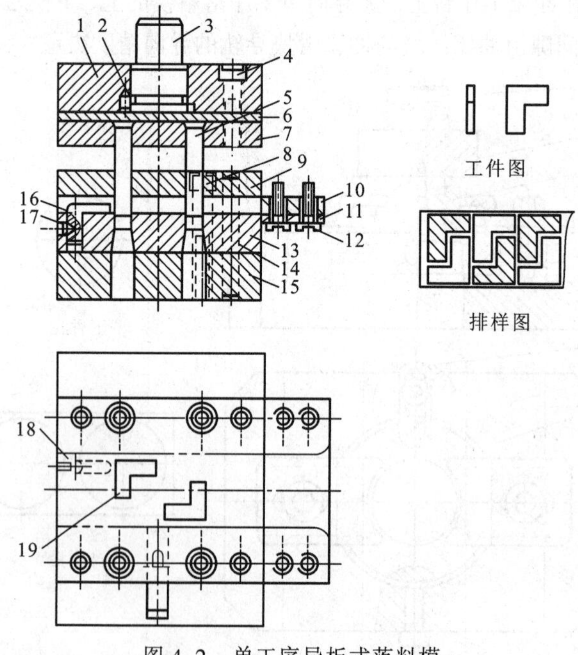

图 4-2　单工序导板式落料模

1—上模座；2—止动销；3—模柄；4、8—内六角螺钉；5—凸模；6—垫板；7—凸模固定板；9—导板；10—导料板；11—承料板；12—螺钉；13—凹模；14—圆柱销；15—下模座；16—固定挡料销；17—止动销；18—板料；19—制件

（2）单工序导板式落料模的工作过程。

当板料 18 沿导料板 10 送至固定挡料销 16 处时，凸模 5 由导板 9 导向进入凹模 13，完成一次冲裁后，冲下一个零件。此后，板料继续送进，其送进距离由固定挡料销 16 来控制，分离后的制件 19 靠凸模从凹模孔口中依次推出。箍在凸模 5 上的废料由导板 9 刮下来，因此导板 9 既起导向作用，又起卸料作用。

这种冲模的主要特征是凸、凹模的正确配合是依靠导板导向。为了保证导向精度和导板的使用寿命，工作过程不允许凸模离开导板，为此，要求压力机行程较小。根据这个要求，选用行程较小且可调节的偏心式冲床较合适。

导板模与无导向简单模相比，其精度较高，寿命较长，使用安装较容易，模具间隙由模具制造精度保证，在冲床上安装模具时无需每次调整模具间隙。卸料可靠，操作较安全，轮廓尺寸也不大但制造较为复杂。导板模一般用于冲裁形状比较简单、尺寸不大、厚度大于 0.3 mm 的冲裁件。

3．单工序导柱式落料模

图 4-3 所示结构属于有导向装置（导柱导向）的冲裁模。这种模具的上、下模正确位置是依靠导柱 14 和导套 16 的导向来保证的。

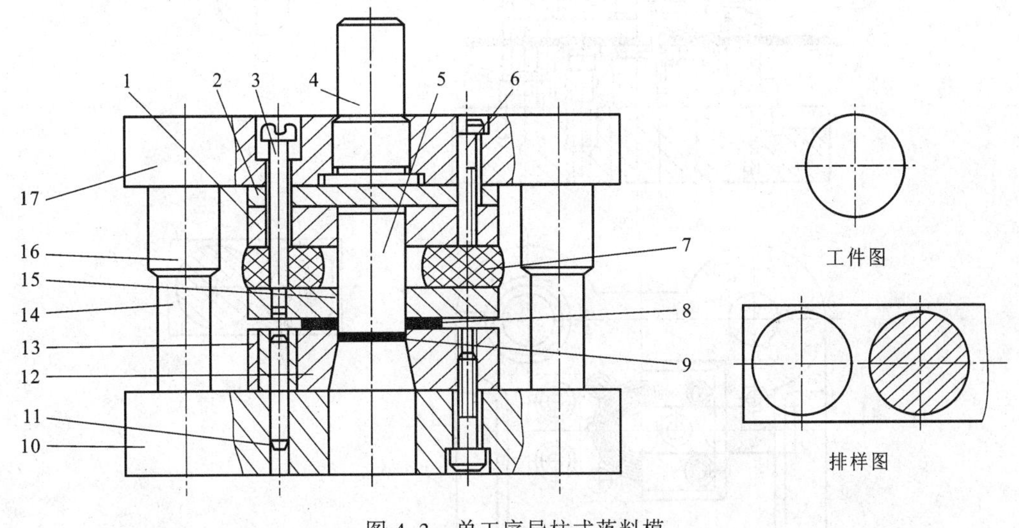

图 4-3　单工序导柱式落料模

1—凸模固定板；2—垫板；3—卸料螺钉；4—模柄；5—凸模；6—螺钉；7—橡胶；8—废料；9—工件；10—下模座；11—销钉；12—凹模；13—衬套；14—导柱；15—卸料板；16—导套；17—上模座

（1）单工序导柱式落料模的基本结构。

该导柱式落料模的模架是由模具的上模座 17、下模座 10、导柱 14 和导套 16 组成的。采用标准模架时，导柱 14 一般在下模，导套 16 在上模，目的是防止冲压时毛刺、碎屑等异物进入导套 16 中，降低导向精度。上模部分主要模柄 4、上模座 17、凸模 5、垫板 2、凸模固定板 1 等零件组成；下模部分主要由下模座 10、凹模 12 等零件组成。卸料装置由卸料板 15、卸料螺钉 3 等零件组成。

导柱模比导套模导向可靠，精度高，寿命长，使用安装方便，但模具轮廓尺寸较大，模架制造工艺复杂，成本较高。导柱模广泛应用于生产批量大、板料厚度较小，精度要求高（平面度要求较高）的金属件和易于分层的非金属件。

（2）单工序导柱式落料模的工作过程。

板料定位后，上模下行，导柱 14 首先进入导套 16 中，以此保证冲裁过程中凸模 5 和凹模 12 之间的间隙均匀。同时卸料板 15 压住板料，上模继续下行，进行冲裁分离，即凸模 5 与凹模 12 工作，将剪切板料。分离后的制件靠凸模 5 直接从凹模孔口依次推出。上模回程时，箍在凸模 5 上的废料靠卸料板 15 进行卸料。

根据卸料装置的不同，一般有弹簧式卸料装置和橡胶式卸料装置的单工序导柱式落料模。图 4–3 所示为橡胶式卸料装置的导柱式落料模。

① 弹簧式卸料装置的导柱式落料模结构如图 4–4 所示。

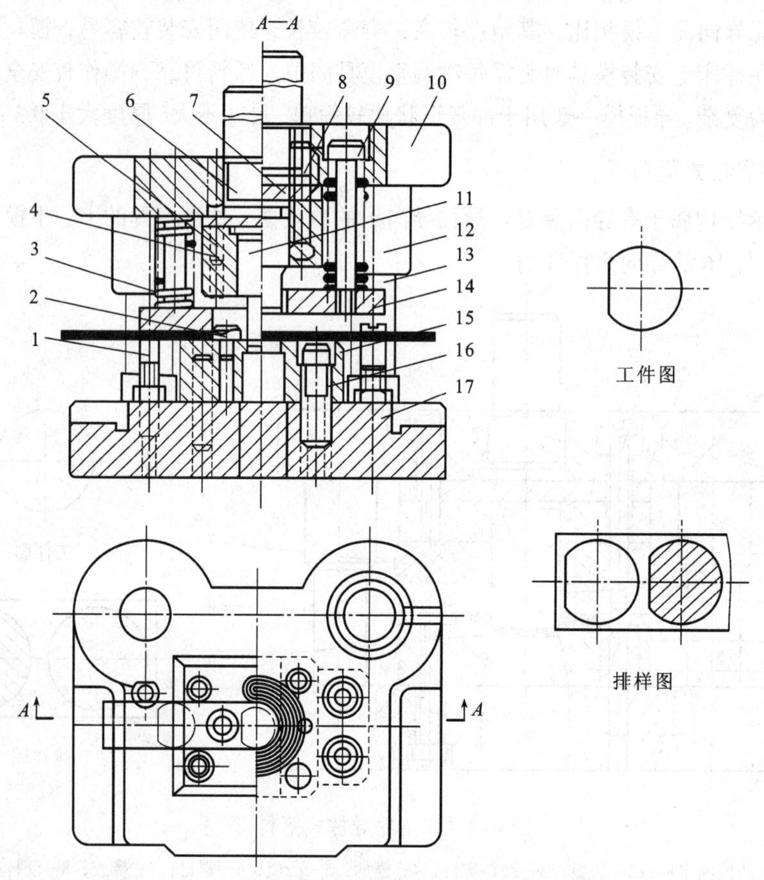

图 4–4　弹簧式卸料装置的导柱式落料模

1—导料螺钉；2—挡料销；3—弹簧；4—凸模固定板；5—销钉；6—模柄；7—垫板；8—止动销；9—卸料螺钉；10—上模座；11—凸模；12—导套；13—导柱；14—卸料板；15—凹模；16—内六角螺钉；17—下模座

该导柱式落料模的定位装置由导料螺钉 1 和挡料销 2 组成。弹压卸料装置由卸料板 14、卸料螺钉 9 和弹簧 3 等零件组成。落料模工作时，板料先沿导料螺钉 1 送至挡料销 2 定位，然后上模下行，导柱 13 进入导套 12 中，同时卸料板 14 在弹簧的弹力作用下压住板料，上模继续下行直到完成落料。此时弹簧 3 被压缩。分离后的制件靠凸模 11 直接从凹模孔口推出。上模回程时，箍在凸模 11 上的废料靠弹压卸料装置进行卸料，即弹簧 3 恢复弹性，推动卸料板 14 把箍在凸模 11 上的废料卸下。

② 橡胶式卸料装置的导柱式落料模结构如图 4-5 所示。

在此类模具中，用橡胶代替弹簧辅助卸料板完成压料和卸料工作。

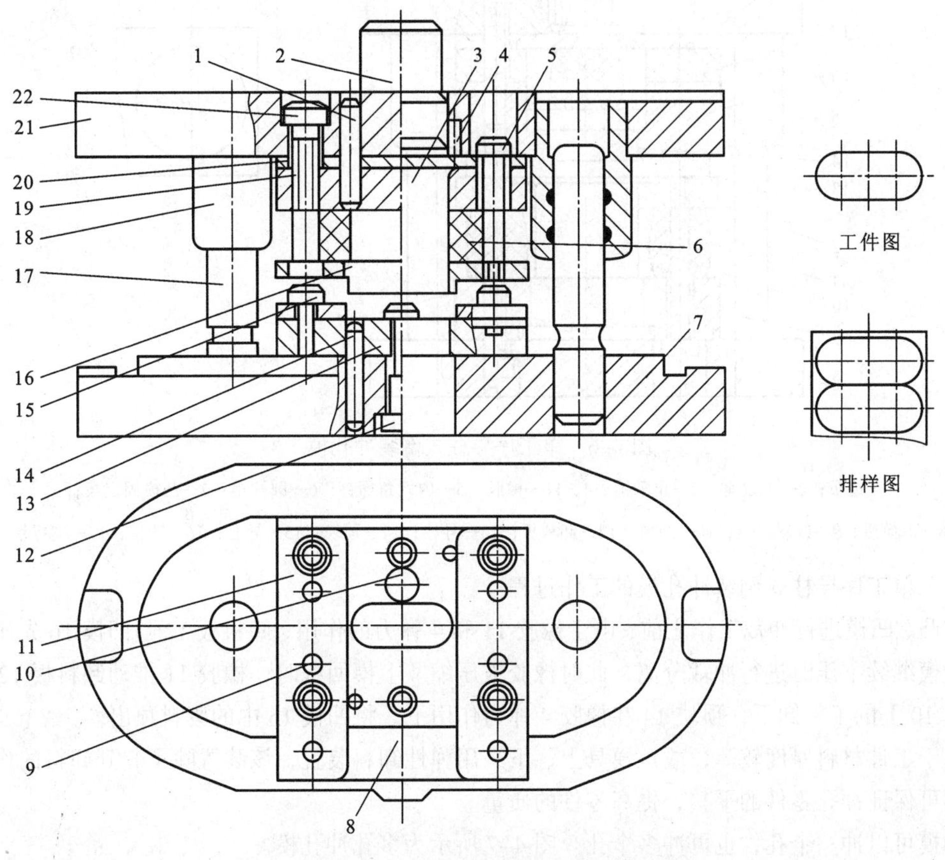

图 4-5　橡胶式卸料装置的导柱式落料模

1、9、14—圆柱销钉；2—模柄；3—凸模；4—止动销；5—卸料螺钉；6—橡胶；

7—下模座；8—承料板；10、15—挡料销；11—导料板；12、22—内六角螺钉；

13—凹模；16—卸料板；17—导柱；18—导套；19—凸模固定板；20—垫板；21—上模座

4.4.2　单工序冲孔模

单工序导柱式冲孔模

（1）单工序导柱式冲孔模的基本结构。

图 4-6 所示为单工序导柱式倒装冲孔模。凹模 16 在上模，凸模 10 在下模，所以该模具为倒装的冲孔模。上模主要由模柄、上模座 2、凹模 16、垫板 1、支撑块 17 等零件组成，凹模 16 用内六角螺钉 5 和圆柱销 6 与垫板 1、支撑块 17 和上模座 2 紧固并定位。下模主要由下模座 8、凸模 10、凸模固定板 7 和卸料板 12 等零件组成。弹性卸料装置由顶块 14、卸料板 12、卸料螺钉 9、橡胶 11 和 4 等零件组成。顶块 14 和卸料板 12 在模具冲孔工作结束后，分别向下和向上移动，将箍在凸模 10 上的制件和凹模 16 中的废料卸下。

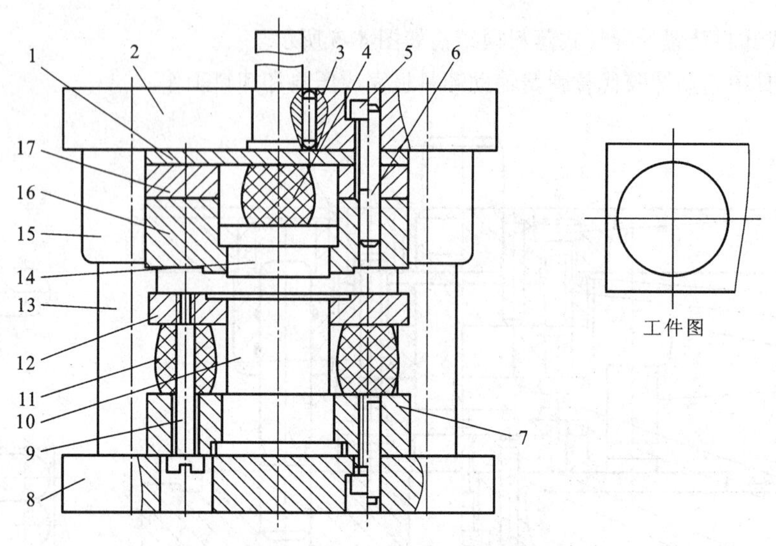

图 4-6　单工序导柱式倒装冲孔模

1—垫板；2—上模座；3—止动销；4、11—橡胶；5—内六角螺钉；6—圆柱销；7—凸模固定板；

8—下模座；9—卸料螺钉；10—凸模；12—卸料板；13—导柱；14—顶块；15—导套；16—凹模；17—支撑块

（2）单工序导柱式倒装冲孔模的工作过程。

在凸、凹模进行冲裁工作之前，由于橡胶 11 和 4 弹力的作用，卸料板 12 与凹模 16 先压住板料，上模继续下压时进行冲裁分离，此时橡胶被压缩。上模回程时，橡胶 11 推动卸料板 12 把箍在凸模 10 上的工件卸下，顶块 14 在橡胶 4 弹力作用下，将凹模 16 中的废料顶出。

由于工件材料厚度较薄，故该模具上、下采用弹性卸料装置，该装置除了起到卸料的作用之外，还可保证冲孔零件的平整，提高零件的质量。

冲模可以冲一个孔，也可冲多个孔。图 4-7 所示为多孔冲孔模。

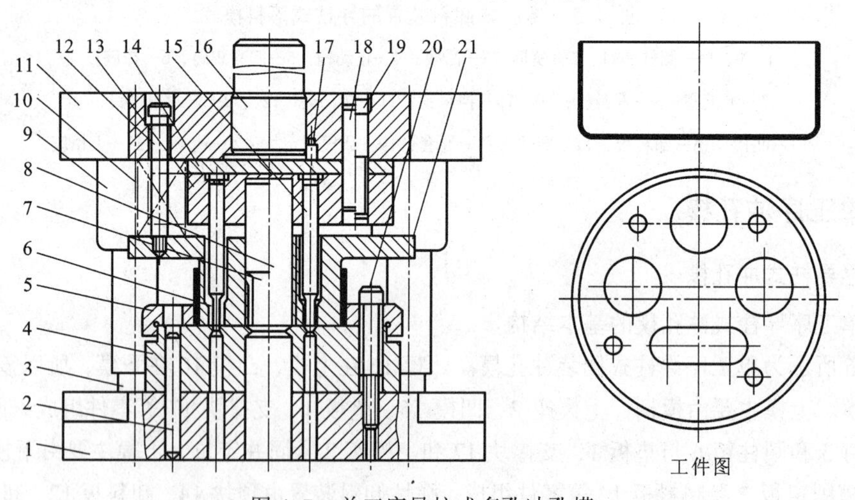

图 4-7　单工序导柱式多孔冲孔模

1—下模座；2、18—圆柱销；3—导柱；4—凹模；5—定位圈；

6、7、8、15—凸模；9—导套；10—弹簧；11—上模座；12—卸料螺钉；

13—凸模固定板；14—垫板；16—模柄；17—止动销；19、20—内六角螺钉；21—卸料板

该模具加工的特点是在制件底部一次冲出所有孔，是多凸模的单工序冲孔模。凸模全部安装在模具的上模部分。凸模由卸料板 21 进行导向。当模具的上模下行时，卸料板 21 依靠弹簧 10 弹力压紧工件，使工件紧贴定位圈 5。上模继续下行，凸模对工件进行冲孔。

4.4.3　复合模

1．复合模的结构特点及种类

复合模是一种多工序的冲模，是指压力机的一次工作行程中，在模具同一部位同时完成数道分离工序的模具。在一副复合模具中，有一个凸凹模，它既是落料的凸模又是冲孔的凹模，或者既是落料的凸模又是拉深的凹模等。图 4-8 所示为复合模的基本结构图，凸凹模 1 与落料凹模 2 作用完成落料工序，同时凸凹模 1 与冲孔凸模 3 作用完成冲孔工序。复合模的工作关系图如图 4-9 所示。

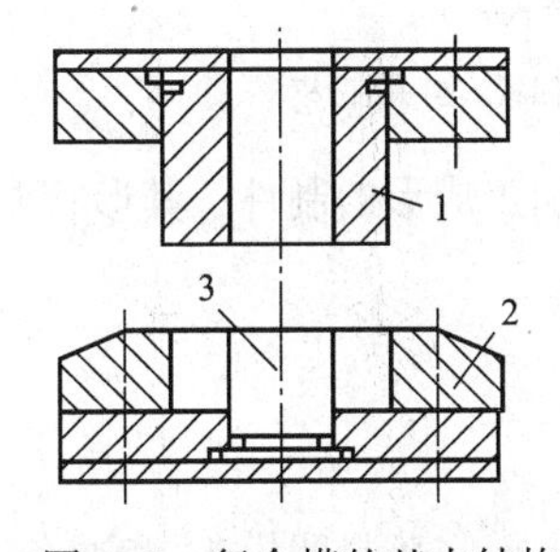

图 4-8　复合模的基本结构

1—凸凹模；2—落料凹模；3—冲孔凸模

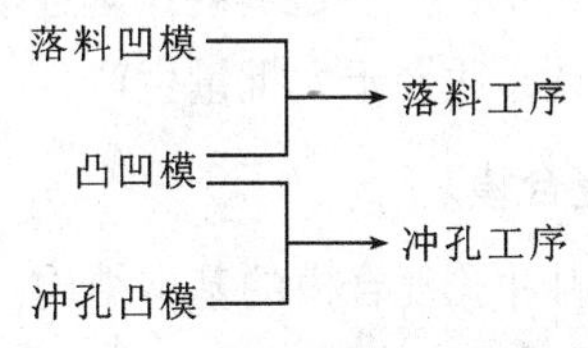

图 4-9　复合模的工作关系

按落料凹模的安装位置不同，可将复合模的基本结构形式分为正装式（顺装式）复合模和倒装式复合模。正装式（顺装式）复合模的落料凹模安装在下模部分，倒装式复合模的落料凹模安装在上模部分，如图 4-10 和图 4-11 所示。正装式复合模的顶杆 4 和顶件器 1 安装在下模部分，顶杆 4 通过顶件器 1 将加工后的制件从模具中顶出。倒装式复合模的推杆、推板和顶件器安装在上模部分，推板通过推杆和顶件器将加工后的制件从模具中顶出。

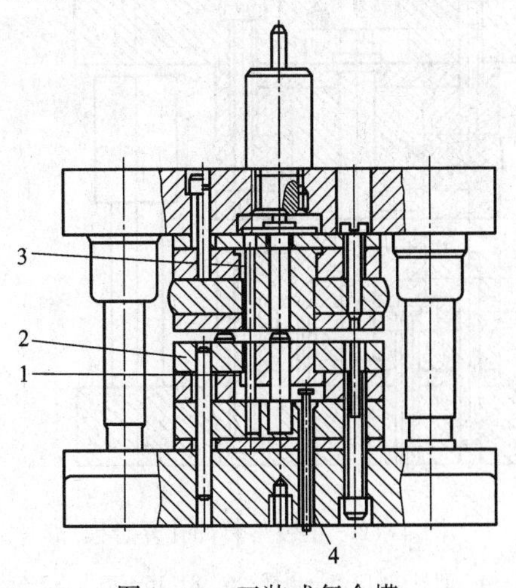

图 4-10　正装式复合模

1—顶件器；2—凹模；3—凸凹模；4—顶杆

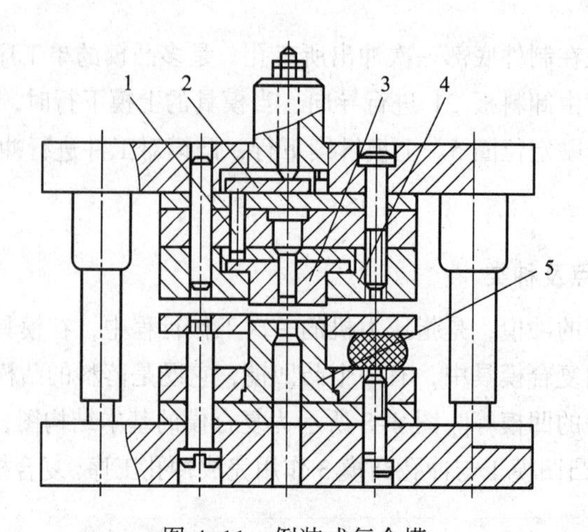

图 4-11　倒装式复合模

1—推杆；2—推板；3—顶件器；4—凹模；5—凸凹模

无论是正装式复合模还是倒装式复合模，经复合模加工成形的制件，其形状、尺寸精度和位置尺寸精度均较高，适合于大批量生产。

2. 正装式复合模

（1）正装落料冲孔复合模的基本结构。

图 4-12 所示为正装落料冲孔复合模。凸凹模 14 在上模，落料凹模 11 和冲孔凸模 9 在下模。顶件装置由顶杆 5、顶件块 10 和装在下模座底部的弹顶器组成（图中未画出），推件装置由推杆 13 和打杆 2 组成，定位装置由导料销 18 和挡料销 19 组成。

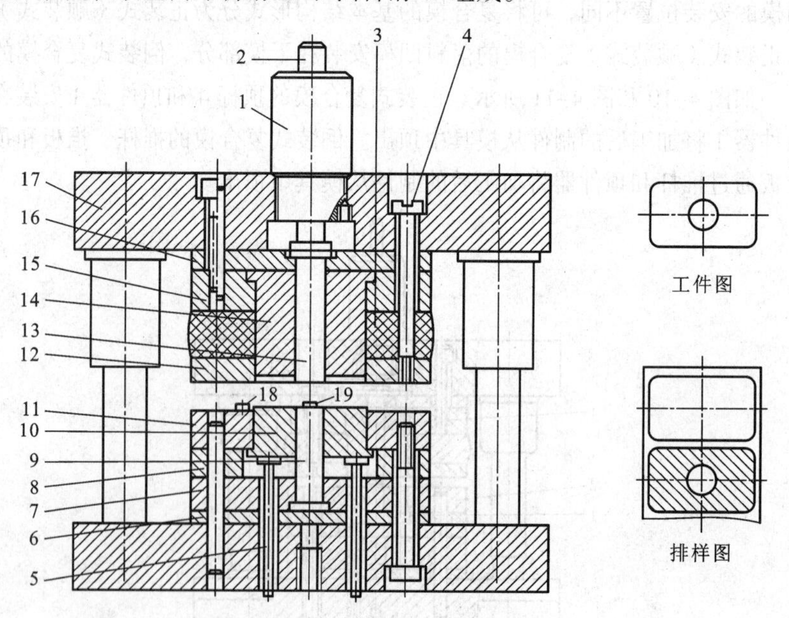

图 4-12　正装落料冲孔复合模

1—模柄；2—打杆；3—橡胶；4—卸料螺钉；5—顶杆；6、8、16—垫板；7—凸模固定板；9—冲孔凸模；10—顶件块；11—落料凹模；12—卸料板；13—推杆；14—凸凹模；15—凸凹模固定板；17—模架；18—导料销；19—挡料销

（2）正装落料冲孔复合模的工作过程。

复合模工作时，板料经导料销 18 送至挡料销 19 定位。上模下压，凸凹模 14 的外形和落料凹模 11 进行落料，落料后的制件箍在落料凹模 11 中，同时冲孔凸模 9 与凸凹模 14 的内孔进行冲孔，冲孔废料箍在凸凹模孔内。箍在落料凹模中的制件由顶件装置顶出凹模面。箍在凸凹模内的冲孔废料由推件装置推出。

从正装式复合模工作过程可以看出，正装式复合模工作时，板料是在压紧的状态下分离的，冲出的制件平直度较高，因此正装式复合模比较适用于冲制材质较软或板料较薄的工序件。由于冲裁件平直度要求较高，因此可以冲制孔边距离较小的冲裁件，且凸凹模孔内不会积存废料。但由于弹顶器和弹压卸料装置的作用，分离后的冲件容易被嵌入边料中，冲孔废料落在下模工作面上，清出废料麻烦（尤其是在冲制的孔较多时），从而影响生产率。

（3）典型正装复合模正装落料拉深复合模和正装落料弯曲翻边复合模。

① 正装落料拉深复合模结构如图 4-13 所示。坯料送入，上模下行，落料凹模 6 及落料拉深凸模 2 分别与坯料接触落料，落下的圆形毛坯被卸料板 7 及落料拉深凸模 2 压紧校平，当滑块继续下行时，坯料分别通过拉深凸模 4 及落料拉深凸模 2 的向上、向下运动完成拉深，拉深后的零件通过卸料器 3 推下。

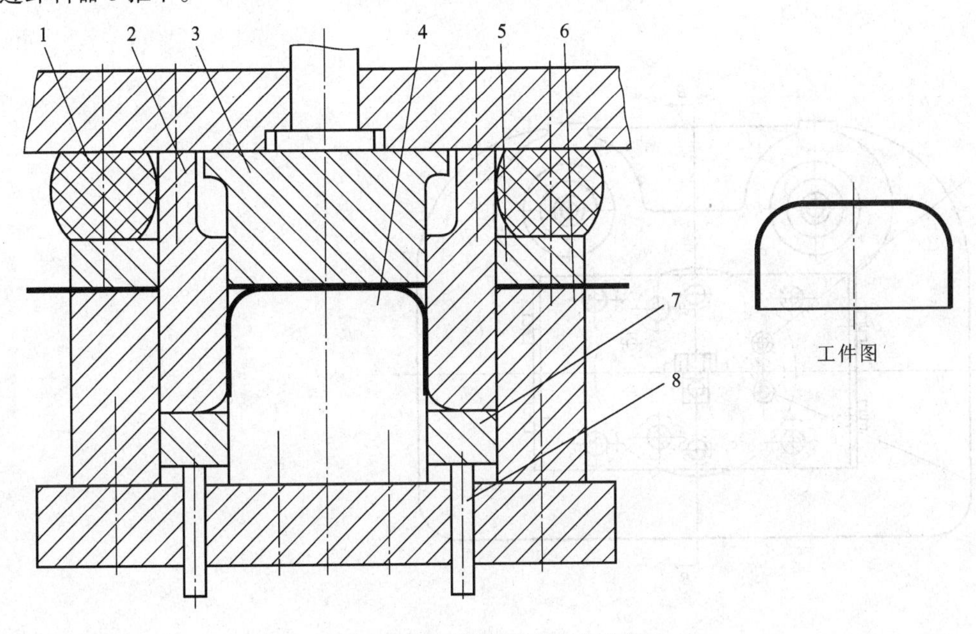

图 4-13　正装落料拉深复合模

1—橡胶；2—落料拉深凸模；3—卸料器；4—拉深凸模；5—压料板；6—落料凹模；7—卸料板；8—顶杆

② 正装落料弯曲翻边复合模结构如图 4-14 所示。零件上半部在整体落料同时利用穿刺翻边凸模 13 穿刺翻边成形，下半部用切开冲挤凸模 11，与上半部稍后一些压出斜面后，与凸凹模 14 共同作用从尺寸 3.8 mm 切口中心线切开冲挤出两个倒 U 形长边，并靠凸凹模 14 与卸料器 8 端面构成的模腔，压弯出该零件的另一边。

主要适用于料厚不大于 1.5 mm、翻边凸缘直径小于 12 mm 且对翻边高度要求不高的薄板翻边。

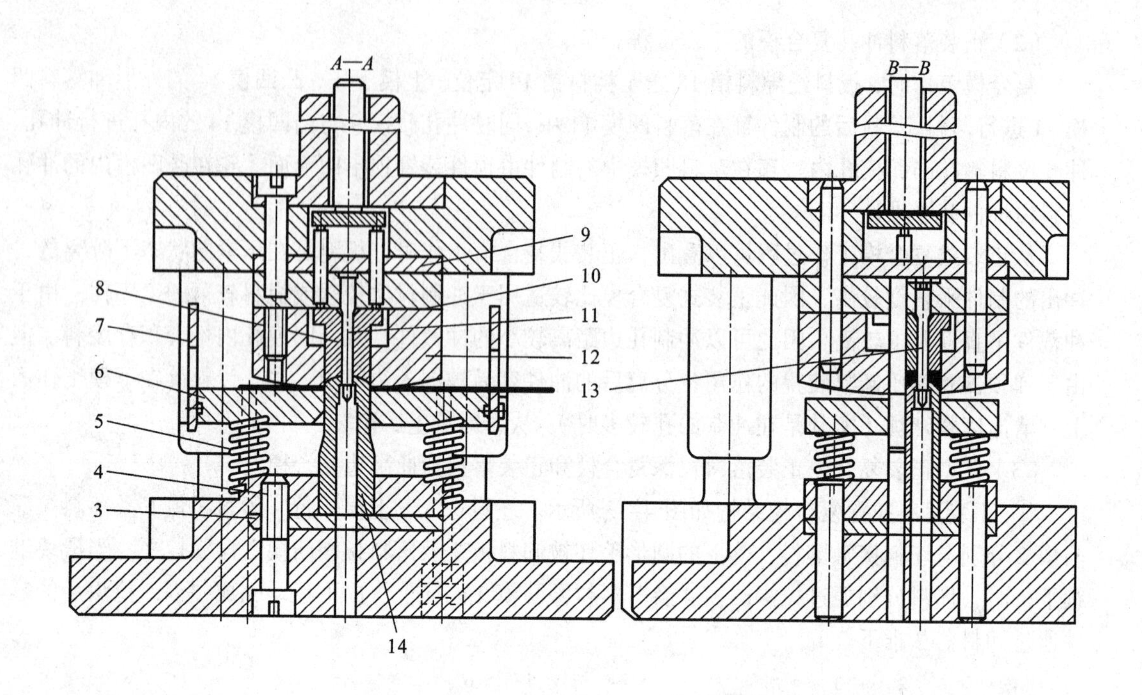

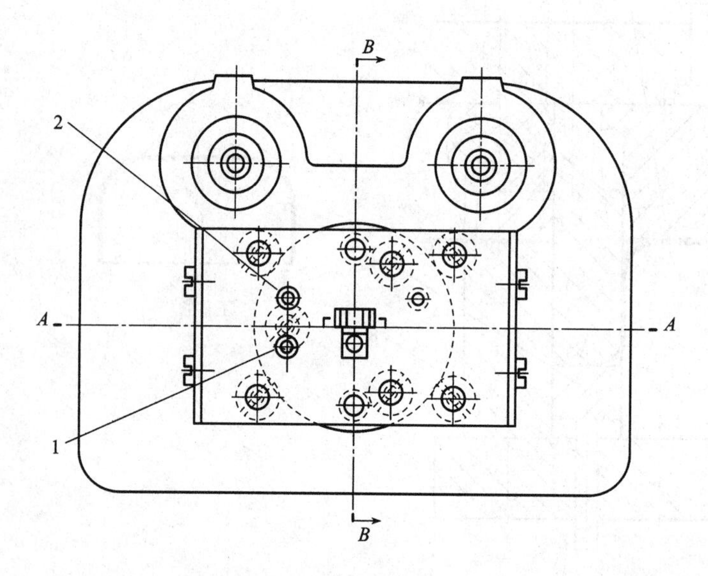

图 4-14　落料—弯曲—翻边复合模

1—固定挡料销；2—侧面挡料销；3、9—垫板；4、10—固定板；5—弹簧；6—卸料板；

7—防护栅；8—卸料器；11—切开冲挤凸模；12—凹模；13—穿刺翻边凸模；14—凸凹模

3. 倒装式复合模

（1）倒装式复合模的基本结构。

图 4-15 所示为倒装式落料冲孔复合模。凸凹模 2 装在下模，落料凹模 5 和冲孔凸模 6 装在上模。倒装式复合模通常采用刚性推件装置将卡在凹模中的冲件推出，刚性推件装置由打杆 7、

推板 8、推杆 9 和推件块 10 组成。采用刚性推件的倒装式复合模，板料不是处在被压紧的状态下冲裁，因而平直度不高。如果在上模内设置弹性元件，即采用弹性推件装置，就可以用于冲裁材质较软的或板料厚度小于 0.3 mm，且平直度要求较高的工序件。该复合模没有顶件装置，结构简单，操作方便。

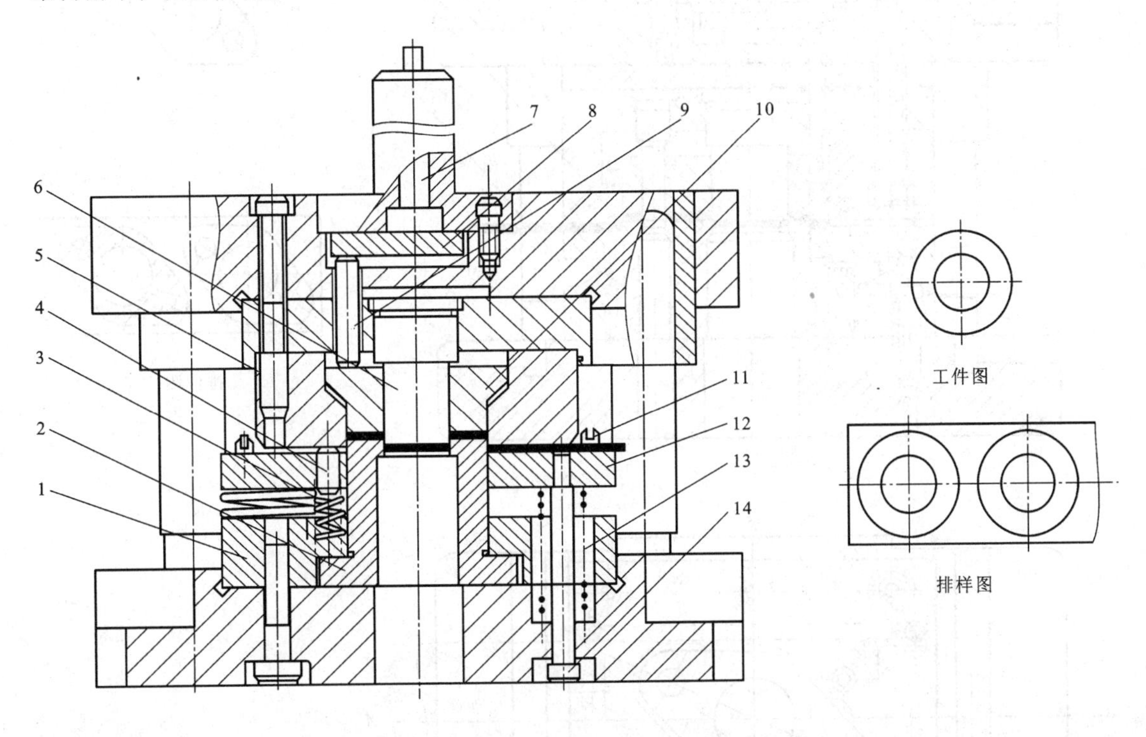

图 4-15　倒装式落料冲孔复合模

1—凸凹模固定板；2—凸凹模；3、13—弹簧；4—活动挡料销；5—落料凹模；
6—冲孔凸模；7—打杆；8—推板；9—推杆；10—推件块；11—导料螺钉；12—卸料板；14—拉杆

（2）倒装式复合模的工作过程。

制件上的孔由冲孔凸模 6 和凸凹模 2 冲裁完成，制件外形由凸凹模 2 和落料凹模 5 落料完成。模具采用刚性推件装置把卡在凹模中的制件推下，冲孔废料直接由冲孔凸模 6 从凸凹模 2 内孔中推下。板料的定位依靠导料螺钉 11 和活动挡料销 4 来完成，非工作行程时，挡料销 4 由弹簧 3 顶起，可供定位；工作时挡料销 4 被压下。

（3）典型倒装式复合模有倒装式落料冲孔复合模和倒装式落料—冲孔—切断复合模。

① 倒装式落料冲孔复合模。图 4-16 所示为倒装式落料冲孔复合模。凸凹模 18 装在下模，落料凹模 17 和冲孔凸模 14 装在上模。刚性推件装置由打杆 12、推板 11、推杆 10 和推件块 9 组成。冲孔废料直接由冲孔凸模从凸凹模内孔推下，板料的定位依靠导料销 20 和弹簧弹顶的活动挡料销 5 来完成。

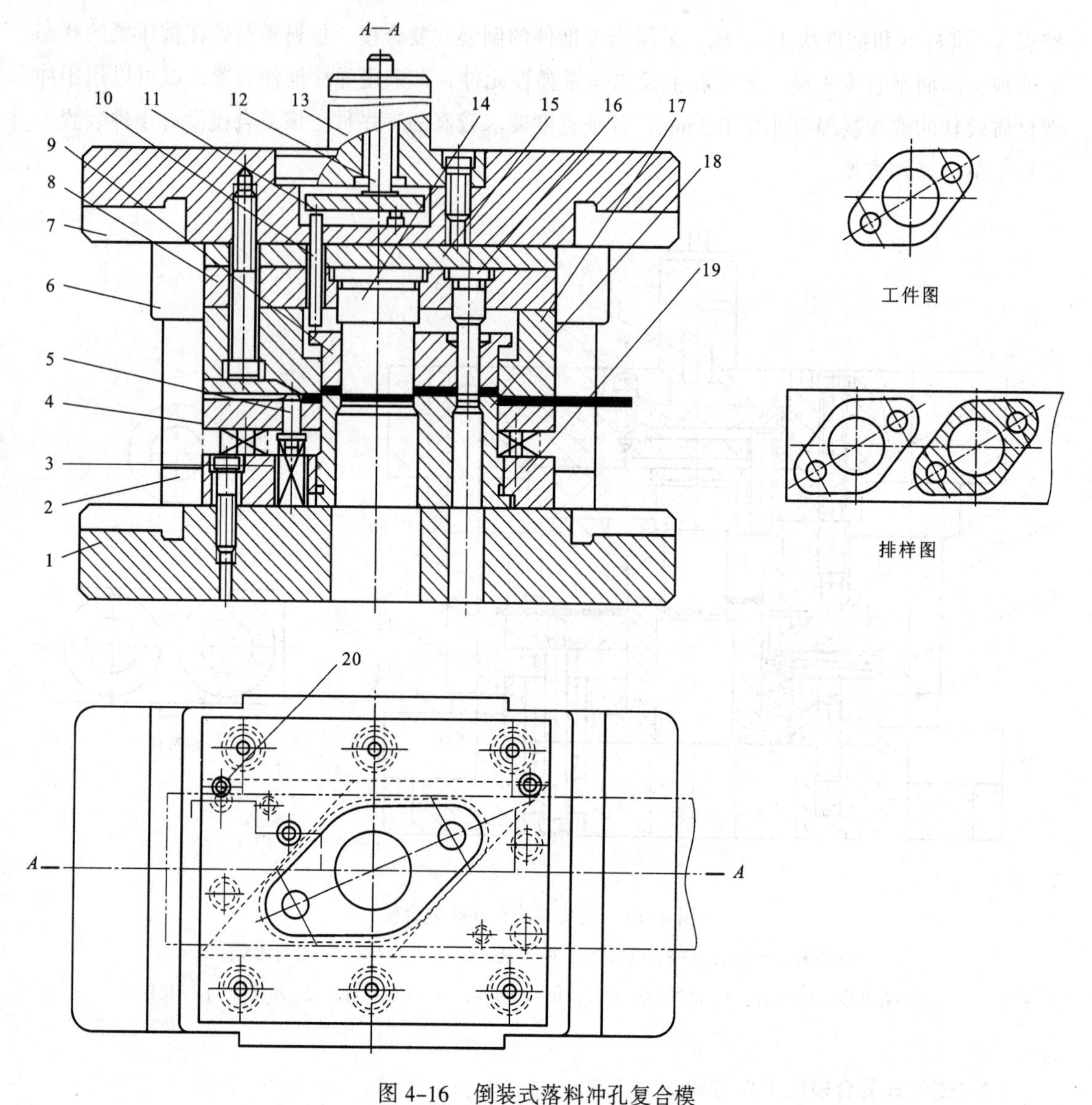

图 4-16 倒装式落料冲孔复合模

1—下模座；2—导柱；3—弹簧；4—卸料板；5—活动挡料销；6—导套；
7—上模座；8—凸模固定板；9—推件块；10—推杆；11—推板；12—打杆；13—模柄；
14、16—冲孔凸模；15—垫板；17—落料凹模；18—凸凹模；19—固定板；20—导料销

② 倒装式落料—冲孔—切断复合模。图 4-17 所示为倒装式落料—冲孔—切断复合模，一模两腔，即模具一次行程可完成两个零件的加工。凸凹模 7 装在下模，落料凹模 6、冲孔凸模 5 和切断凸模 4 均装在上模。制件上的孔由冲孔凸模 5 和凸凹模 7 完成，制件外形由凸凹模 7 和落料凹模 6 完成。制件的切断由凸凹模 7 和切断凸模 4 完成。

倒装式复合模结构简单、操作方便、安全，应用较为广泛，适用于多孔厚板制件的冲裁。倒装式复合模受凸凹模 7 最小壁厚的限制。当凸凹模最小壁厚不允许时，应选用正装式复合模。

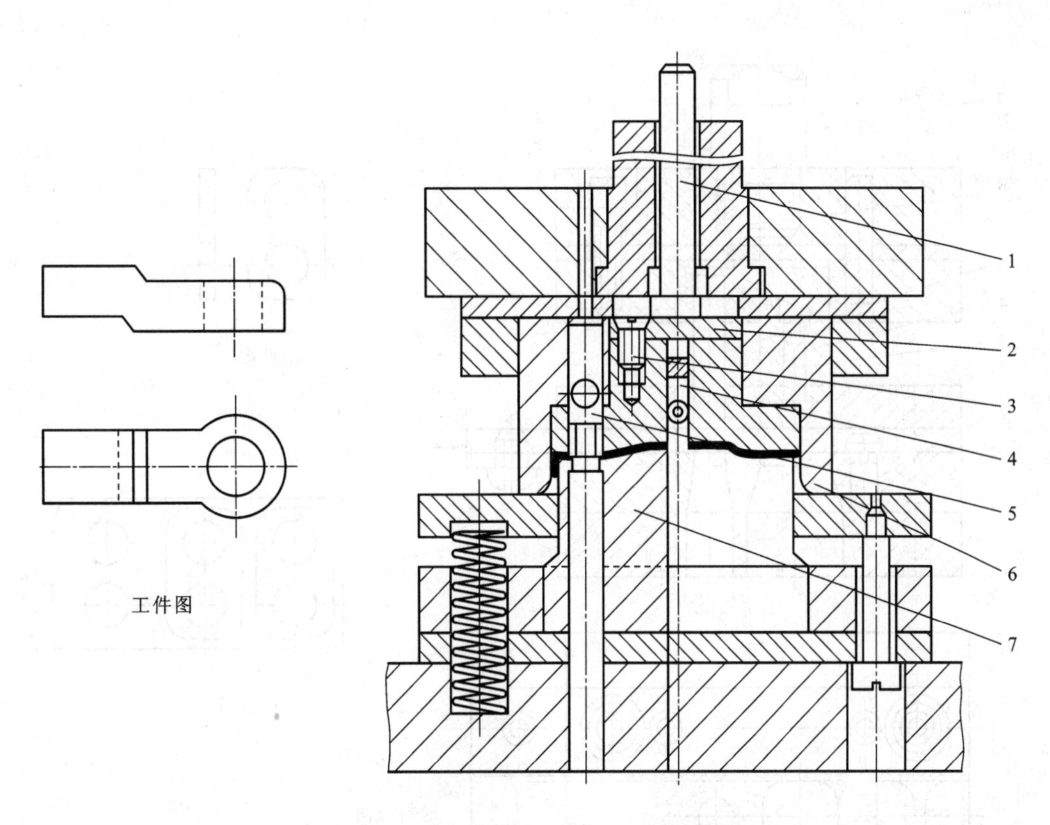

图 4-17　倒装式落料—冲孔—切断复合模

1—打杆；2—垫板；3—顶杆；4—切断凸模；5—冲孔凸模；6—落料凹模；7—凸凹模

4.4.4　级进模

级进模（也称连续模）是指压力机在一次行程中，依次在模具几个不同的位置上同时完成多道冲压工序的冲模。级进成形过程中，在一副模具上可完成切边、切口、切槽、冲孔、塑性成形、落料等多种工序，整个制件的成形是在级进过程中逐步完成的。

根据定距方式不同，级进模有两种基本结构类型：用导正销定距的级进模与用侧刃定距的级进模。

1. 导正销定距的冲孔落料级进模

图 4-18 所示为导正销定距的冲孔落料级进模。上、下模用导板导向。冲孔凸模 5 与落料凸模 4 之间的距离就是送料步距。材料送进时由固定挡料销 2 进行初定位，由两个装在落料凸模上的导正销 3 进行精定位。导正销头部的形状应有利于在导正时插入已冲的孔，它与孔的配合应略有间隙。为了保证首件的正确定距，在带导正销的级进模中，常采用始用挡料装置。在条料冲制首件时，用手推始用挡料销 1，使它从导料板中伸出来抵住条料的前端，即可冲制第一件上的两个孔。以后各次冲裁由固定挡料销 2 控制送料步距作初定位。

用导正销定距结构简单。当两定位孔间距较大时，定位也较精确。但是它的使用受到一定的限制。当冲压太薄的板料或较软的材料时，导正时孔边可能有变形，因而不宜采用。

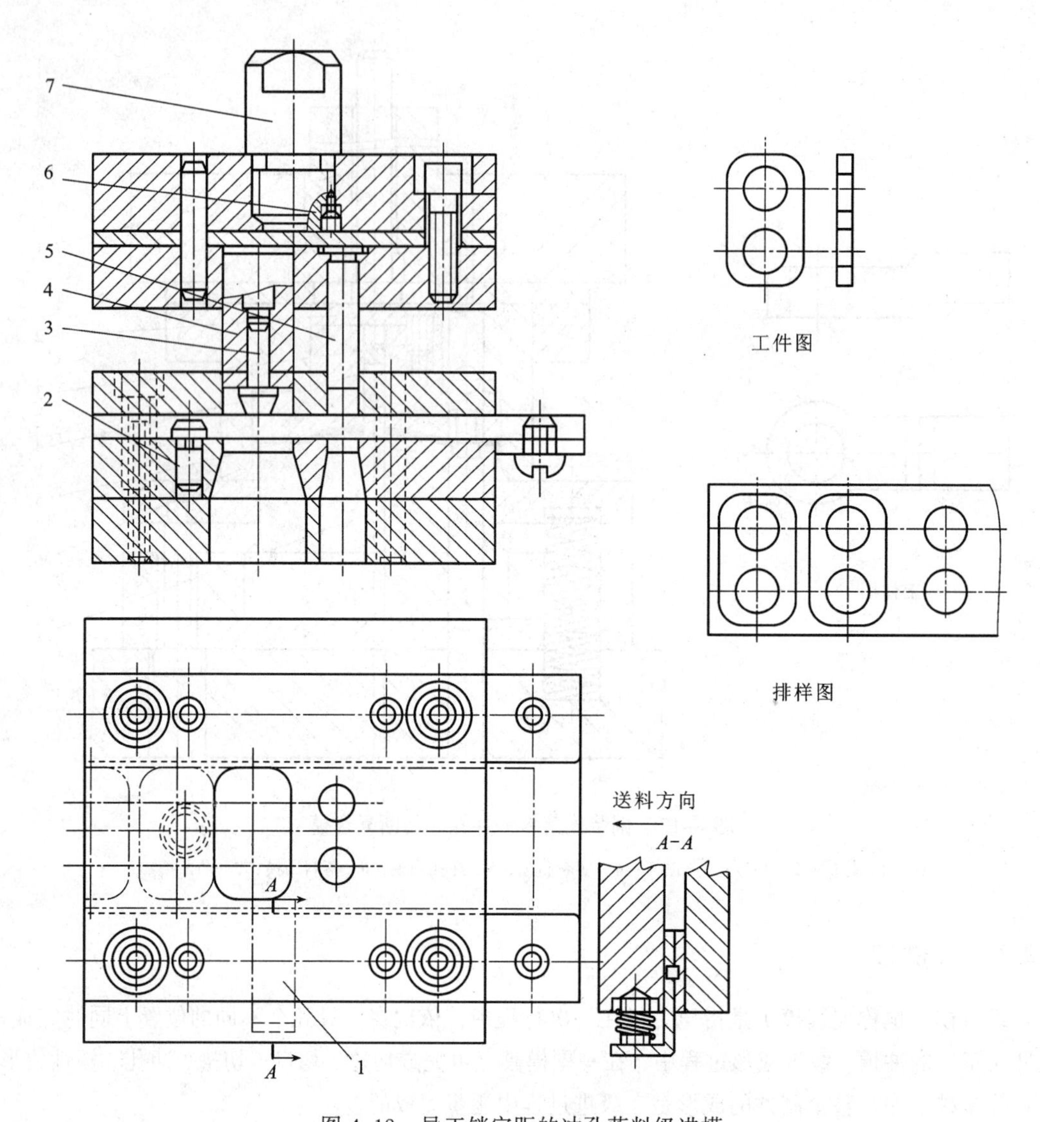

图 4-18 导正销定距的冲孔落料级进模

1—始用挡料销；2—固定挡料销；3—导正销；4—落料凸模；5—冲孔凸模；6—螺钉；7—模柄

2. 双侧刃定距的冲孔落料级进模

图 4-19 所示为双侧刃定距的冲孔落料级进模。以侧刃 16 代替了始用挡料销、挡料销和导正销控制条料送进距离（又称进距或步距）。侧刃是特殊功用的凸模，其作用是在压力机每次冲压行程中，沿条料边缘切下一块长度等于步距的料边。沿送料方向上，在侧刃前后，由于两导料板间距不同，前宽后窄形成一个凸肩，所以条料上只有切去料边的部分方能通过，通过的距离即等于步距。为了减少料尾损耗，尤其是工位较多的级进模，可采用两个侧刃前后对角排列。

级进模的条料要求精确定位，以使内孔与外形的相互位置精度得到保证。其生产率高，具有一定的冲裁精度，适于大批量生产。

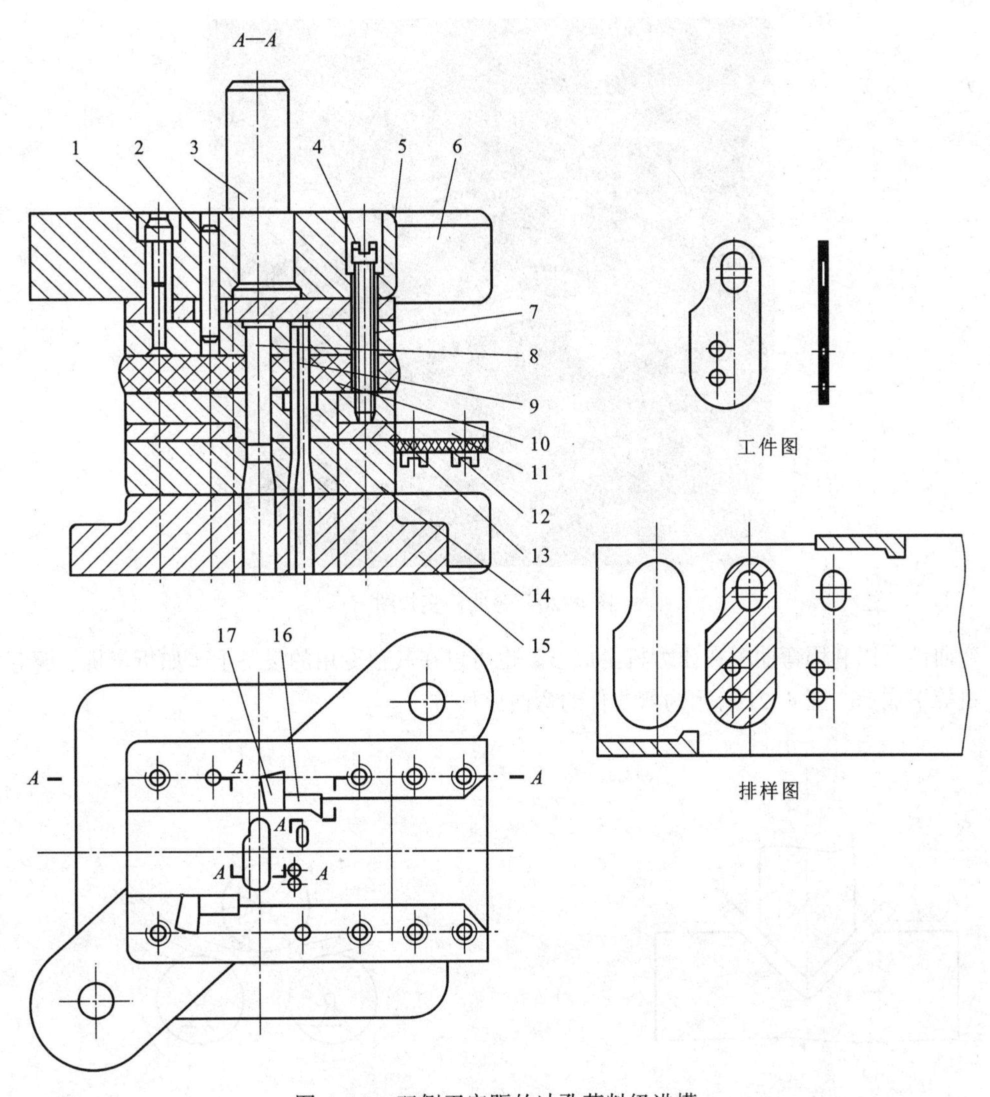

图 4-19　双侧刃定距的冲孔落料级进模

1—螺钉；2—销钉；3—模柄；4—卸料螺钉；5—垫料；6—上模座；7—凸模固定板；

8、9、10—凸模；11—导料板；12—承料板；13—卸料板；14—凹模；15—下模座；16—侧刃；17—侧刃挡块

4.5　弯曲模具基本结构及其成形过程

4.5.1　弯曲工艺概述

将金属板材、型材、管材等毛坯按照一定的曲率或角度进行变形，从而得到一定角度和几何形状的零件，这种冲压工序称为弯曲成形。

弯曲工序是冲压生产中的成形工序之一，可以在常温下进行，也可以在材料加热后进行，通常用于常温下成形困难的弯形件加工。弯曲成形的应用很广泛。图 4-20 所示的零件均为弯曲制件。

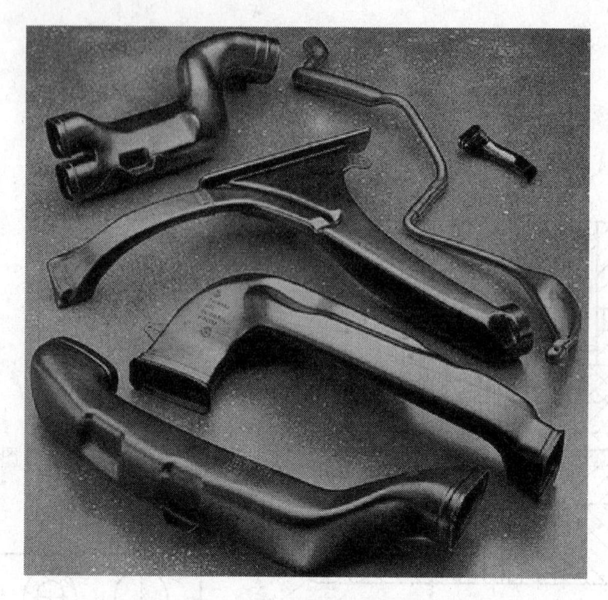

图 4-20　弯曲件实物图

弯曲件可以利用弯曲模在压力机上成形，也可以在其他专用的设备上（如折弯机、辊弯机、拉弯机等）成形。图 4-21 所示为弯曲件的弯曲成形方法。

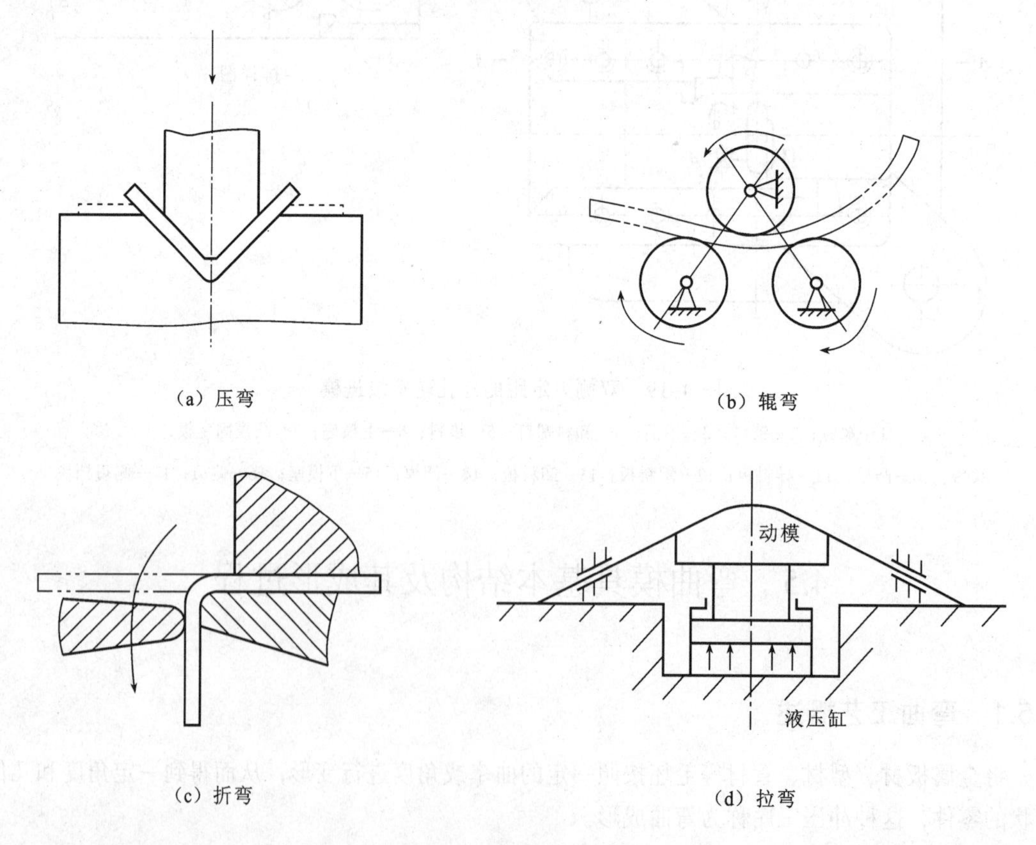

（a）压弯　（b）辊弯　（c）折弯　（d）拉弯

图 4-21　弯曲成形方法

4.5.2　V 形件弯曲模结构及其弯曲变形工艺

在压力机上，由压弯模具对板料进行压弯是运用最多的弯曲变形方法。板料在 V 形弯曲模上成形是一种最基本的弯曲变形。弯曲模的主要工作零件是凸模和凹模。结构完善的弯曲模还具有压料装置、定位板或定位销、导柱导套等。有时还根据零件的形状不同，可采用辊轴、摆块和斜楔等机构来实现比较复杂的运动。下面简单介绍 V 形件弯曲模结构及其弯曲变形工艺。

图 4-22 所示为 V 形件弯曲模。该模具由模柄 1、凸模 3、凹模 5、下模座、顶杆 6、弹簧 7 和销钉 2（弹顶器包括顶杆、弹簧和螺钉等零件）等零件组成。工作时，凸模 3 下行，毛料沿凹模 5 的 V 形槽滑动，与此同时，顶杆 6 向下运动并压缩弹簧 7，直到毛料弯曲成形。当凸模 3 上升时，顶件器借弹簧 7 的弹力把制件顶出。

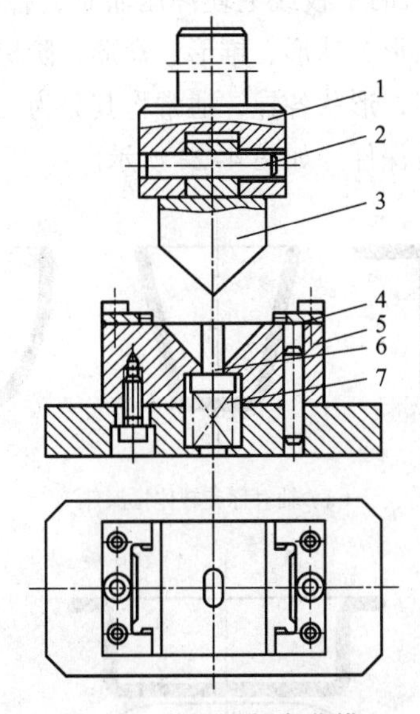

图 4-22　V 形件弯曲模

1—模柄；2—销钉；3—凸模；4—定位板；5—凹模；6—顶杆；7—弹簧

板料弯曲变形过程一般可分为弹性弯曲变形、塑性弯曲变形、校正等阶段。图 4-23 所示为板料在 V 形弯曲模上的弯曲变形过程。

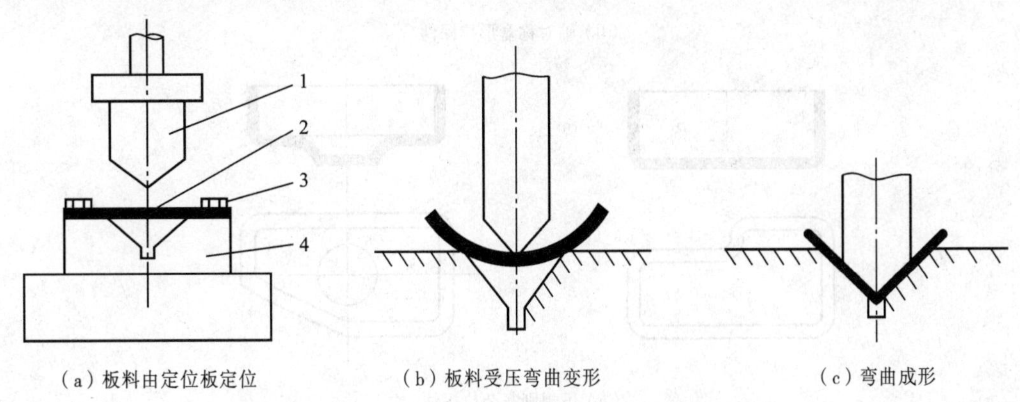

（a）板料由定位板定位　（b）板料受压弯曲变形　（c）弯曲成形

图 4-23　板料在 V 形弯曲模上的弯曲变形过程

1—弯曲凸；2—平板坯料；3—定位板；4—弯曲凹模

弯曲用的模具可分为三类：简单弯曲模，复合模和自动弯曲模。简单弯曲模一般用于大型制件和批量不大的中小型制件，而小件的大批生产则趋向于采用高效率的一次成形复合模、连续模及自动弯曲模。

4.6 拉深模具基本结构及其成形过程

4.6.1 拉深工艺概述

拉深是利用拉深模将一定形状的平板或毛坯冲压而制成各种形状的开口空心零件的冲压工序。通过拉深可以制成圆筒形、矩形、球形、锥形、盒形、阶梯形、带凸缘和其他不规则和复杂形状的薄壁零件。拉深件种类很多，形状各异，通常将其分为三种类型：轴对称旋转体拉深件、轴对称盒形拉深件和不规则复杂拉深件，如图 4–24 所示。

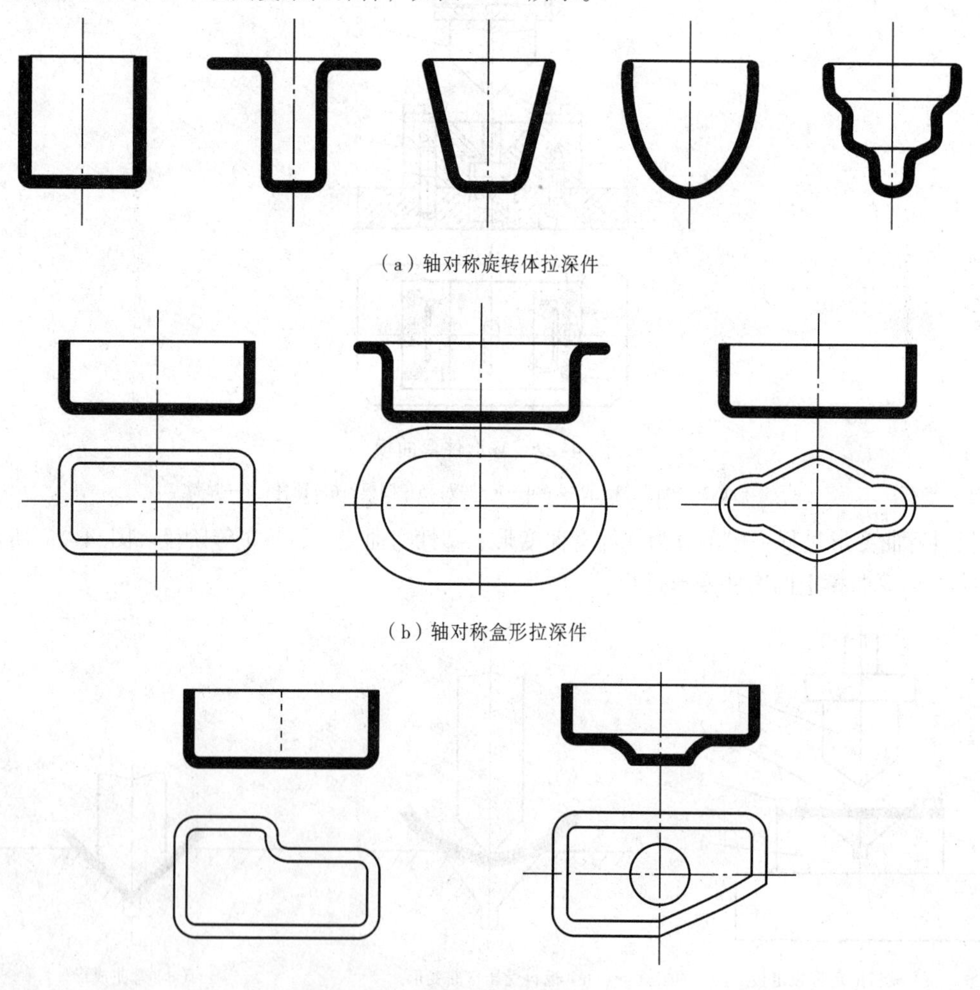
（a）轴对称旋转体拉深件

（b）轴对称盒形拉深件

（c）不规则复杂拉深件

图 4–24　拉深件示意图

汽车覆盖件、汽车灯罩、餐具、易拉罐、电子罩等都是拉深件，如图 4–25 所示。其拉深设备主要是机械压力机。

使用拉深工艺制造薄壁空心件，生产效率较高，零件精度、强度和刚度也高，并且材料消耗少，因此在电子、电器、仪表、汽车、飞机、兵器、拖拉机及日用品等行业中，拉深工艺占有相当重要的地位。

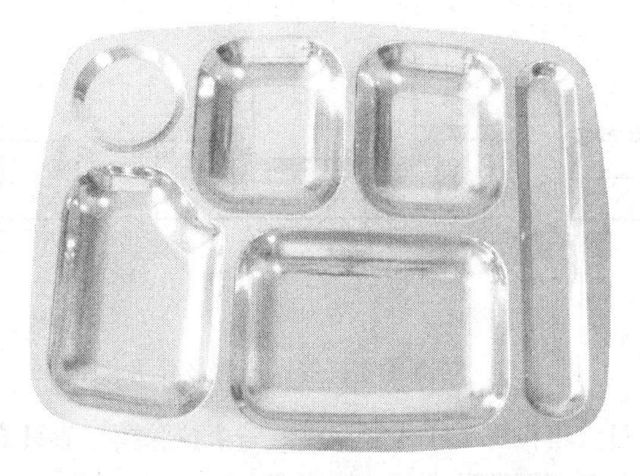

（a）餐具

（b）易拉罐

图 4–25　拉深件实物图

拉深时所用的模具与冲裁不同，其凸、凹模没有锋利的刃口，凸、凹模刃口有较大的圆角。

4.6.2　拉深模具分类

（1）按工序顺序分：首次拉深模、后续各次拉深模。它们之间的本质区别在于压边圈的结构和定位方式不同。

（2）按有无压料装置分：带压料装置的拉深模、无压料装置的拉深模。

（3）按使用的设备分：单动压力机用拉深模、双动压力机用拉深模、三动压力机用拉深模。它们的本质区别在于压装装置不同（弹性压边和刚性压边）。

（4）按工序的组合分：单工序拉深模、复合拉深模、连续拉深模。

4.6.3 拉深变形过程

图 4-26 所示为圆筒形零件拉深成形过程示意图。圆形平板毛坯置于拉深凹模之上，拉深凸模和凹模分别装在压力机的滑块与工作台上。当凸模向下运动时，凸模的底部首先压住直径为 D_0 的毛坯板料，板料经弹性—塑性变形，最后形成直径为 d 的圆筒形拉深制件。

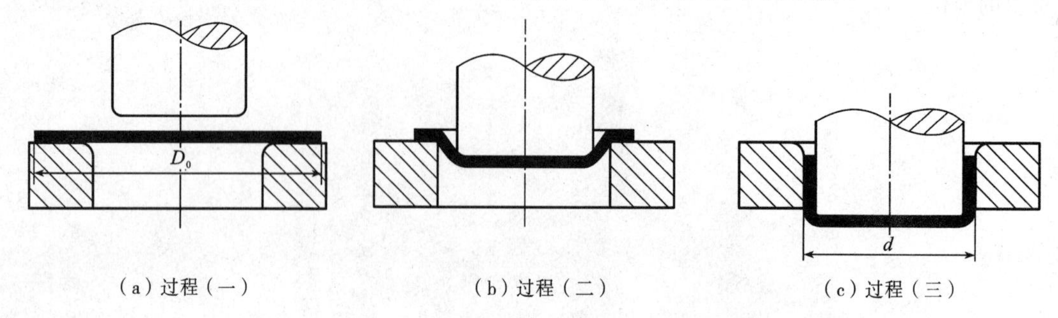

图 4-26 圆筒形零件拉深成形过程示意图

一般工件的拉深要经过数道拉深工序才能完成。一个拉深模一般只能完成一道拉深工序，所以拉深模多为单工序模。下面介绍两种常用的拉深模。

4.6.4 常用拉深模简介

1. 无压边圈首次拉深模

图 4-27 所示为无压边圈首次拉深模，此模具属于拉深模的基本形式。拉深模工作时，凸模推 2 动毛坯从卸件器 4 上端圆弧进入，毛坯成形后，环形拉簧回弹箍住凸模 2，以防制件随凸模 2 上行。凸模 2 回程时，卸件器 4 的下平面作用于拉深件口部把拉深件卸下。拉深件可直接从凹模 5 的底部落下。

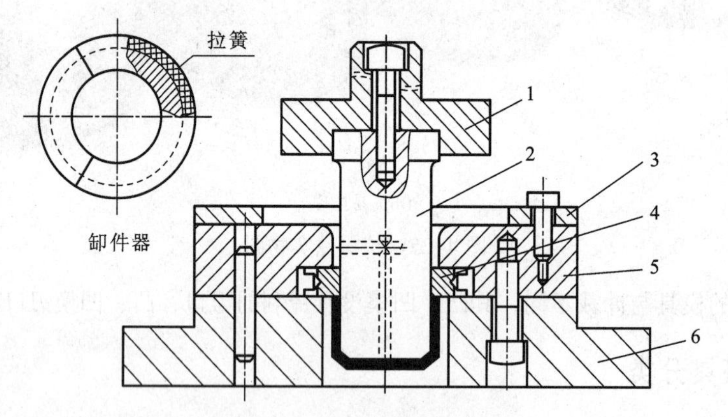

图 4-27 无压边圈首次拉深模

1—上模座；2—凸模；3—定位板；4—卸件器；5—凹模；6—下模座

无压边圈首次拉深模具有如下特点：

（1）结构简单、制造方便。

（2）由于工作时凸模要深入凹模，因此只能用于浅拉深。

（3）适用于材料塑性好、相对厚度较大的工件的拉深。

2．带压边圈的正装式首次拉深模

根据压边圈的位置不同，可以将带压边圈的首次拉深模分为正装式和倒装式两类。压边圈在上模的称为正装式拉深模，压边圈在下模的称为倒装式拉深模。

图 4-28 所示为带压边圈的正装式首次拉深模。定位板 3 先将毛坯定位，随后上模下行，压边圈 4 将毛坯压紧，防止拉深过程中毛坯凸缘起皱。凸模 6 将毛坯压入凹模 2 中。制件将从下模座 1 的下部落下。如果被凸模 6 带出凹模型孔，则由压边圈 4 卸下。

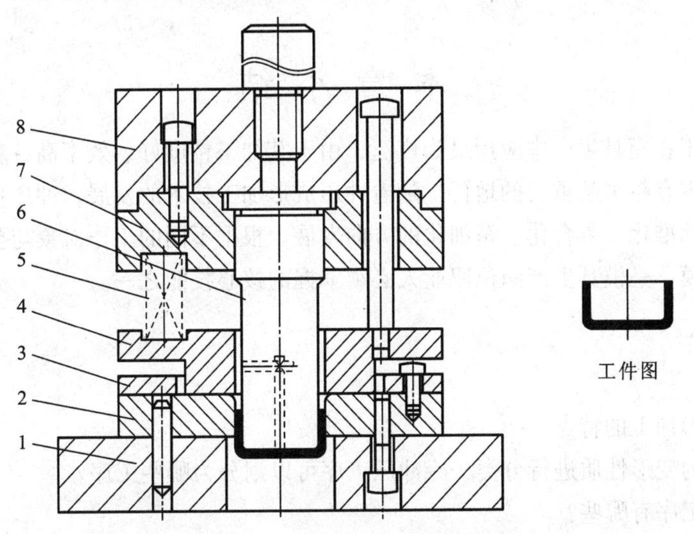

图 4-28　有压边圈的正装式首次拉深模

1—下模座；2—凹模；3—定位板；4—压边圈；5—弹簧；6—凸模；7—凸模固定板；8—上模座

这种结构的拉深模适用于拉深深度不大的制件。

3．带压边圈的倒装式首次拉深模

图 4-29 所示为带压边圈的倒装式首次拉深模。

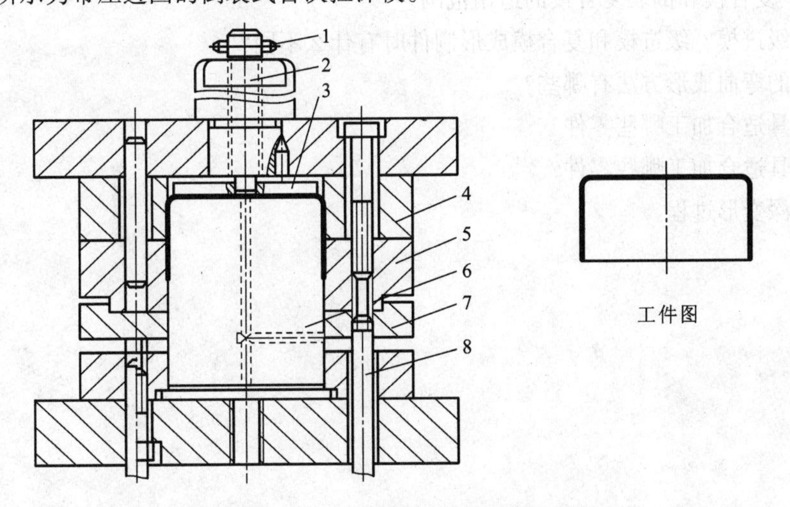

图 4-29　带压边圈的倒装式首次拉深模

1—挡销；2—打杆；3—推件块；4—垫块；5—凹模；6—凸模；7—压边圈；8—卸料螺钉

此模具使用的是弹性压边装置，在这类结构中经常采用的是倒装式。把压边装置和凸模 6 安装在下模，可以有效利用压力机工作台（中间有落料孔）下面的空间位置。挡销 1 用来防止推件系统在推件时掉落。

这种结构的拉深模工作行程可以较大些，广泛适用于拉深深度较大的制件。

后续各次拉深模拉深用的毛坯已是经过首次拉深模拉深的半成品制件，而不再是平板毛坯，其定位装置、压边装置与首次拉深模截然不同。

本章小结

冲压成形加工在模具生产中应用最为广泛，由于其加工精度好、效率高、耗材低，因而在现代制造业生产中占有越来越重要的地位。随着冲压成形加工技术的发展，冲压模具的种类也越来越丰富，正朝着标准化、复合化、精细化的方向发展。根据不同的工作对象与要求，选用不同种类和结构的冲压模，是模具生产岗位职业人必须掌握的核心技能之一。

思考练习

（1）简述冲压成形加工的特点。
（2）若按照材料的变形性质进行分类，冷冲压工序可以划分为哪些工序？
（3）常用的分离工序有哪些？
（4）常用的变形工序有哪些？
（5）试比较单工序无导向落料模、单工序导板式落料模和单工序导柱式落料模的结构特点。
（6）简述单工序导柱式落料模的工作过程。
（7）试比较弹簧式卸料装置和橡胶式卸料装置的导柱式落料模的不同点，并说明各自的适应范围。
（8）什么是复合模？复合模的基本结构有哪些？如何区分正装式复合模和倒装式复合模？
（9）简述正装复合模和倒装复合模的适用范围。
（10）什么是级进模？级进模和复合模成形制件时有什么不同？
（11）弯曲件的弯曲成形方法有哪些？
（12）弯曲模具适合加工哪些零件？
（13）拉深模具适合加工哪些零件？
（14）简述拉深变形过程。

第5章 塑料成形技术

在模具市场中，塑料模具占模具总量中的比例还将逐步提高，其发展速度将高于其他模具。本章将就塑料的分类、工艺性能，塑料模具的组成，几种常见注射模、压缩模和压注模的结构及其工作过程等内容做简单介绍，并说明挤出模具、吹塑模具、真空吸塑模具、气辅模具、反应注射模具及其成形工艺。

5.1 塑料的分类

塑料一般以合成树脂为主要成分，并加入增塑剂、润滑剂、稳定剂及填料等组成的高分子材料。在一定的温度和压力下，可以用模具使其成形为具有一定形状和尺寸的塑料制件。

由于塑料具有密度小、质量轻、化学稳定性高、减摩耐磨性好、绝缘性好、介电损耗低、减震隔音性好等性能，所以在工业和生活中得到了广泛的使用。

塑料种类很多，可按塑料受热所呈现的基本行为、按塑料的物理力学性质和使用特性进行分类。

1. 按塑料中树脂受热后呈现的基本特性分类

（1）热塑性塑料：在一定的温度范围内，能反复加热软化乃至熔融流动，冷却后能硬化成一定形状的塑料。在成形过程中只有物理变化而无化学变化，因而受热后可多次成形，废料可回收再利用。如聚乙烯、聚丙烯、聚苯乙烯、聚氯乙烯、ABS、聚甲基丙烯酸甲酯（又称有机玻璃）、聚酰胺（俗称尼龙）、聚碳酸酯、聚甲醛、聚苯醚、聚砜、聚四氟乙烯、氯化聚醚等。

（2）热固性塑料：加热温度达到一定程度后能成为不熔性物质，使形状固化下来不再变化的塑料。此时，即使加热到接近分解的温度也无法软化，而且也不会溶解在溶剂中，成为既不熔化又不溶解的物质。再次受热时就不再具有可塑性。如酚醛树脂、环氧树脂、氨基树脂、脲醛塑料、三聚氰胺甲醛和不饱和聚酯等。

2. 按塑料的性能和用途分类

（1）通用塑料：一般只能作为非结构材料使用的一类塑料，它的产量大，用途广，价格低，性能普通。主要有聚乙烯、聚丙烯、聚氯乙烯、聚苯乙烯、酚醛塑料和氨基塑料六大品种。它们可作为日常生活用品、包装材料以及一般小型机械零件材料，约占塑料总产量的 75%以上。

（2）工程塑料：可以作为工程结构材料使用的一类塑料。它的力学性能优良，能在较广温度范围内承受应力，在较为苛刻的化学及物理环境中应用。常见的工程塑料有聚甲醛、聚酰胺、聚碳酸酯、聚苯醚、ABS、聚砜、聚四氟乙烯、有机玻璃和环氧树脂等。这类材料在汽车、机械、化工等部门用来制造机械零件和工程结构零部件。工程塑料与通用塑料相比，它们产量较小，价格较高，但具有优异的力学性能、电性能、化学性能、耐磨性、耐热性、耐蚀性、自润滑性以及尺寸稳定性，即具有某些金属的性能，因而可代替一些金属材料用于制造结构零部件。

（3）特殊塑料：用于特种环境中，具有某一方面特殊性能的塑料。这类塑料有高的耐热性或高的电绝缘性及耐蚀性等，如氟塑料、聚酰亚胺塑料、有机硅树脂等。特殊塑料还包括为某些专门用途而改性制得的塑料，如导磁塑料和导热塑料等。这类塑料产量小，价格较贵，性能优异。

塑料制件的优点：质量轻，比强度高；耐腐蚀，化学稳定性好；有优良的电绝缘性能、光学性能、减摩、耐磨性能和消声减振性能；加工成形方便，成本低。

5.2 塑料的工艺性能

1. 热塑性塑料的工艺性能

（1）收缩性。塑件从温度较高的模具中取出冷却到室温后，其尺寸或体积发生收缩的现象，称为收缩性。它可用相对收缩量的百分率表示，即收缩率。成形后塑件的收缩，称为成形收缩。

（2）黏度和流动性。黏度是指塑料熔体内部抵抗流动的阻力。流动性是指塑料在一定的温度及压力作用下，充满模具型腔的能力。通常采用熔融指数来表示流动性。熔融指数大，则流动性好，反之流动性不好。

黏度和流动性的关系：黏度大，流动性差；黏度小，流动性好。

（3）相容性。塑料的相容性又称塑料的共混性，这主要是针对高聚物共混体系而言的。不同的塑料进行共混以后，可以得到单一塑料所无法拥有的性质，这种塑料的共混材料通常称为塑料合金。

（4）结晶性。结晶性是指塑料在冷凝时是否具有结晶的特性。热塑性塑料按其冷凝时有无结晶现象，可分为结晶型塑料和非结晶型（又称无定型）塑料两大类。结晶型塑料有聚乙烯、聚丙烯、聚四氟乙烯、聚甲醛、尼龙、聚氯化醚、聚酯树脂等，非结晶型塑料有聚苯乙烯、聚碳酸酯、聚砜、有机玻璃、ABS、聚氯乙烯及聚苯醚等。结晶型塑料一般为不透明或半透明的；非结晶型塑料一般为透明的。

（5）热敏性和水敏性。某些热稳定性差的塑料，在成形过程中，很容易在不太高的温度下受热分解和热降解，或在高温和受热时间较长的情况下产生变色、降解及分解，从而影响塑件性能和表面质量等。这种对热量作用的敏感特性，称为塑料的热敏性。如硬聚氯乙烯、聚偏氯乙烯、醋酸乙烯共聚物、聚甲醛及聚三氟氯乙烯等。

塑料熔融体在高温下对水降解的敏感性，称为水敏性。如聚碳酸酯等。水敏性塑料在成形中，即使含有少量水分，也会在高温及高压下发生水解，因此这类塑料在成形前必须进行干燥处理。

（6）应力开裂。某些塑料在成形时易产生内应力使塑件质脆易裂，塑件在不大的外力或溶剂作用下即发生开裂，这种现象称为应力开裂。这类塑料有聚苯乙烯、聚碳酸酯及聚砜等。

（7）熔体破裂。溶体破裂是指塑料在恒温下通过喷嘴孔或窄小部位时，流速超过一定值后，溶体表面发生明显的横向凹凸不平或外形畸变导致其支离或断裂的现象。常出现溶体破裂的热塑性塑料有聚乙烯、聚丙烯、聚碳酸酯、聚砜及氟塑料等。

（8）吸湿性。吸湿性是指塑料对水分子的亲疏程度。根据这种亲疏程度，塑料大致可分为两种类型：一种是具有吸湿或黏附水分的塑料，如纤维素塑料、有机玻璃、尼龙、聚碳酸酯、ABS、聚砜及聚苯醚等；一种是不吸湿也不黏附水分的，如聚乙烯、聚丙烯、聚苯乙烯及氟塑料等。

2．热固性塑料的工艺性能

（1）收缩性。热固性塑料成形收缩的形式及其影响因素与热塑性塑料类似。

（2）流动性。流动性是指塑料在一定的温度及压力作用下，充满模具型腔的能力。流动性好的塑料，在成形时易溢料；流动性差的塑料即使增大压力也会填充不足，不易成形。因此，选用塑料的流动性应与塑件结构和要求、成形工艺及成形条件相适应，对面积大、嵌件多及薄壁复杂塑件，应选流动性好的塑料。

（3）固化速度。塑料由既可熔化又可溶解变成既不可熔化又不可溶解的状态，这个过程称为固化。固化速度是指热固性塑料在固化过程中每硬化 1 mm 厚度所需要的时间。固化速度与塑料品种、塑件壁厚、结构形状、成形温度、预热及预压等因素有关，还与成形工艺方法有关。

（4）水分和挥发物含量。塑料中的水分和挥发物一方面来源于塑料原材料生产过程中未除净及运输、储存中吸收空气中的水分，另一方面来自成形过程中塑料发生化学反应产生的副产物。塑料中适量的水分及挥发物含量，在塑料成形中可起增塑作用，有利于提高充模流动性，有利于成形。过多时，会引起熔料流动性过大，延长成形周期，降低塑件性能；不足时，流动性降低，成形困难，也不利于预压。因此模具设计时应开设必需的排气系统。

（5）比体积和压缩率。比体积是指单位质量塑料所占的体积，是粉料堆积密度的倒数。压缩率是指成形前塑件所用材料的体积与成形后塑件的体积之比，比值恒大于 1。比体积和压缩率大的塑料，要求加料较大，成形时排气困难，成形周期长，生产率低；比体积和压缩率小，对成形有利，但会造成加料量不准确。

5.3 塑料模具的组成

无论哪一种类型的注射模都包含定模和动模两个部分。定模安装在注射机的固定板上，在整个注射过程和推件过程中是不能够移动的；而动模安装在注射机的移动模板上，可随移动模板的移动实现模具的开合。模具闭合后，注射机便向模具注射熔融塑料，待塑料制件冷却定形后，动模与定模分离，由推出机构将塑料制件推出，即完成一个生产周期。

以下主要讨论塑料模具中使用最多的注射模具。若按注射模具中各个零部件所起的作用分析，注射模具由以下几个基本部分组成：

1. 成形零部件

成形零部件是指直接与塑料接触或部分接触，并决定塑料制件形状、尺寸和表面质量的零部件，是塑料模具的核心部分。如凸模（型芯）、凹模，合模后构成模具的型腔，用于填充塑料熔体。除此之外还有螺纹型芯、螺纹型环和镶块等，如图 5-1 所示。

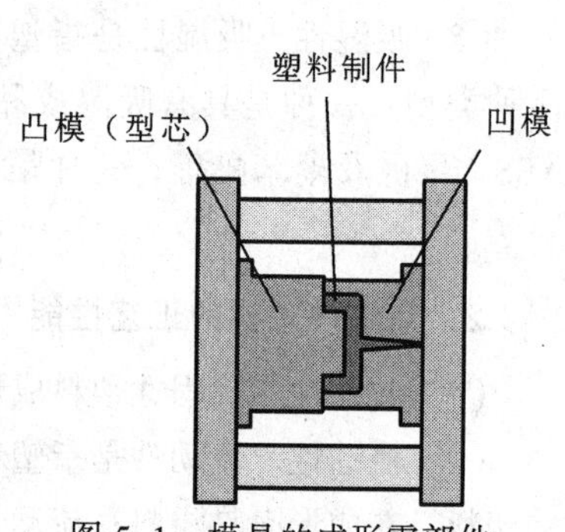

图 5-1 模具的成形零部件

2. 浇注系统

浇注系统又称流道系统，它是熔融塑料从注塑机喷嘴进入模具型腔所流经的通道，通常由主流道、分流道、浇口和冷料穴组成。它直接关系到塑料制件的成形质量和生产效率，如图 5-2 和图 5-3 所示。

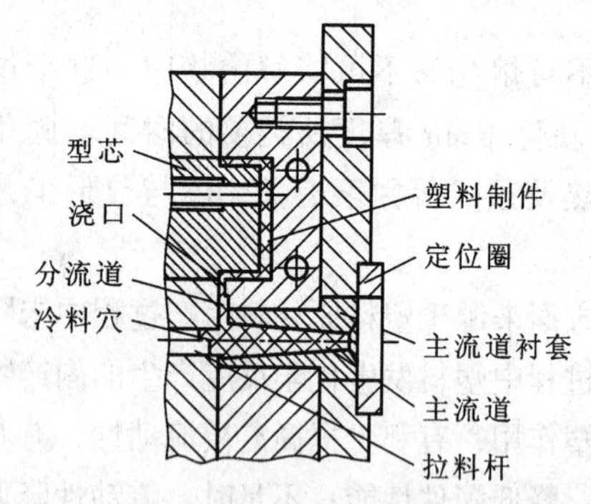

图 5-2 主流道垂直于模具分型面的浇注系统

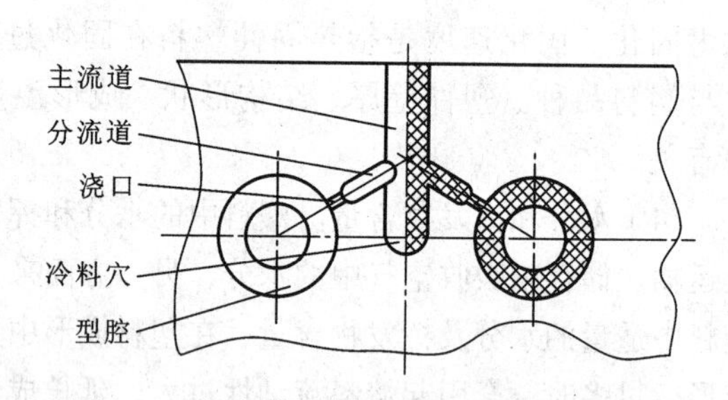

图 5-3 主流道平行于模具分型面的浇注系统

3. 合模导向机构

为了确保动模和定模在合模时能正确对中，在模具中必须设置导向部件。导向机构分为动模与定模之间的导向机构和顶出机构的导向机构。前者是保证动模与定模合模时的准确对合，以保证塑料制件形状和尺寸的准确度，如导柱和导套，如图 5-4 所示；后者是避免顶出过程中推出板歪斜而设置的，如推板导柱和推板导套，如图 5-5 所示。

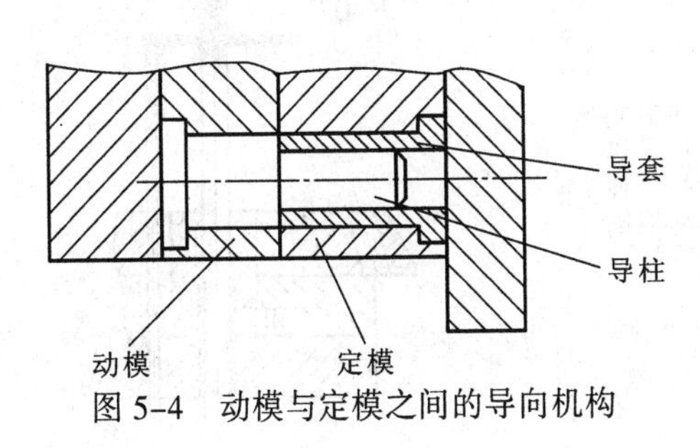

图 5-4　动模与定模之间的导向机构

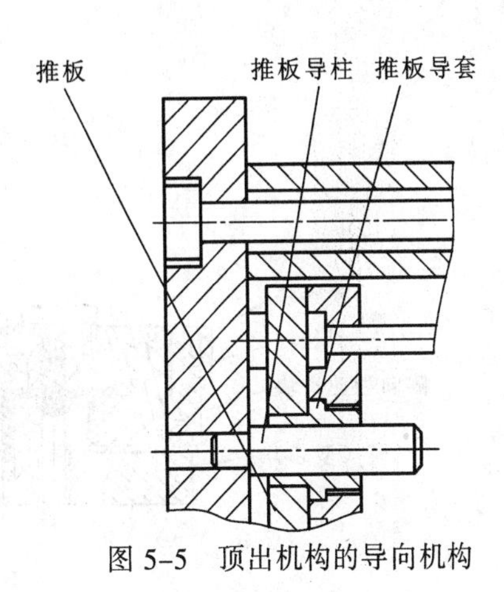

图 5-5　顶出机构的导向机构

4．推出机构

推出机构是指在开模过程中将塑料制件及浇注系统推出或顶出的装置，又称顶出机构。如推杆、推杆固定板、推板、拉料杆、复位杆等，有些推出机构中还增加了推件板，有些推出机构使用推管代替推杆等，如图 5-6 所示。

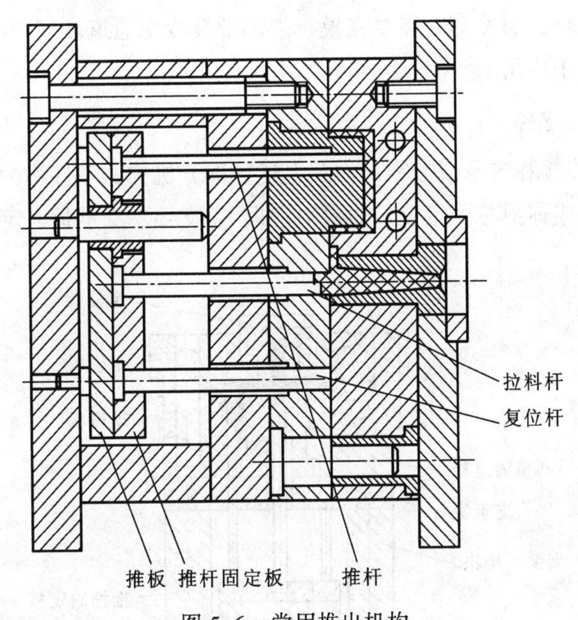

图 5-6　常用推出机构

5．侧向分型与抽芯机构

当塑料制件上有凹凸形状的孔或凸台时，就需要有侧向的凸模或者型芯来成形。开模推出塑料制件以前，必须先进行侧向分型，将侧向凸模或者侧向型芯从塑料制件抽出，塑料制件才能顺利脱模。使侧向凸模或者侧向型芯移动的机构称为侧向分型与抽芯机构。如斜导柱、滑块、楔紧块等，如图 5-7 所示。

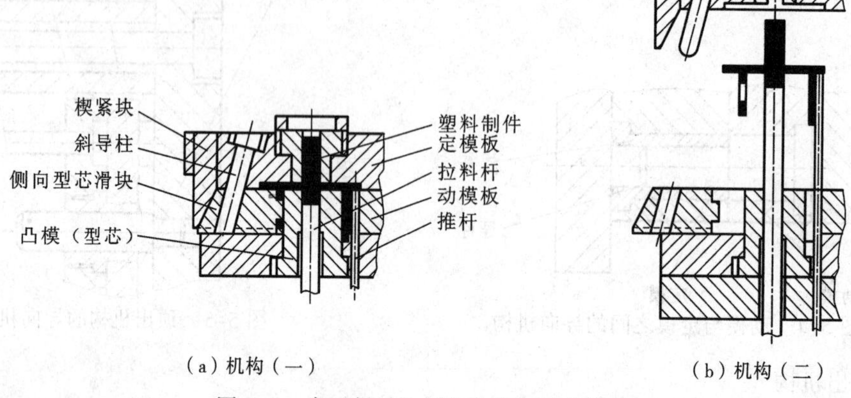

（a）机构（一）　　（b）机构（二）

图 5-7　常用斜导柱侧向分型与抽芯机构

6. 调温系统

调温系统包括冷却装置和加热装置。为了对模具的温度进行控制，模具在加热时需要在模具内部或周围安装加热元件，而冷却时需要在模具内部开设冷却通道。其中冷却装置较为常用，而加热装置只在特殊场合中应用。

7. 支承零件和定位零件

用来安装、定位、连接和支承成形零部件及上述各部分机构的零件称为支承零件和定位零件。如定模座板、动模板（或称型芯固定板、凹模固定板）、支架、支承板、定位圈、销钉和螺钉等，如图 5-8 所示。

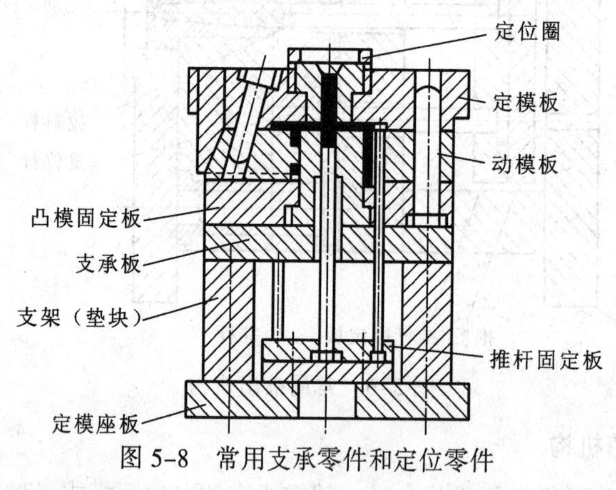

图 5-8　常用支承零件和定位零件

8. 排气系统

在注塑成形过程中，将型腔内的空气及塑料制件在受热和冷凝过程中产生的气体排出，需要开设排气系统。通常是在分型面上开设若干条排气沟槽，或者在模具的推杆或者型芯与模板之间的配合间隙进行排气。小型塑料制件的排气量不大，因此可直接利用分型面排气，而不必另设排气槽。

以下着重介绍注射模具、压缩模具、压注模具、挤出模具、吹塑模具、真空吸塑模具、气辅模具和反应注射模具。

5.4 注　射　模

由注射成形获得的塑料制件在各种塑料制件中所占比重很大，目前塑料成形模具中约半数以上是注射模，可见注射模应用十分广泛。

5.4.1　注射模的工作原理

注射成形是通过塑料注塑机和模具实现的。将塑料加在注射机的加热料筒内，在注射机的螺杆（螺杆式注射机）或注射机的活塞（柱塞式注射机）推动下，熔融塑料经注射机的喷嘴和模具的浇注系统进入模具型腔并定形。

通用卧式螺杆式注射机主要结构如图 5-9 所示。注塑机的工作原理与打针用的注射器相似，它是利用塑料的热物理性质，把物料从料斗加入料筒中，在料筒外由加热圈加热，使物料熔融，在料筒内装有在外动力发动机作用下驱动旋转的螺杆，物料在螺杆的作用下，沿着螺槽向前输送并压实。物料在外加热和螺杆剪切的双重作用下逐渐塑化，熔融和均化。当螺杆旋转时，物料在螺槽摩擦力及剪切力的作用下，把已熔融的物料推到螺杆的头部，与此同时，螺杆在物料的反作用下后退，使螺杆头部形成储料空间，完成塑化过程。然后，螺杆在注射油缸的活塞推力的作用下，以高速、高压，将储料室内的熔融料通过喷嘴注射到模具的型腔中，型腔中的熔料经过保压、冷却、固化定形后，模具在合模机构的作用下，开启模具，并通过顶出装置把定型好的制件从模具顶出落下。注塑成形是一个循环的过程，其工作循环示意图如图 5-10 所示。

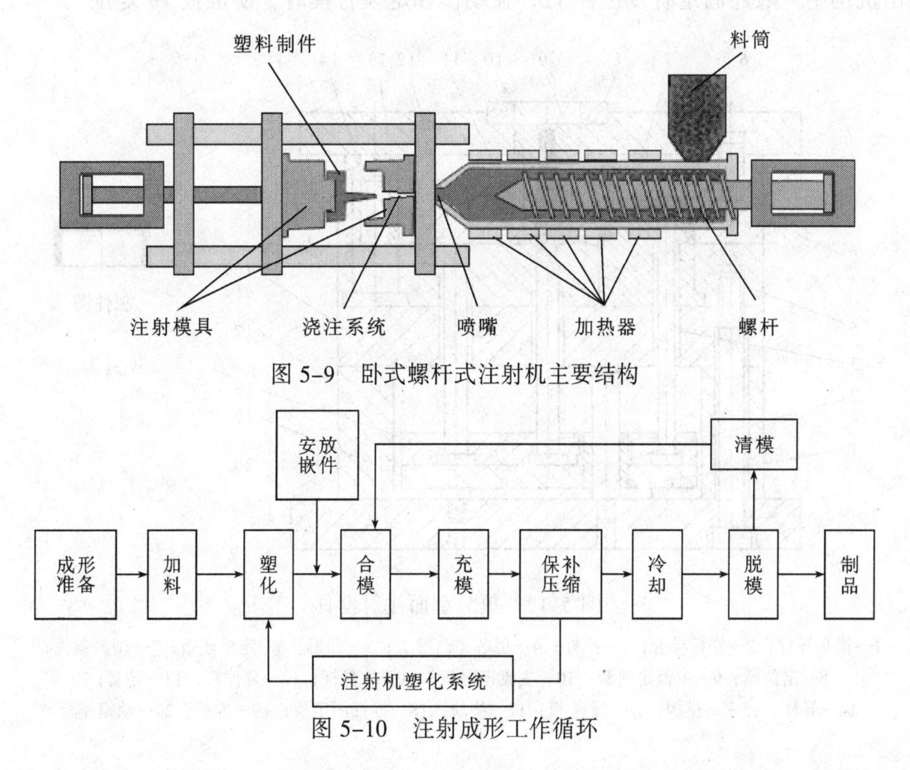

图 5-9　卧式螺杆式注射机主要结构

图 5-10　注射成形工作循环

注射模主要用于热塑性塑料制件的成形，少数用于热固性塑料的成形。

根据模具的结构特征不同，以下依次介绍单分型面注射模具、双分型面注射模具、带侧向分型抽芯的注射模具、带有活动镶件的注射模具、自动卸螺纹的注射模具、无流道注射模具的结构及其工作过程。

5.4.2 单分型面注射模

一般来说，单分型面注射模是一种结构最为简单、应用最为广泛的注射模。

单分型面注射模又称为两板式注射模。单分型面注射模是由定模模板和动模模板两块模板组成。在塑料注射成形过程中，当注射机开模时，注射模具上仅有一个分型面，此时动模板和定模板分开。开一次模就可取出塑料制件，其示意图如图 5-11 所示。

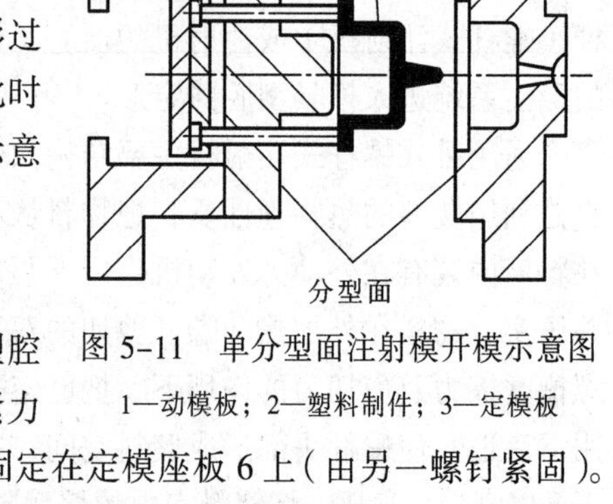

图 5-11 单分型面注射模开模示意图

1—动模板；2—塑料制件；3—定模板

1. 单分型面注射模的基本结构

图 5-12 所示为典型的单分型面注射模具。模具的型腔由凹模 5 与型芯 4 组成，并由注射机合模系统提供的锁紧力锁紧。型芯 4 固定在动模板 15 上（由螺钉紧固），凹模 5 固定在定模座板 6 上（由另一螺钉紧固）。主流道设在定模一侧。推出机构（又称脱模机构）由推杆 3、推杆固定板 18、推板 19、推板导柱 1、推板导套 2 组成，用以推出塑料制件和流道内的凝料。推杆固定板 18 和推板 19 用以夹持推杆 3。在推出机构中一般还固定有复位杆 12，在动模和定模合模时，使推板 19 复位。

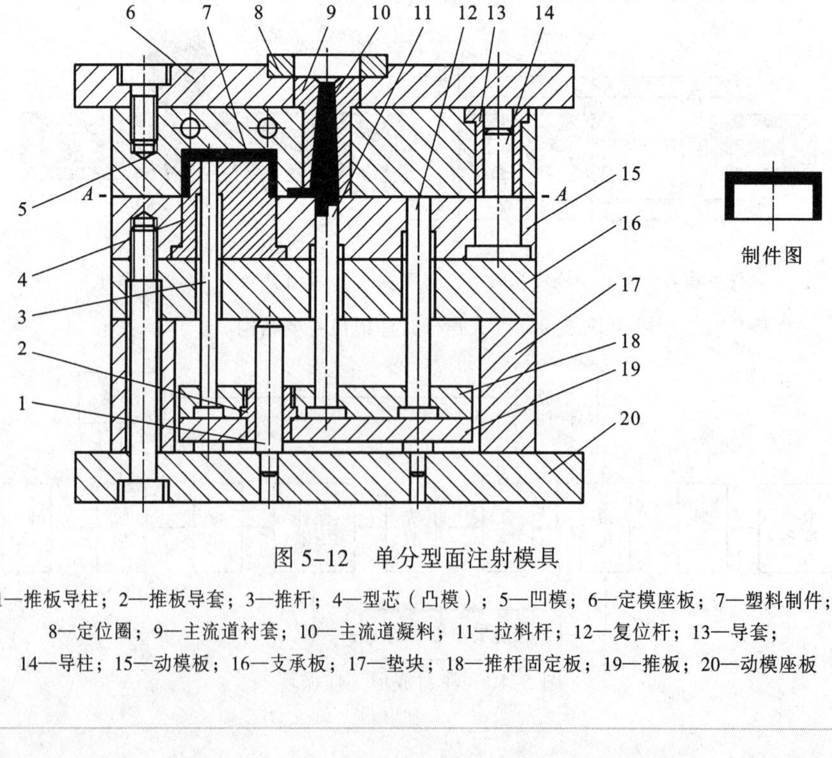

图 5-12 单分型面注射模具

1—推板导柱；2—推板导套；3—推杆；4—型芯（凸模）；5—凹模；6—定模座板；7—塑料制件；8—定位圈；9—主流道衬套；10—主流道凝料；11—拉料杆；12—复位杆；13—导套；14—导柱；15—动模板；16—支承板；17—垫块；18—推杆固定板；19—推板；20—动模座板

2. 单分型面注射模工作过程

图 5-12 所示为单分型面注射模具的结构简图，以此为例说明其工作过程。模具合模时，在导柱 14 和导套 13 的导向定位下，动模和定模闭合。随后注射机开始注射，塑料熔体经定模上的浇注系统进入型腔，待熔体充满型腔并经过保压、补塑和冷却定型后开模。开模时，动模后退，模具沿动模和定模的分型面分开，塑料制件 7 包在型芯 4 上随动模一起后退，同时，拉料杆 11 将浇注系统的主流道凝料 10 从浇口套中拉出。当动模移动一定距离后，推出机构开始工作，使推杆 3 和拉料杆 11 分别将塑料制件和浇注系统凝料从型芯 4 和冷料穴中推出，塑料制件与浇注系统凝料一起从模具中落下，至此完成一次注射过程。合模时，推出机构靠复位杆 12 复位并准备下一次注射。

图 5-13 所示为一单分型面注射模具，其结构为一腔两模。塑料制件为发梳。

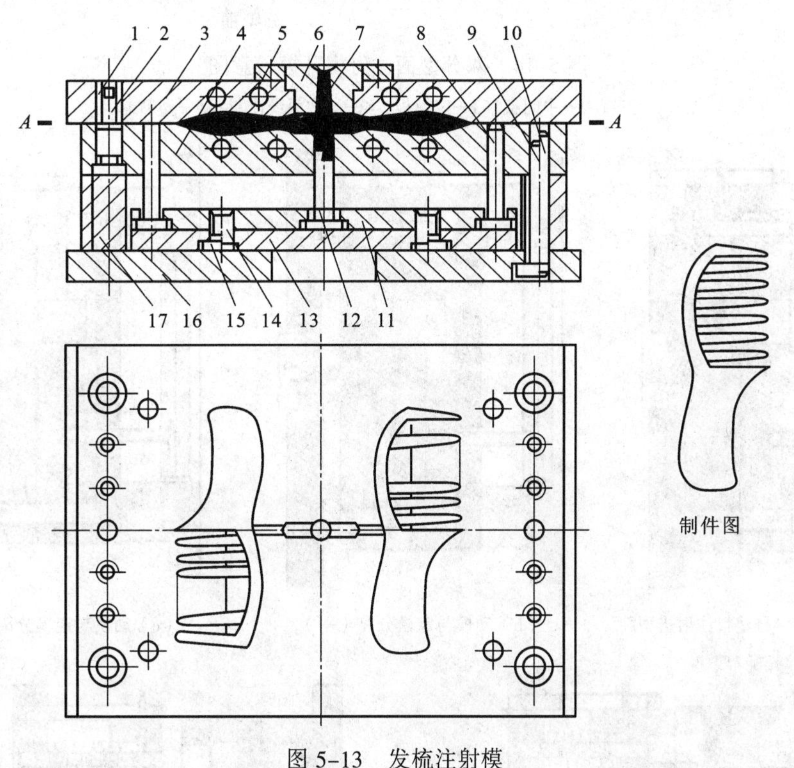

图 5-13　发梳注射模

1—导套；2—导柱；3—定模板；4—动模板；5—定位圈；6—浇口套；7—塑料制件；8—反推杆；9、15—螺钉；10、14—销钉；11—反推杆固定板；12—拉料杆；13—推板；16—动模固定板；17—垫块

5.4.3 双分型面注射模

双分型面注射模具又称三板式（动模板、中间板、定模板）注射模。与单分型面注射模相比较，双分型面注射模在动模板与定模板之间增加了一块可以局部移动的中间板（又称浇口板，其上设有浇口、流道及定模所需要的其他零件以及部件）。开模时，中间板在定模的导柱上与定模板作定距分离，以便由两个不同的分型面分别取出流道内的浇注系统凝料和塑料制件。图 5-14 所示为双分型面注射模开模示意图；图 5-15 所示为双分型面注射模的工作过程。

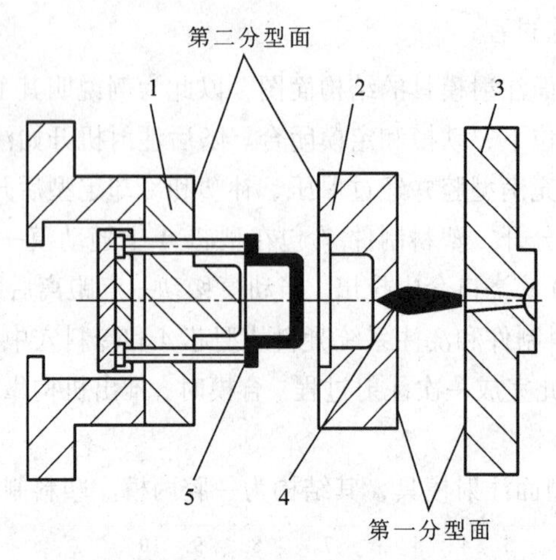

图 5-14 双分型面注射模开模示意图

1—动模板；2—中间板；3—定模板；4—浇注系统凝料；5—塑料制件

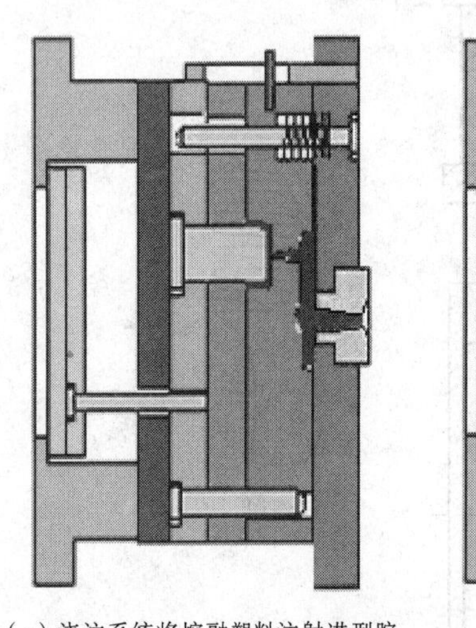

（a）浇注系统将熔融塑料注射进型腔

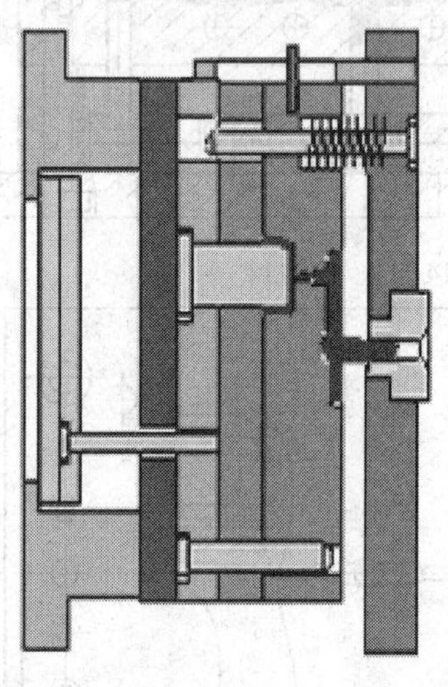

（b）动模与定模分离（一）

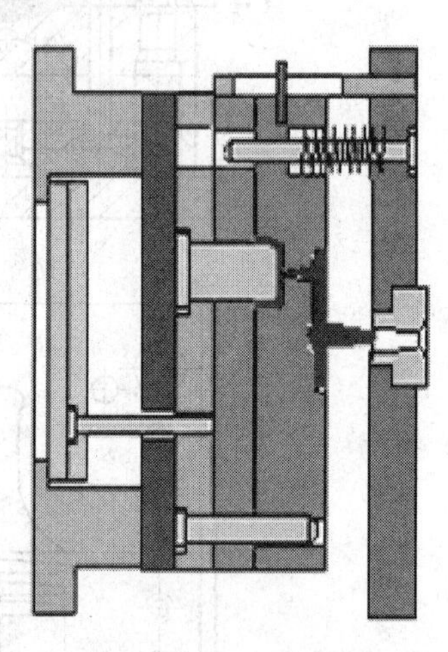

（c）动模与定模分离（二）

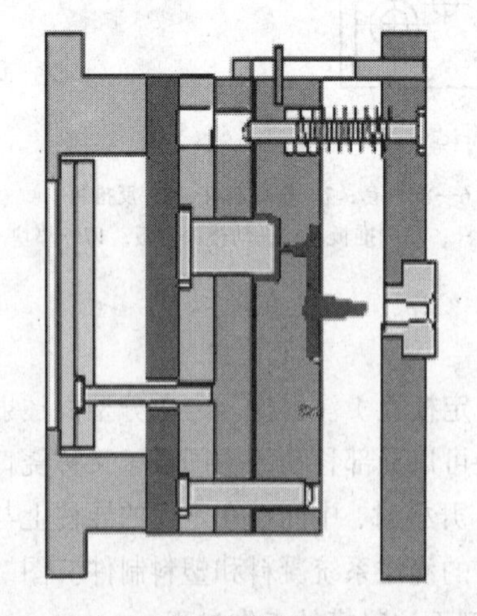

（d）动模与定模分离（三）

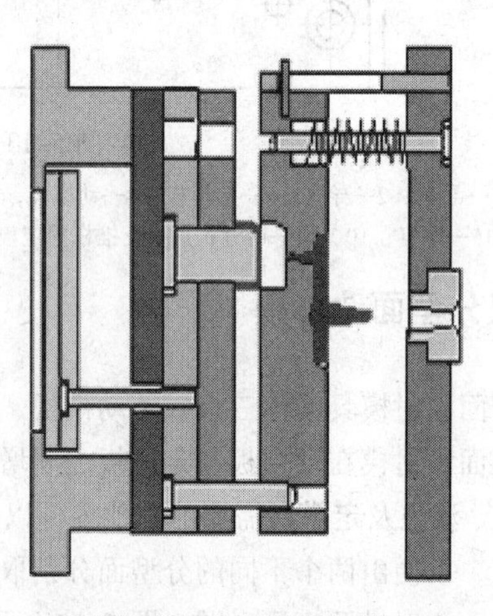

（e）塑料制件和动模与流道板分离

图 5-15 双分型面注射模工作过程

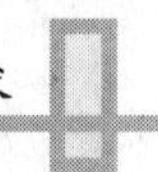

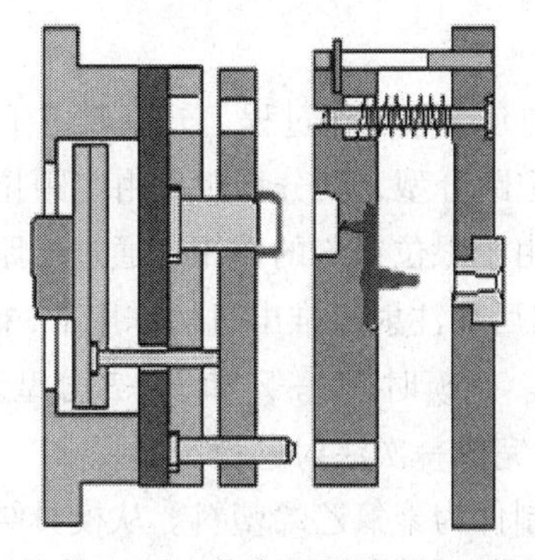

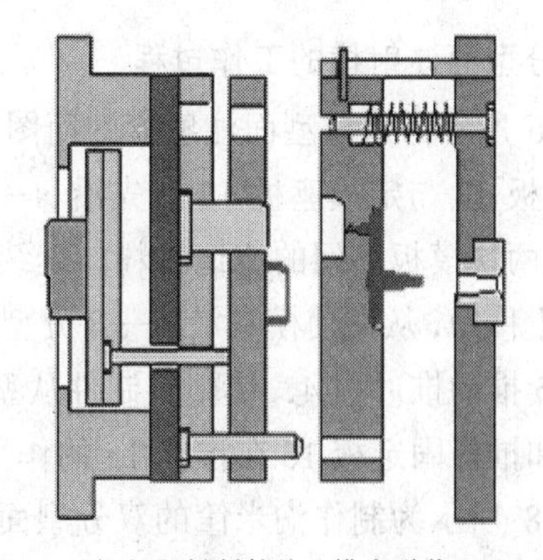

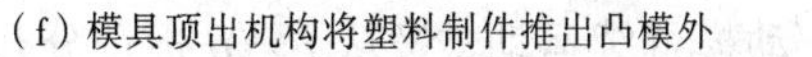

（f）模具顶出机构将塑料制件推出凸模外　　　　（g）塑料制件从凸模中脱落

图 5-15　双分型面注射模工作过程（续）

1．双分型面注射模的基本结构

图 5-16 所示为双分型面注射模；图 5-17 所示为双分型面注射模开模状态图。*A—A* 为第一分型面，分型后浇注系统凝料由此脱落，*B—B* 为第二分型面，分型后塑料制件由此脱出。

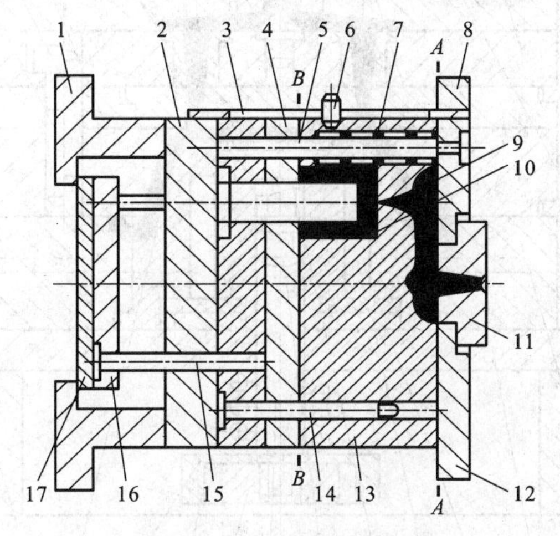

图 5-16　双分型面注射模

1—支架；2—支承板；3—凸模固定板；4—推件板；5、14—导柱；6—限位销；7—弹簧；8—定距拉板；9—浇注系统凝料；10—塑料制件；11—浇口套；12—定模座板；13—中间板（流道板）；15—推杆；16—推杆固定板；17—推板

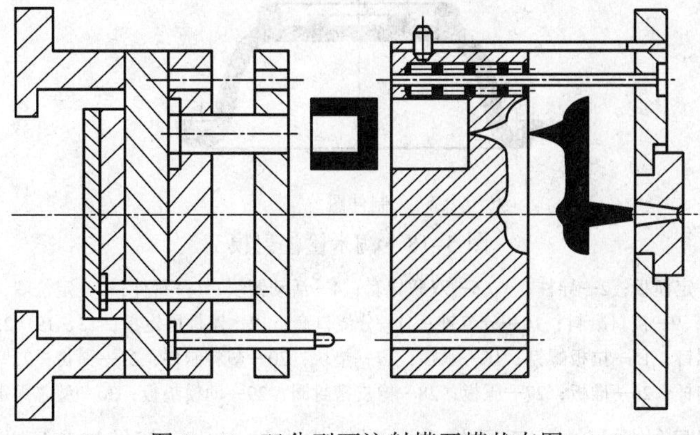

图 5-17　双分型面注射模开模状态图

2. 双分型面注射模的工作过程

图 5-16 所示为双分型面注射模的简图，以此为例介绍其工作过程。开模时由于弹簧 7 的作用，使中间板 13 与定模座板 12 首先沿 *A—A* 分型面定距分型，其分型距离由定距拉板 8 控制，以便取出这两块模板之间的流道凝料。继续开模时，由于限位销 6 的作用，通过定距拉板 8 使中间板 13 停止移动，从而使模具沿 *B—B* 分型面分型，然后在注射机推出机构作用下，推动推板 17，通过推杆 15 推动推件板 4，使塑料制件从型芯上脱出。闭模时，*A—A* 和 *B—B* 分型面自动闭合，中间板 13 和推杆固定板 16 在推杆 15 的作用下复位，完成一次注射过程。

图 5-18 所示为制作淘米筐的双分型面注射模，制件为聚氯乙烯塑料。从模具结构来看，定模板 1 按 *A—A* 标记与动模分开，取出浇口废料。动模继续运动，又从 *B—B* 标记分开，然后注射机顶出机构推动推杆 24，塑料制件便可脱落。

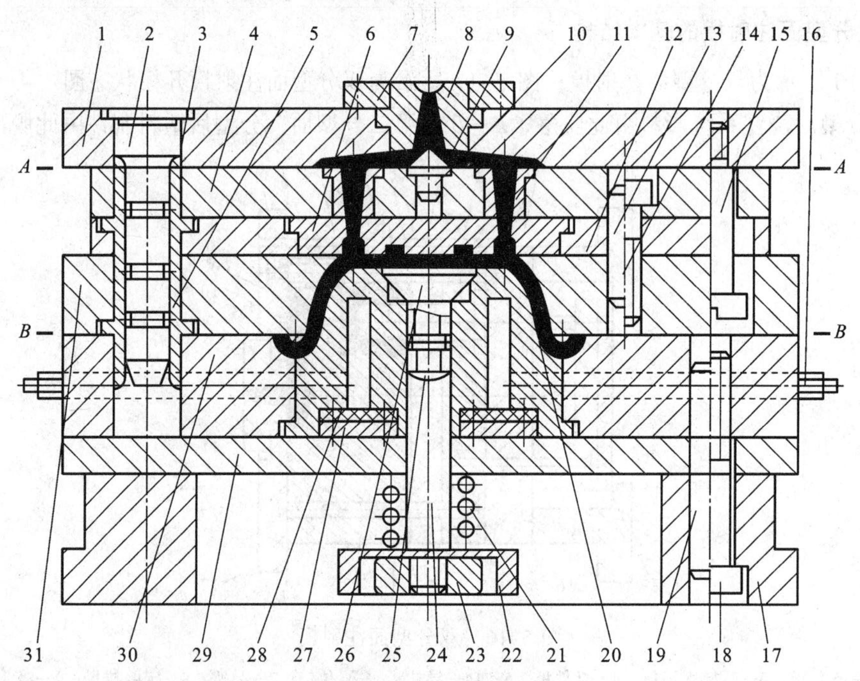

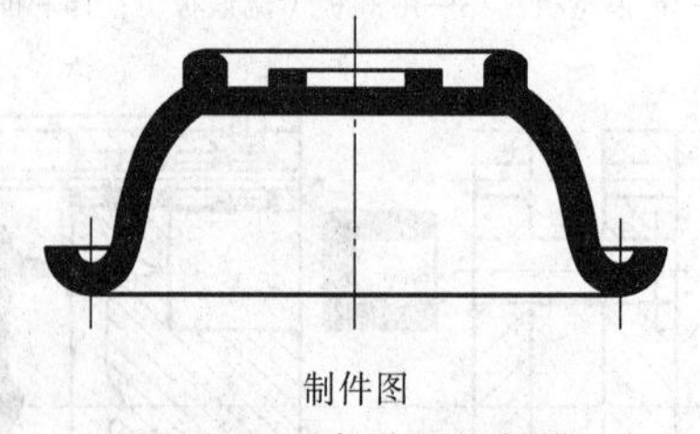

制件图

图 5-18　淘米筐注射模

1—定模板；2—导柱；3、5—双联导套；4—活动镶块；6—镶件；7—定位圈；
8—浇口套；9—浇口凝料；10—分流锥；11—分浇口套；12—镶件固定板；13、19、25—销钉；
14、18—螺钉；15—拉板螺钉；16—水嘴；17—垫块；20—塑料制件；21—弹簧；22—托簧板；
23—螺母；24—推杆；26—推板；27—压板；28—橡皮密封圈；29—动模垫板；30—型芯固定板；31—大型腔

双分型面注射模具结构复杂，重量较大，制造成本较高，零部件加工困难，较少用于大型制件或流动性差的塑料成形。主要用于成形点浇口进料的单型腔或多型腔的注射模具。

5.4.4　带侧向分型抽芯的注射模具

当塑料制件带有侧孔或侧凹时，需要在注射模具内设置由斜导柱或斜滑块等组成的侧向分型抽芯机构，以便塑料制件能顺利脱模。在塑料制件脱模之前，侧向分型抽芯机构中的侧型芯先从塑料制件中抽出（沿着与塑料制件脱模方向相垂直的方向移动），然后模具分型，塑料制件脱模。

1．斜导柱侧向抽芯注射模的基本结构

图 5-19 所示为斜导柱侧向分型抽芯的注射模；图 5-20 所示为斜导柱侧向分型抽芯的注射模开模状态图。由于所成形的塑料制件中有侧凹存在，模具中设置了侧向抽芯机构，侧向分型抽芯机构由斜导柱 7、侧型芯滑块 6、楔紧块 8 等零件组成。侧向抽芯滑块的定位装置的作用是使侧型芯滑块 6 保持抽芯后的最终位置，以确保再次合模时，斜导柱 7 能顺利地插入侧型芯滑块 6 的斜导柱孔中，使侧型芯滑块 6 回到成形时的位置。并借助楔紧块 8 将侧型芯滑块 6 压紧。推出机构由注射机顶杆（图中未画）、推板 17、推杆 15 和推杆固定板 16 等组成。

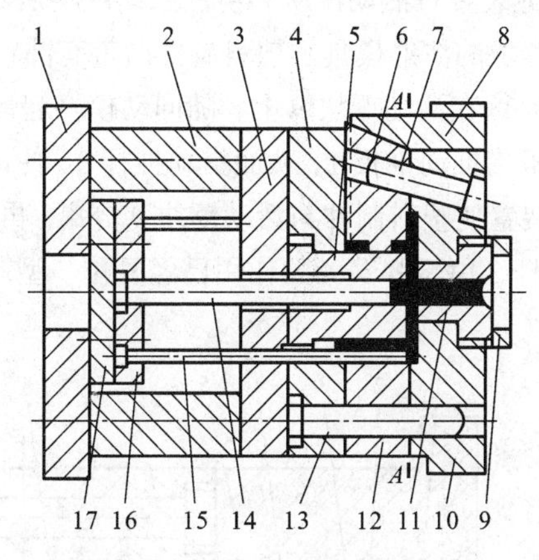

图 5-19　斜导柱侧向抽芯注射模

1—动模座板；2—支架（垫块）；3—支承板；4—凸模固定板；5—凸模（型芯）；6—侧型芯滑块；7—斜导柱；8—楔紧块；9—定位圈；10—定模板；11—主浇道衬套；12—动模板；13—导柱；14—拉料杆；15—推杆；16—推杆固定板；17—推板

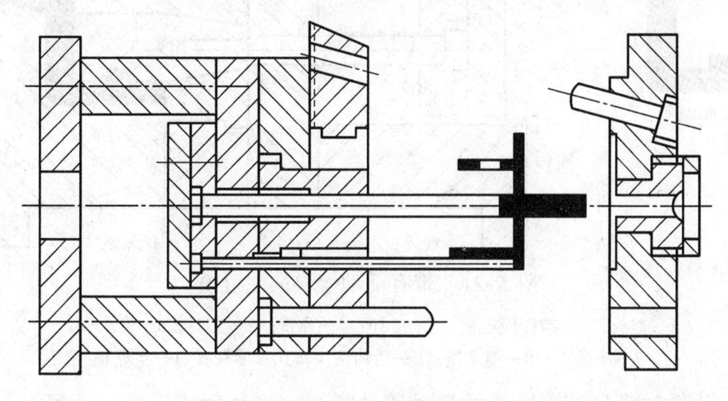

图 5-20　斜导柱侧向抽芯注射模开模状态图

2. 斜导柱侧向抽芯注射模的工作过程

以图 5-19 所示的斜导柱侧向抽芯注射模的示意图为例，说明其工作过程开模时，在定模和动模沿分型面分型（开模）的同时，开模力通过斜导柱 7 作用于侧型芯滑块 6 上，迫使侧型芯滑块 6 在动模导滑槽内做侧向（图中左上方）移动，此时侧型芯滑块 6 与斜导柱 7 做相对运动，直至斜导柱全部脱离侧型芯滑块，此时侧抽芯动作完成。制件包紧在凸模 5 上随动模后退，直到注射机顶杆与模具推板 17 接触，推杆 15 将塑料制件从凸模 5 上推出。闭模时，由斜导柱 7 插入侧型芯滑块 6 中，使侧型芯滑块复位。

5.4.5 带有活动镶块的注射模具

与带侧向分型抽芯机构注射模具的设计思想相类似，当某些塑料制件具有某些特殊结构，如带有内侧凸、凹模或螺纹等，需要在模具上设置活动镶块（如活动凸模、活动凹模、活动型芯、活动螺纹型芯、活动型环或哈夫块等），开模时，活动镶块、塑料制件和浇注系统凝料随动模一起运动，开模后，再用手工或其他装置将活动镶块和浇注系统凝料从塑料制件上分离。

图 5-21 所示为带有活动镶块的注射模具。塑料制件内带有凸台，采用活动镶块 9 成形。开模时，塑料制件与流道凝料同时留在活动镶块 9 上，随同动模一起运动，当动模板 7 与定模板 11 分离一定距离后，注射机顶出机构推动推板 1，从而推动推杆 3，使活动镶块 9 随同塑料制件一同推出模外，然后用手工或其他装置使塑料制件与活动镶块 9 分离。再将活动镶块 9 重新装入动模，在活动镶块 9 装入动模之前推杆 3 由于弹簧 4 的作用已经复位。型芯座 8 上的锥孔（面）用来保证镶块定位准确可靠。

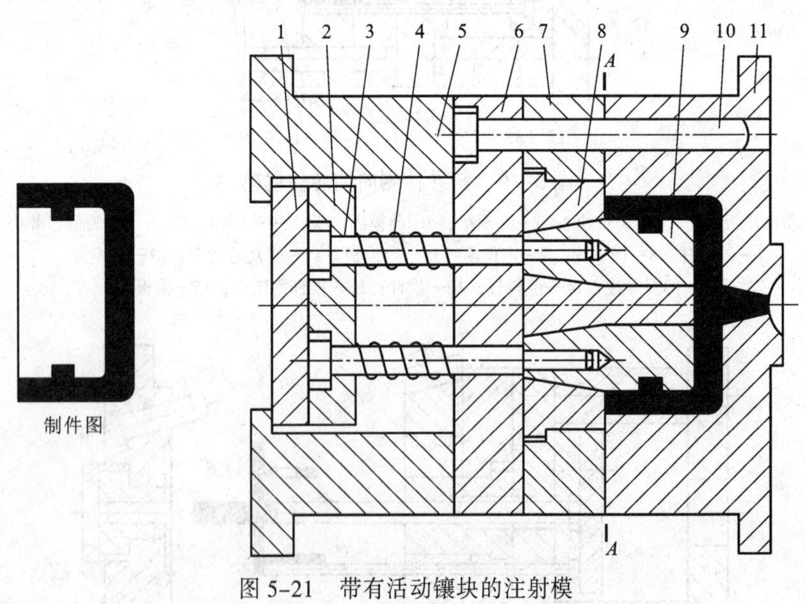

图 5-21　带有活动镶块的注射模

1—推板；2—推杆固定板；3—推杆；4—弹簧；5—支架；6—支承板；7—动模板；8—型芯座；9—活动镶块；10—导柱；11—定模板

图 5-22 所示为靠定模上斜销操作的活动镶块模具。当注射成形后，动模沿分型面 A—A 向下移动，固定在定模板 2 上的斜销 3 迫使活动镶块 4 向外移动。与此同时压机顶杆（图中未画）推

动推板 12，推板 12 又推动推杆 15，将型腔镶件固定板 10 顶起，型腔镶件固定板 10 将力传给型腔镶件 9，推动塑料制件 5 向上运动，塑料制件 5 便从型芯 8 上脱开，完成脱模动作。

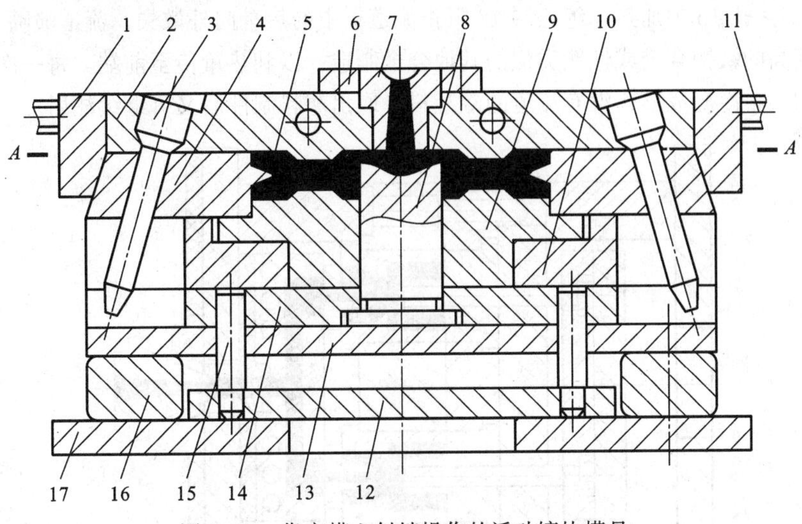

图 5-22　靠定模上斜销操作的活动镶块模具

1—锁紧块；2—定模板；3—斜销；4—活动镶块；5—塑料制件；6—定位圈；7—浇口套；8—型芯；9—型腔镶件；10—型腔镶件固定板；11—水嘴；12—推板；13—动模垫板；14—型芯固定板；15—推杆；16—垫板；17—动模固定板

5.4.6　自动卸螺纹注射模

对于带有内螺纹或外螺纹的塑料制件，当螺纹精度要求较高而不能进行强制脱模时，需要在模具结构设计中设置能够转动的螺纹型芯或螺纹型环。螺纹型芯用于成形内螺纹塑料制件，螺纹型环用于成形外螺纹塑料制件。

图 5-23 所示为自动卸螺纹的注射模。螺纹型芯 1 的旋转由注射机开合螺母的丝杠带动，使螺纹型芯 1 与塑料制件分离。开模时，在 *A—A* 分型面处先分开的同时，螺纹型芯 1 由注射机的开合螺母带动而旋转，从而开始拧出塑料制件，此时 *B—B* 分型面也随螺纹型芯 1 的拧出而分型，塑料制件暂时还留在型腔内不动。当螺纹型芯 1 在塑料制件内还有一个螺距时，定距螺钉 4 拉着支承板 3，使分型面 *B—B* 加速打开，塑料制件被带出凹模。继续开模，塑料制件全部脱离型芯和凹模。

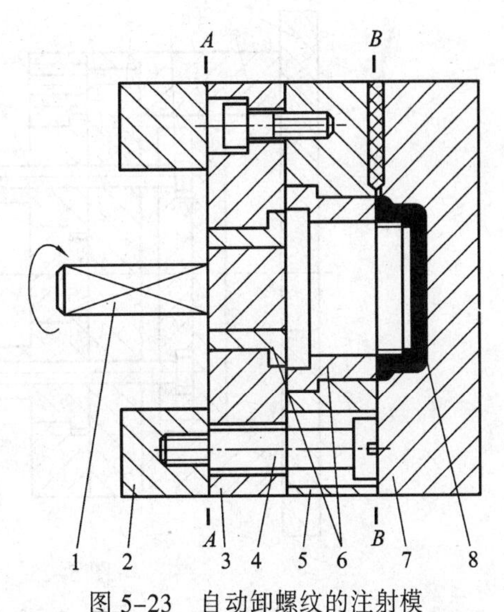

图 5-23　自动卸螺纹的注射模

1—螺纹型芯；2—支架；3—支承板；4—定距螺钉；5—动模板；6—衬套；7—定模板；8—塑料制件

5.4.7　无流道注射模

无流道注射模也称无流道凝料注射模，它是采用对浇注系统流道进行绝热或加热的方法，使注射机喷嘴到模具型腔入口处的流道内的塑料始终呈熔融状态，使每次注射后开模只需取出塑料制件而无需取出浇注系统凝料。

图 5-24 所示为无流道注射模；图 5-25 所示为无流道注射模的开模状态图。塑料从注射机喷嘴 21 进入模具后，在流道中加热保温，使其仍保持熔融状态。浇注系统的流道用电热棒插入热流道板 15 上的加热孔 16 中加热，绝热层 18 阻止流道板中的热量向外散失，流道喷嘴 14 用导热性能优良、强度高的铍铜合金或性能类似的其他合金制造，以利热量传至前端。每一次注射完毕，只在型腔内的塑料冷凝成形，没有流道的冷凝料，取出塑料制件后又可继续注射。

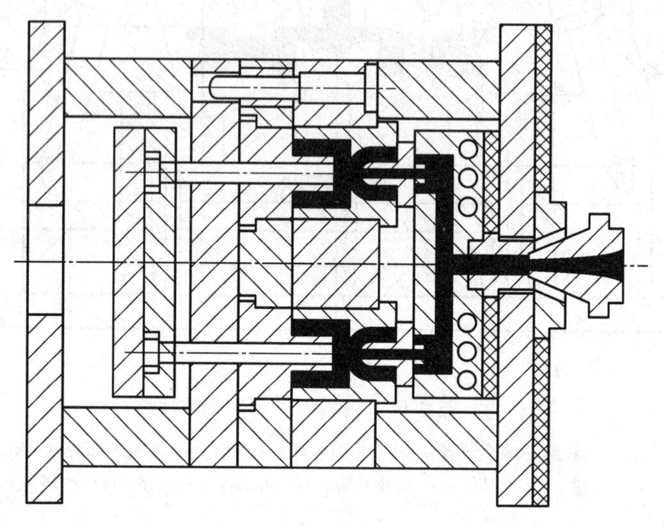

图 5-24　无流道注射模

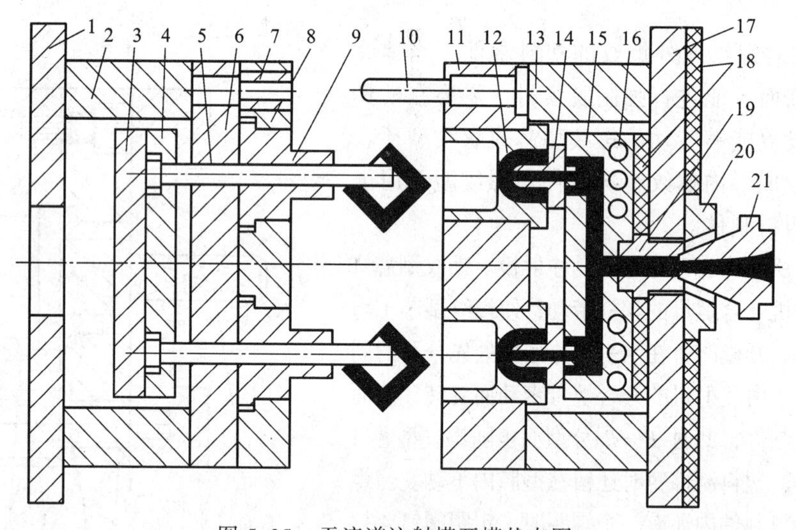

图 5-25　无流道注射模开模状态图

1、8—动模板；2、13—支架；3—推板；4—推杆固定板；5—推杆；6—动模座板；7—导套；9—凸模（型芯）；10—导柱；11—定模板；12—凹模；14—流道喷嘴；15—热流道板；16—加热孔；17—定模座板；18—绝热层；19—主流道衬套；20—定位圈；21—注射机喷嘴

无流道注射模具注射成形的塑料制件上没有残留于流道的凝料，可节省塑料利用率，缩短成形周期，提高生产效率，有利于实现自动化生产，保证塑料制件的质量。无流道注射模是塑料成形工艺向节能、低耗、高效加工发展的方向。但热流道注射模结构复杂，成本高，对模具的温度控制要求严格，因此仅适用于大批量生产。

5.5　压　缩　模

压缩模又称压塑模、压制模，是塑料成形模具中一种比较简单的模具。压缩模主要用来成形热固性塑料制件。压缩成形所用的设备是压力机。

1. 压缩成形原理及过程

图 5-26 所示为压缩成形原理简图。其过程：将经过预制的热固性塑料原料（也可以是热塑性塑料），加入模具加料室内，然后合模，并对模具加热加压，塑料呈熔融状态充满型腔，然后冷却模具，塑件固化而成形，即压缩成形过程主要为加料、合模加压和脱模等。

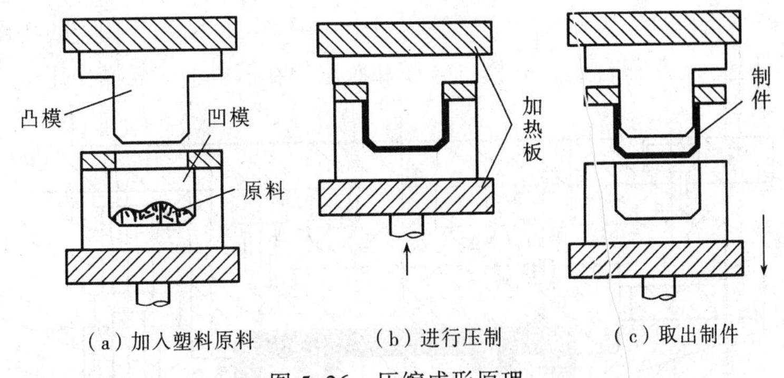

图 5-26　压缩成形原理

2. 压缩成形工作过程

图 5-27 所示为压缩成形的工作过程。将塑料原料加入模具加料室内后，塑料原料经模具合模、加热加压、排气、熔融塑料固化过程（此时，若是热固性塑料则发生交联反应并逐渐固化；若是热塑性塑料则不发生交联反应，需要冷却才能固化）而成形为所需制件，然后开模取出制件，清模后重新进行下一个压缩成形的工作过程循环。

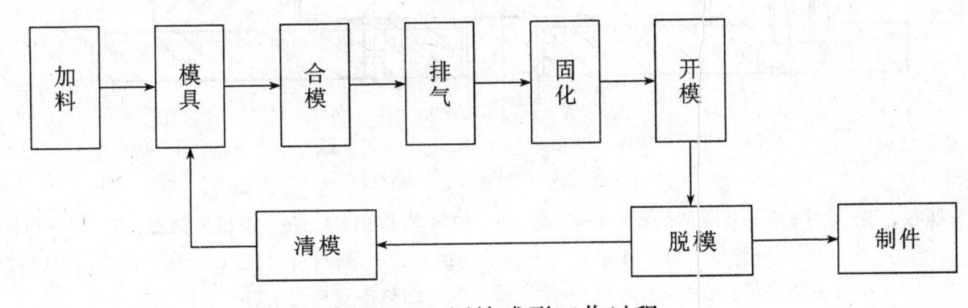

图 5-27　压缩成形工作过程

3. 压缩成形的特点

（1）注射成形时模具处于闭合状态成形，而压缩模成形是靠凸模对凹模中的原料施加压力，使塑料在型腔内成形。

（2）模具结构较简单。压缩模没有浇注系统，只有一段加料室，这是型腔的延伸和扩展。

（3）耗材少。由于没有浇注系统，所以也没有浇注系统凝料。

（4）压缩模成形零件的强度比注射模高。

（5）压力损失小。压力机的压力直接通过凸模传递给塑料原料，是损失大大减少。有利于流动性较差的塑料成形。

（6）生产周期长，效率低。

（7）模具的磨损大。

（8）不易压制形状复杂、壁厚相差较大、带有较小易断嵌件的塑料制件。

压缩模分类方法很多，若按照模具在压机上的固定形式分类，压缩模可分为移动式压缩模、半固定式压缩模和固定式压缩模。

5.5.1 固定式压缩模

固定式压缩模是指模具固定安装在立式注射机上。图 5-28 所示为固定式压缩模。上、下模分别固定在压机的上、下工作台上，开模、合模和脱出均在压机上，靠操作压机来完成。

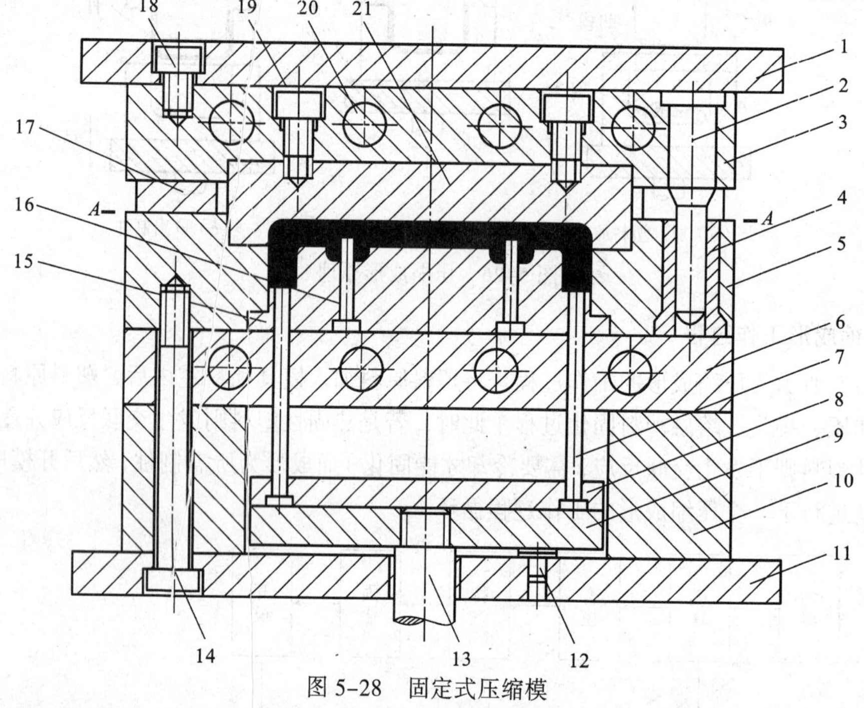

图 5-28 固定式压缩模

1—上模座板；2—导柱；3—上模加热板；4—导套；5—加料室（凹模）；6—下模加热板；7、13—顶杆；8—顶杆固定板；9—顶杆垫板；10—垫块；11—下模座板；12—限位钉；14、18、19—内六角螺钉；15—下凸模；16—型芯；17—承压板；20—加热棒安装孔；21—上凸模

1. 固定式压缩模的基本结构

固定式压缩模由型腔、加料腔、合模导向机构、脱模机构和加热系统组成。

（1）型腔。型腔是直接成形塑料制件的模具部分，加料时配合加料腔起装料作用。由加料室（凹模）5、下凸模 15、型芯 16 和上凸模 21 等零件构成。

（2）加料腔。由于热固性塑料与成形后的塑料制件相比具有较大的比体积，塑件在成形前单靠型腔无法容纳全部的原料，因此在型腔之上需要设有一段加料室。加料腔由加料室 5 的上半部分、下凸模 15 和型芯 16 形成型腔空间。

（3）合模导向机构。合模导向机构由布置在模板周边的四根导柱 2 和四个导套 4 所组成，工作时由合模导向机构进行定位和导向开合。

（4）脱模机构。成型后的塑料制件由脱模机构从模具的型腔中推出。模具的脱模机构由顶杆 7 和 13、顶杆固定板 8 和顶杆垫板 9 等零件构成。

（5）加热系统。热固性塑料的压缩成形需要一定的温度，因此必须对模具进行加热。模具的上模加热板 3 和下模加热板 6 分别开设有四个加热棒安装孔，用来插入加热棒，分别对上凸模 21、下凸模 15、加料室 5 进行加热。

2．固定式压缩模的工作过程

图 5-29 所示为固定式压缩模开模状态图。开模时，压力机的上模部分上移，上凸模 21 脱离下模一段距离，压力机的辅助液压缸开始工作，顶杆 13 使顶杆垫板 9 推动顶杆 7 将压缩成型的塑料制件顶出模外。然后，再在型腔中加料。合模时，通过导柱 2 和导套 4 导向定位，并使热固性塑料在加料腔和型腔中受热受压，成为熔融状态而充满模具型腔。固化成形后再开模，取出塑料制件，完成一个压缩成形循环周期。

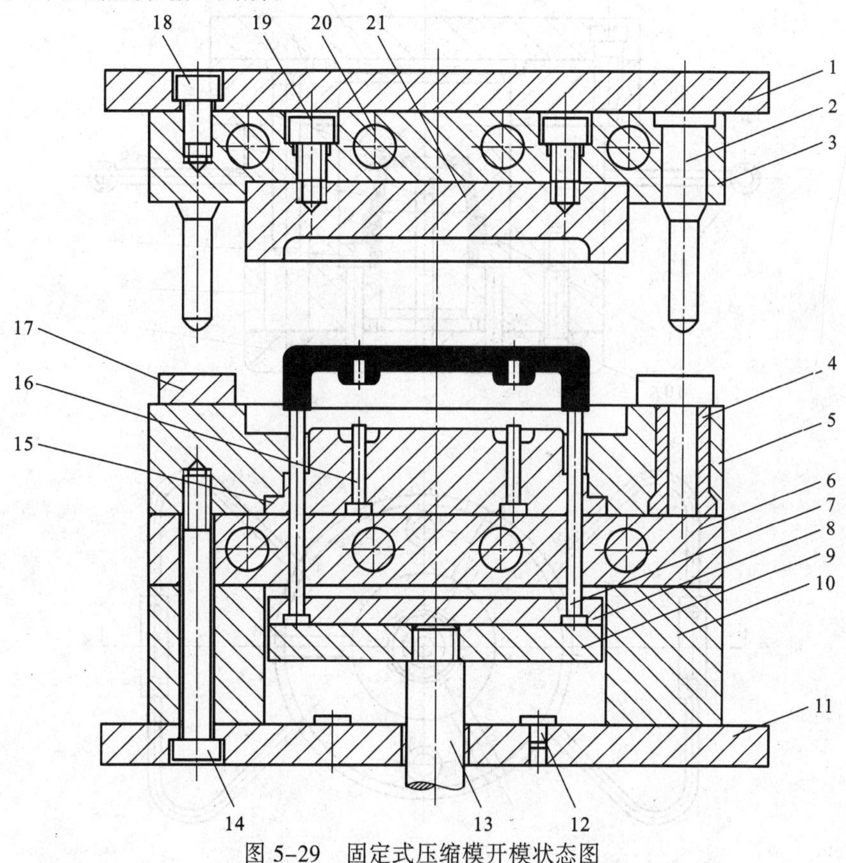

图 5-29　固定式压缩模开模状态图

1—上模座板；2—导柱；3—上模加热板；4—导套；5—加料室（凹模）；6—下模加热板；7、13—顶杆；8—顶杆固定板；9—顶杆垫板；10—垫块；11—下模座板；12—限位钉；14、18、19—内六角螺钉；15—下凸模；16—型芯；17—承压板；20—加热棒安装孔；21—上凸模

固定式压缩模的生产效率高、操作简单、劳动强度小、开模振动小、模具寿命长，但模具结构复杂、成本高，且安放嵌件不方便，适用于成形批量较大或尺寸较大的塑料制件。

5.5.2 移动式压缩模

移动式压缩模是指模具不固定安装在设备上的压缩模。由于模具不固定在压机上，可在成形后将模具移出压机，可使用专用卸模工具开模，脱出塑件。

1. 电器旋钮移动式压缩模的基本结构

图 5-30 所示为电器旋钮移动式压缩模，其为一个热固性塑料制件的压缩模，它有一个水平分型面，属于单型腔、移动式模具。该模具分为上模和下模两大部分：上模部分由上模座板 1、凹模 2、凹模固定板 3 和导柱 4 等零件组成；下模部分由下模型芯 6、螺纹型环 7、模套 8、下模座板 9 和螺钉等零件组成，其制件图如图 5-31 所示。

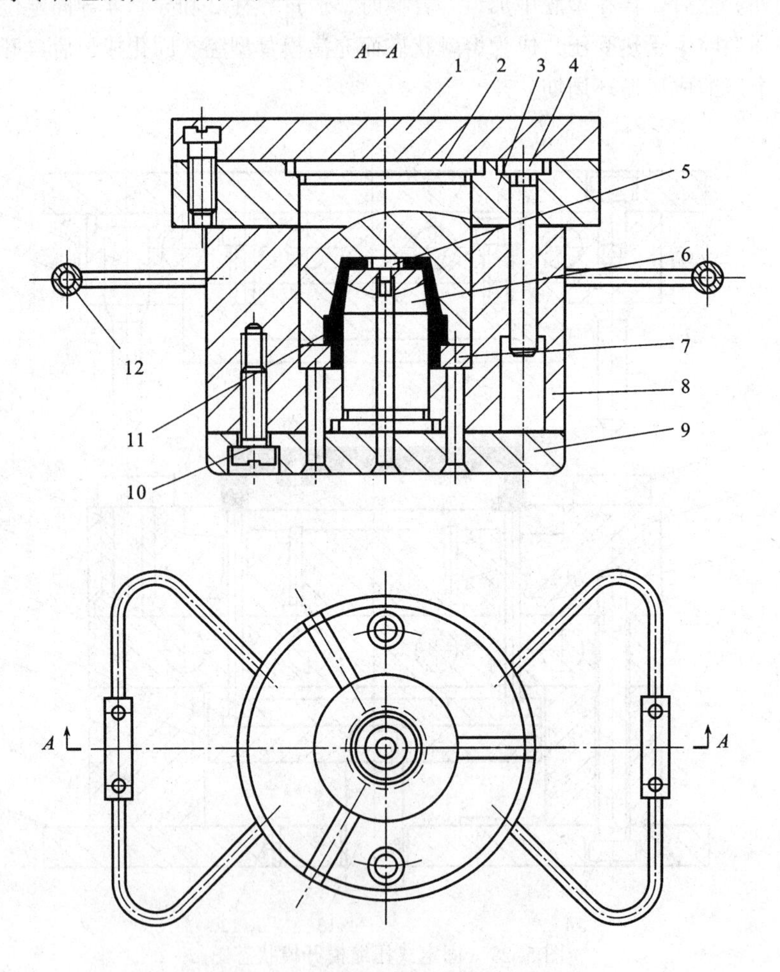

图 5-30 电器旋钮移动式压缩模

1—上模座板；2—凹模；3—凹模固定板；4—导柱；
5—螺纹型芯；6—下模型芯；7—螺纹型环；8—模套；
9—下模座板；10—内六角螺钉；11—塑料制件；12—手柄

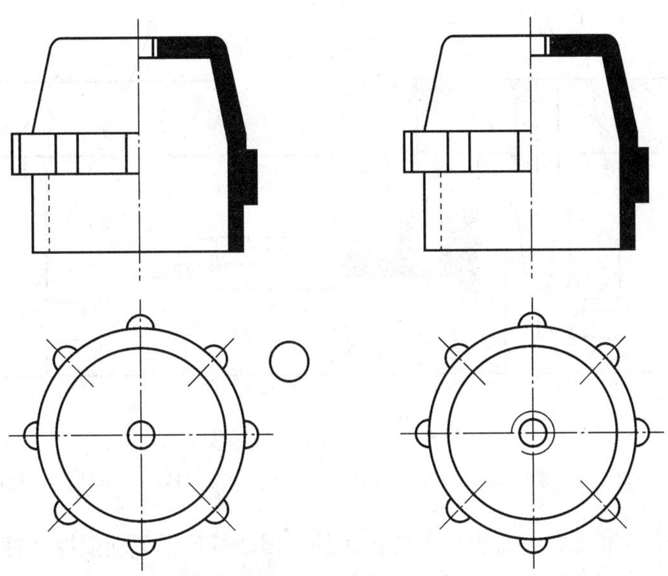

图 5-31　电器旋钮制件图

2．电器旋钮移动式压缩模的工作过程

以图 5-30 所示电器旋钮移动式压缩模的结构简图为例，说明其工作过程。工作时先将螺纹型芯 5 插入下模型芯 6 的定位孔中，螺纹型环 7 放入模套 8 的底部，将热固性塑料电木粉放入由模套 8 等零件构成的加料室中。上、下模闭合，握住手柄 12，将模具移到压力机中进行压制成形。塑料制件固化成形后，将模具移出压力机。利用专用卸模架将上、下模分开，同时利用卸模架中的推杆将螺纹型环 7、塑料制件 11 和螺纹型芯 5 一同推出模套 8，最后从塑料制件上拧下螺纹型芯 5 和螺纹型环 7，重新放入模具中使用，完成一个成形周期。

这种模具结构简单，制造周期短，但因加料、开模、取件等工序均需手工操作，因而生产率低、模具易磨损，劳动强度大。其模具质量一般不宜超过 20 kg，适用于压缩成形批量不大的中小型塑件以及形状复杂、嵌件较多、加料困难及带有螺纹的塑件。目前仅在试验及新产品试制中使用，批量生产中已经淘汰。

5.5.3　半固定式压缩模

半固定式压缩模是指模具的一部分在开模时可取出，一部分则始终固定在设备上。

图 5-32 所示为半固定式压缩模，一般将上模用压板 7 固定在压机上，下模可沿导轨 6 移进或移出压力机外进行加料和在卸模架上脱出塑件。下模移动时用限位块限定移动的位置。合模前，首先将金属或非金属嵌件放入凹模 1 中固定，再放入热固性塑料原料。通过手柄 5 使凹模 1 沿导轨 6 移动至限位块所限定的位置。合模时，通过导向机构定位，在压机的加热加压下熔化塑料并充满型腔，经固化成形后，压机将上模提升，用手将下模沿导轨 6 移出后再从下模中取出塑件。生产时，也可按需要采用下模固定的形式，工作时则移出上模，用手工取件或卸模架取件。该结构便于放嵌件和加料，一般用于小批量生产。

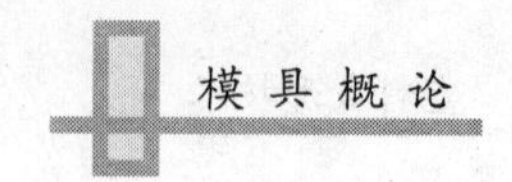

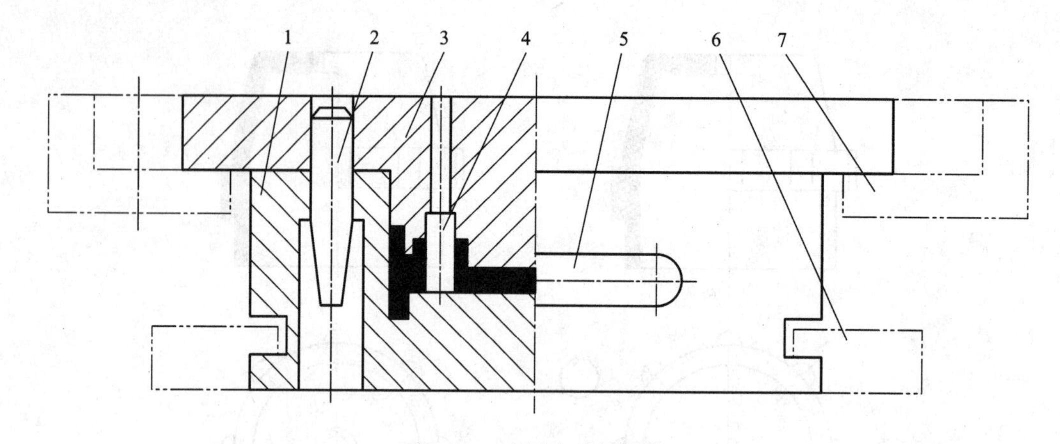

图 5-32　半固定式压缩模

1—凹模（加料室）；2—导柱；3—凸模；4—型芯；5—手柄；6—导轨；7—压板

由于其便于放嵌件和加料，且上模不移出机外，因而减轻了劳动强度，特别是当移动式模具过重或嵌件过多时，为便于操作，可采用这种模具结构。

5.6 压　注　模

压注模又称传递模、挤塑模，是在压缩模的基础上发展起来的一种模具。它也是常见的一种热固性塑料的成形模具。

1. 压注成形原理及工作过程

图 5-33 所示为压注成形原理示意图。其过程为先闭合模具，然后将经预压成锭状并预热的塑料加入模具的加料室 2 中，使其继续受热呈熔融状态，在与加料室相配合的压料柱塞 1 的压力作用下，使熔融塑料经过浇注系统高速挤入模具型腔。热固性塑料在型腔内继续受热、受压，发生交联反应并逐渐固化成形。随后打开模具取出塑料制件，清理加料室和浇注系统后进行下一次成形过程。

图 5-34 所示为压注成形的工作过程。

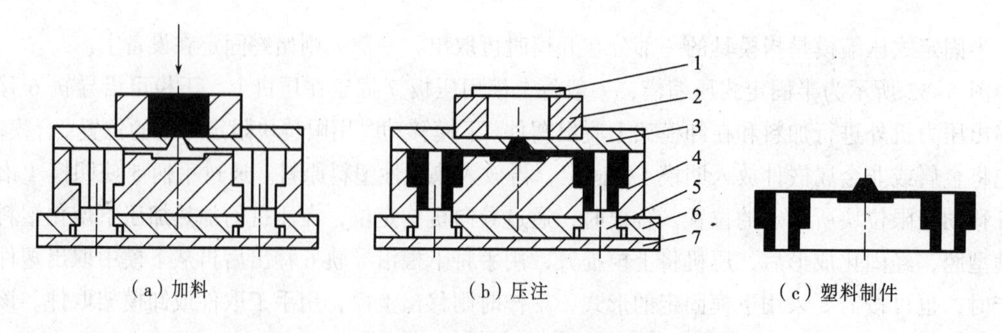

图 5-33　压注成形原理

1—压料柱塞；2—加料室；3—上模座；4—凹模；5—凸模；6—凸模固定板；7—下模座

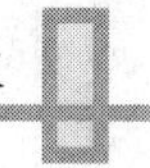

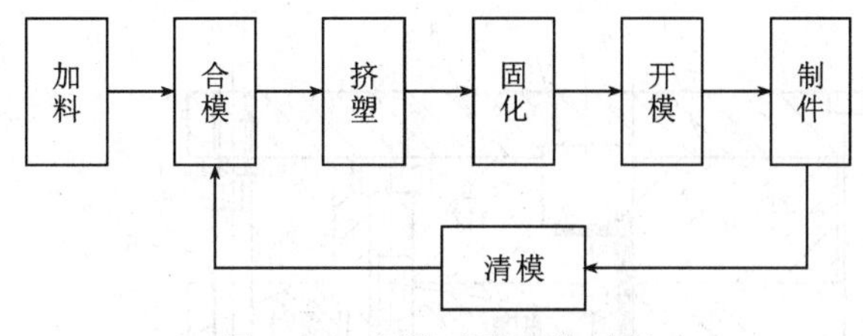

图 5-34　压注成形工作过程

2．压注成形的特点

（1）压注模设有单独的加料腔来盛装和熔融塑料，塑料熔体是通过浇注系统充满型腔的。浇注系统对压注模非常重要。

（2）塑料熔体进入型腔之前，模具已经闭合。由于压注成形时排气量较大，模具需设置专门的排气系统。

（3）可成形径向尺寸较小，嵌体较多的塑料制件和形状复杂的薄壁塑料制件。

（4）制件质量高。

（5）固定式压注模通常需要在加料腔和型腔周围安放加热元件。

（6）塑料耗量较多。压注成形时会产生不能回收的浇注系统和加料腔残余的凝料。对于小型塑料制件宜采用多型腔压注模。

（7）压注模结构比较复杂，要求较精密。

压注成形工艺过程与压缩成形工艺过程基本相似，压缩成形是先放料后合模，而压注成形时先合模后放料。压注模与压缩模在模具结构上的最大区别是，压注模设有单独的加料室。压注模比压缩模结构复杂且成本高。

常用的压注模有固定式压注模和移动式压注模两类。

5.6.1　固定式压注模

1．固定式压注模的基本结构

图 5-35 所示为固定式压注模。压注模主要由以下七部分组成：

（1）成形零部件。指直接与塑件接触的那部分零件，如上模板 15、下模板 14、型芯 5 等。

（2）加料装置。由加料室 3 和压柱 2 组成，移动式压注模的加料室和模具是可分离的，固定式压注模的加料室与模具在一起。

（3）浇注系统。与注射模相似，主要由主流道、分流道和浇口组成。

（4）导向机构。由导柱、导套组成，起定位、导向作用。

（5）侧向分型与抽芯机构。如果塑件中有侧孔或侧凹，则必须采用侧向分型与抽芯机构，具体的设计方法与注射模的结构类似。

（6）推出机构。在注射模中采用的推杆、推管、推件板等各种推出结构，在压注模中也同样适用。

（7）加热系统。压注模的加热元件主要是电热棒、电热圈，加料室 3、上模和下模均需要加热。移动式压注模主要靠压力机上下工作台的加热板进行加热。

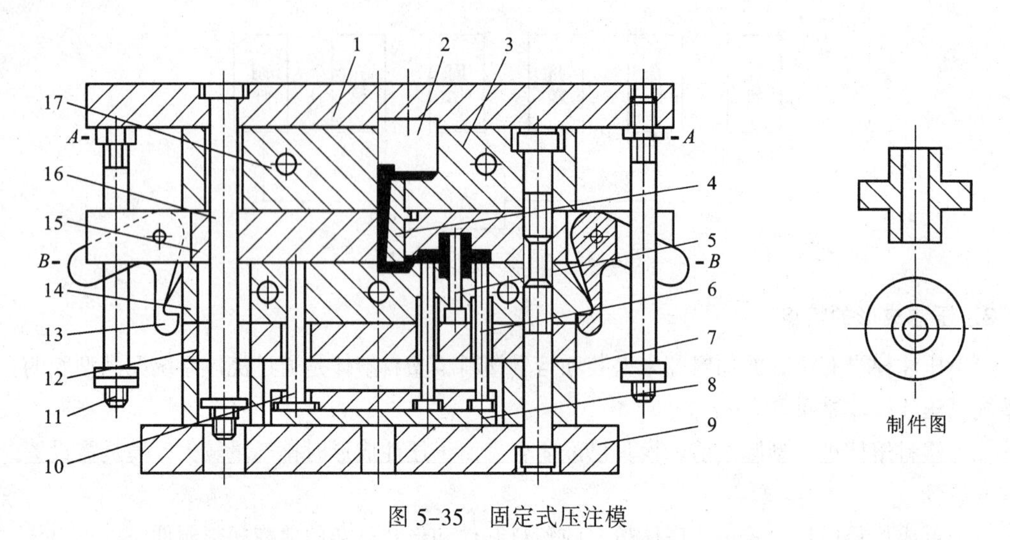

图 5-35　固定式压注模

1—上模座板；2—压柱；3—加料室；4—浇口套；5—型芯；6—推杆；7—垫块；8—推板；9—下模座板；10—复位杆；11—拉杆；12—支承板；13—拉钩；14—下模板；15—上模板；16—定距导柱；17—加热器安装孔

2. 固定式压注模的工作过程

以图 5-35 所示固定式压注模结构简图为例，说明其工作过程。开模时，压柱 2 随上模座板 1 向上移动，使 *A*—*A* 分型面分型，加料室 3 敞开，压柱把浇注系统的凝料从浇口套中拉出。当上模座板 1 上升到一定高度时，拉杆 11 上的螺母迫使拉钩 13 转动，使之与下模部分脱开，接着定距导柱 16 起作用，使 *B*—*B* 分型面分型，最后由推出机构将塑件推出。合模时，复位杆 10 使推出机构复位，拉钩 13 靠自重将下模部分锁住。

5.6.2　移动式压注模

1. 移动式罐式压注模的基本结构

图 5-36 所示为移动式料槽压注模。其特点是加料室和模具本体部分可以分离。移动式罐式压注模的结构主要是由压注柱塞 1、凹模 3 和型芯（凸模）7 等三大部分组成。压注模的加料装置由加料室 2 和压注柱塞 1 组成。压料柱塞 1 是一个活动的零件，不需要连接到压力机的压板上。压注模的浇注系统与注射模相似，包括主流道、分流道和浇口。

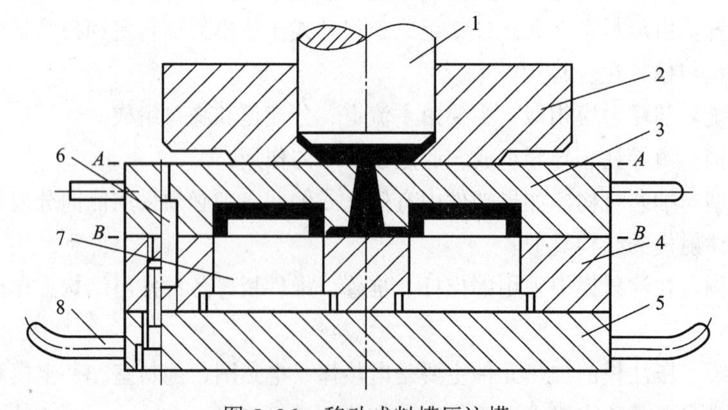

图 5-36　移动式料槽压注模

1—压料柱塞；2—加料室；3—凹模；4—型芯固定板；5—下模座板；6—导柱；7—型芯（凸模）；8—手柄

2．移动式罐式压注模的工作过程

以图 5-36 所示移动式料槽压注模结构为例，说明其工作过程。模具闭合后放上加料室 2，在加料室 2 中加入热固性塑料，通过压力机对压料柱塞 1 进行加热加压，在加料室 2 中使塑料熔化，并通过模具的浇注系统将熔化的塑料注入模具型腔中，完成塑料制件的压注成形工艺后，压力机的上压板上移，将压料柱塞 1 从加料室 2 中取出。然后从模具上移开加料室 2，对加料室 2 内及其底部进行清理。随后取下凹模 3，打开模具分型面取出塑料制件和浇铸系统凝料。清理型芯和分型面表面后合模，再将加料室 2 放在模具上，在加料室 2 中加入热固性塑料，进行下一周期的压注成形过程。

移动式料槽压注模适用于小型塑料制件的压注成形加工。

5.7 挤出成形工艺及其模具

挤出成形是使处于粘流状态的塑料在高温、高压下通过具有特定断面形状的模口，在较低温度下生产出具有所需截面形状的连续型材的成形方法。

挤出模主要用于成形热塑性塑料，可成形的制品包括管、棒、板、丝、薄膜、电缆电线的包覆以及各种截面形状的管材或板材。挤出成形设备是塑料挤出机。其成形原理如图 5-37 所示（以管材的挤出为例）。将粒状或粉状的塑料加入挤出机料筒内加热熔融，使之呈粘流态，利用挤出机的螺杆旋转（柱塞）加压，迫使塑化好的塑料通过具有一定形状的挤出模具（机头）口模，成为形状与口模相仿的粘流态熔体，经冷却定型，借助牵引装置拉出，从而获得截面形状一定的塑料型材，经切断器定长切断后，置于卸料槽中。

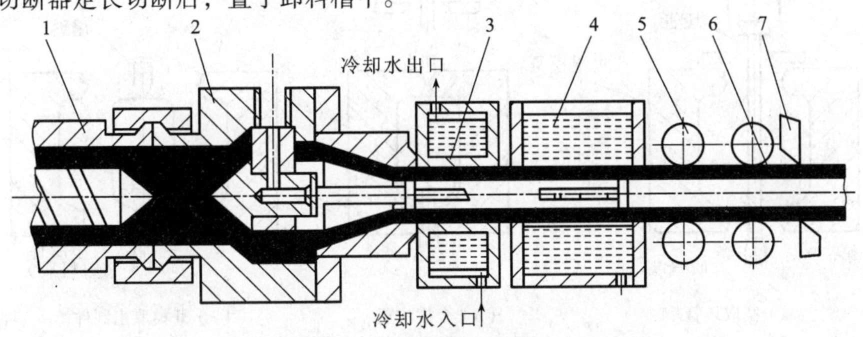

图 5-37 挤出成形原理

1—挤出机料筒；2—机头；3—定径装置；4—冷却装置；5—牵引装置；6—塑料管；7—切割装置

图 5-38（a）为挤出管材的挤出工艺过程示意图；图 5-38（b）为挤出片材和板材的挤出工艺过程示意图。

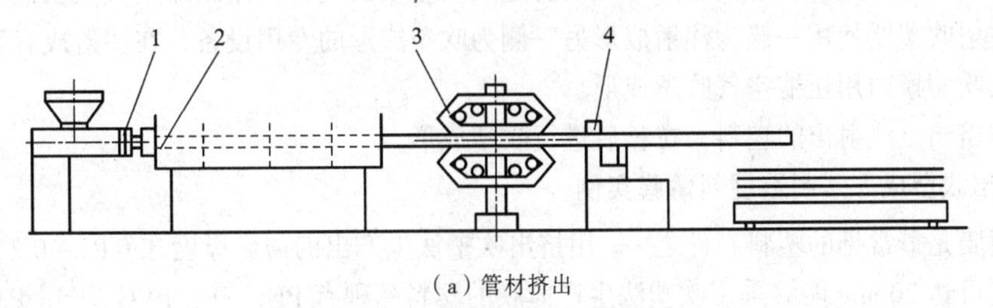

（a）管材挤出

图 5-38 常见的挤出工艺过程示意图

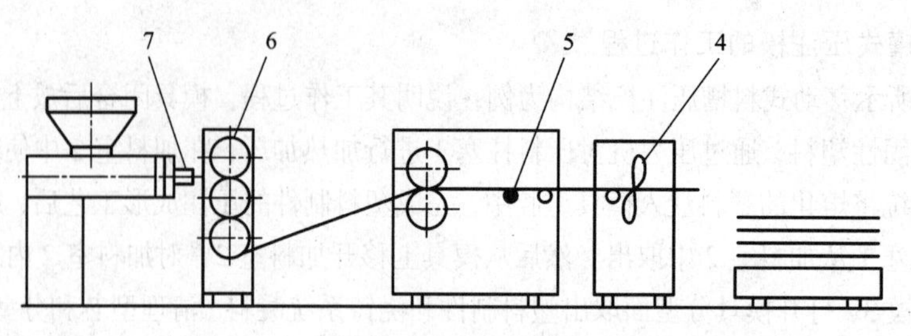

（b）片、板材挤出

图 5-38 常见的挤出工艺过程示意图（续）

1—挤管机头；2—定形与冷却装置；3—牵引装置；4—切断装置；5—切边与牵引装置；6—碾平与冷却装置；7—片（板）坯挤出机头

5.8 吹塑成形工艺及其模具

吹塑成形也称中空吹塑成形，是将处于塑性状态的热塑性塑料型坯置于模具型腔内，借助压缩空气将其吹胀，使之紧贴于型腔壁上，经冷却定型得到中空塑料制件的成形方法。此成形方法可获得各种形状与大小的中空薄壁塑料制件，如薄壁塑料瓶、桶、罐、箱以及玩具类等中空塑料容器。图 5-39 所示为中空吹塑成形原理。

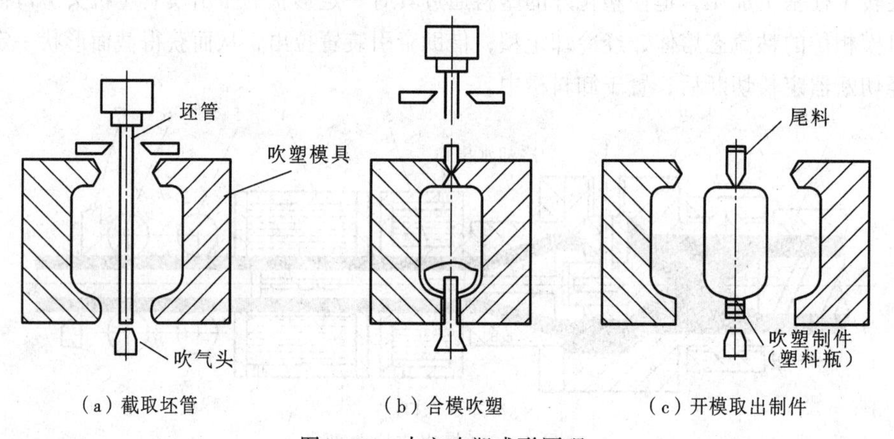

（a）截取坯管　（b）合模吹塑　（c）开模取出制件

图 5-39 中空吹塑成形原理

1. 吹塑成形的方法

吹塑成形方法有挤出吹塑、注射吹塑和拉伸吹塑。

（1）挤出吹塑是把管状坯料在未冷却之前送入吹塑模具内，再用压缩空气吹胀成形。

（2）注射吹塑要使用一侧为注射成形另一侧为吹塑成形的专用设备，在注射成有底瓶坯后，再加热转入吹塑模内用压缩空气吹塑成形。

（3）把挤出或注射出的坯料，拉长后进行吹塑成形。

2. 挤出吹塑成形法制造塑料薄膜实例

塑料薄膜是最常见的塑料制件之一。用挤出吹塑法生产出的薄膜厚度在 0.01 ~ 0.25 mm 之间，其展开宽度可达 20 m。能够采用吹塑法生产薄膜的塑料品种有 PE，PP，PVC，PS，PA 等，其中以前三类薄膜最为常见。

5.9　真空成形工艺及其模具

真空成形也称真空吸塑成形，是把热塑性塑料板（片）固定在模具上，用辐射加热器进行加热，当加热到软化温度时，用真空泵把板（片）材与模具之间的空气抽掉，借助大气压力，使板材贴模而成形。

真空成形的方法主要有凹模真空成形，如图 5-40 所示；凸模真空成形，如图 5-41 所示；凹凸模真空成形，如图 5-42 所示；压缩空气延伸法真空成形；柱塞延伸法真空成形等。

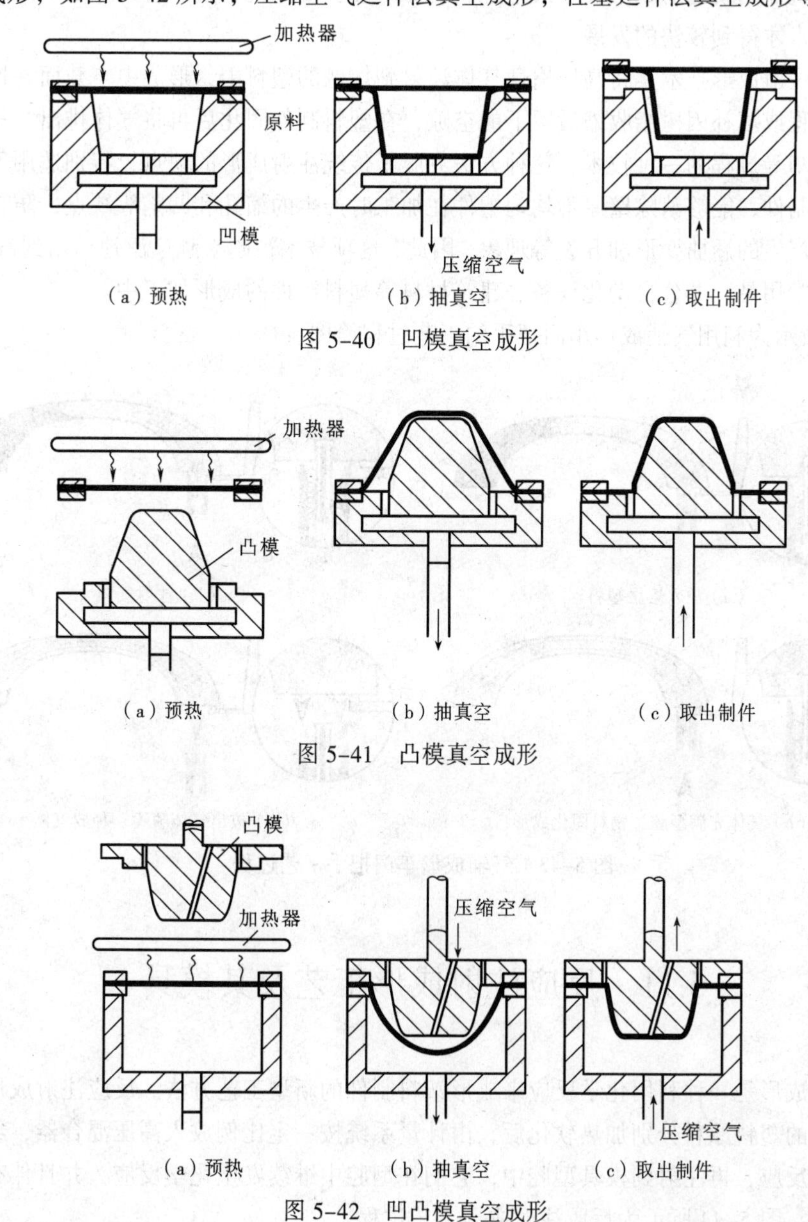

（a）预热　（b）抽真空　（c）取出制件

图 5-40　凹模真空成形

（a）预热　（b）抽真空　（c）取出制件

图 5-41　凸模真空成形

（a）预热　（b）抽真空　（c）取出制件

图 5-42　凹凸模真空成形

真空成形一般只需单个凸模或凹模，模具结构简单，制造成本低，但壁厚不均匀。由于真空成形的压力有限，不能成形厚壁塑件。这种成形方法主要用于制造塑料包装盒、餐具盒、罩壳类塑件、冰箱内胆、浴室镜盒等各种薄壁塑料包装用品及杯、碗等一次性使用的塑料容器。

5.10　气辅成形工艺及其模具

气体辅助注射成形简称 GAIM，是一种较新的成形加工技术。它是在传统注射成形的基础上发展起来的。气体辅助注射成形技术最早追溯到20世纪70年代中期。直到最近十几年，气体辅助注射成形技术才得到较快的发展。

气体辅助注射成形技术是将高压惰性气体注射到熔融的塑料中，形成中空截面并推动熔融塑料完成充模过程或填补因树脂收缩后留下的空隙，在塑料制件固化后再将气体排出，从而实现注射、保压、冷却等过程的一种技术。这种方法克服了传统注射成形的缺点，特别适用于加工壁厚不均匀的塑料制件，能够消除壁厚不均匀塑件在加工时产生的缩孔和凹陷等缺点，防止塑料制件在保压时容易产生的翘曲变形和开裂等现象。因此，这项技术被越来越广泛地运用到汽车、家电、电子器件、日常用品、办公自动化设备、建筑材料等塑料制件的成形加工中。

图5-43所示为利用气辅成形车门把手的工艺过程简图。

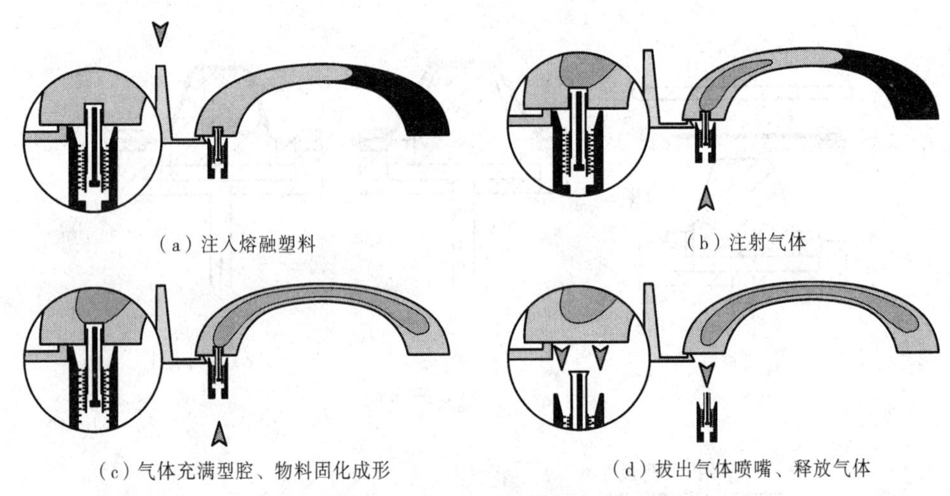

(a) 注入熔融塑料　(b) 注射气体

(c) 气体充满型腔、物料固化成形　(d) 拔出气体喷嘴、释放气体

图5-43　气辅成形车门把手工艺过程

5.11　反应注射成形工艺及其模具

反应注射成形是一种利用化学反应来成形塑料制件的新型工艺方法。反应注射成形原理是将两种发生反应的塑料原料分别加热软化后，由计量系统按一定比例放入高压混合器，经高速搅拌混合发生塑化反应，再注射到模具型腔中，它们在型腔中继续发生化学反应，并且伴有膨胀、固化的加工工艺。图5-44所示为反应注射成形工艺过程。

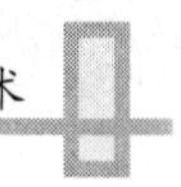

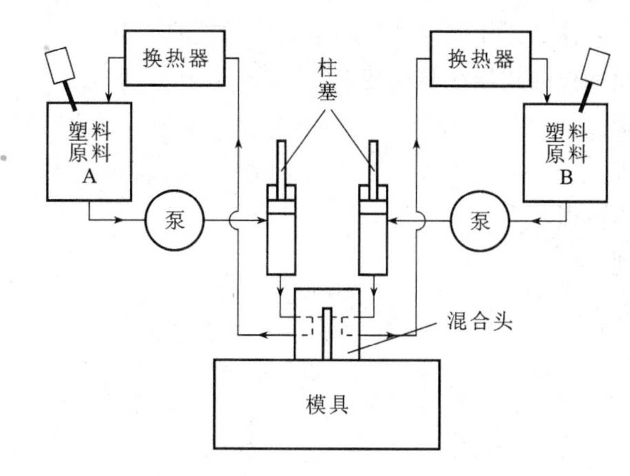

图 5-44　反应注射成形工艺过程

反应注射模主要用于成形聚氨酯、环氧树脂和聚酯等热固性塑料制件，也可以用于生产尼龙、ABS、聚酯等热塑性塑料。尤其是在生产聚氨酯泡沫塑料制件方面应用广泛。利用反应注射，可成型轿车仪表盘、转向盘、飞机和汽车的座椅及椅垫、家具和鞋类、仿大理石浴缸、浴盆等，还能成形用玻璃纤维增强的聚氨酯泡沫塑料制件，可以用做汽车的内装饰板、地板和仪表面板。

本 章 小 结

塑料制件已广泛应用于国民经济的各个领域和人们生活的各个方面，因而塑料模具的发展速度很快，其制造精度越来越高，塑料产品的表面质量越来越好。随着现代加工装备和技术的不断提升，塑料模具制作的能力越来越强。现代制造能力的竞争从某种意义上说就是模具制造与应用的竞争。

思考练习

（1）常见塑料由哪些种类？
（2）塑料模具由哪些部分组成？
（3）简述注射模的工作原理。
（4）单分型面注射模有什么特点？简述其工作过程。
（5）从分型面来看，单分型面注射模的两部分各含有哪些主要零件？
（6）双分型面注射模有什么特点？简述其工作过程。
（7）简述带侧向分型抽芯机构注射模的、合模动作过程及其适应范围。
（8）简述带活动镶块注射模的开、合模动作过程及其适应范围。
（9）简述自动卸螺纹注射模的开、合模动作过程及其适应范围。
（10）简述无流道注射模的开、合模动作过程及其特点。
（11）导柱模相对于导板模有何优越性？
（12）简述单型腔和多型腔注射模的优缺点。
（13）简述压制成形的原理。

（14）简述固定式压缩模、移动式压缩模和半固定式压缩模的特点。
（15）简述固定式压注模和移动式压注模的特点。
（16）简述挤出成形原理。
（17）简述吹塑成形原理。
（18）简述真空吸塑成形原理。
（19）简述气辅成形原理。
（20）简述反应注射成形工艺。

第6章 其他模具概述

除了前面重点学习的冲压和塑料成形方法以外，还有一些其他的模具成形方法，如用于金属压力铸造成形的压铸模、用于锻压生产的锻模、用于粉末冶金的粉末冶金模等。本章将就其他一些常用的成形方法及其基本结构、工作过程加以介绍。

6.1 压 铸 模

压铸模是实现金属压力铸造成形的专用工具和主要工艺装备。利用压铸模可以形成各种形状复杂、轮廓清晰、组织致密、尺寸精度和表面质量均较高的有色金属铸件。目前在成形部分黑色金属铸件方面也有了较大的进展。压铸模的类型也较多。按所成形的金属材料不同，可分为铝合金压铸模、锌合金压铸模、铜合金压铸模和镁合金压铸模等；按所使用的压铸机不同，可分为热压室压铸机用压铸模、卧式冷压室压铸机用压铸模、立式冷压室压铸机用压铸模和全立式压铸机用压铸模。

压铸模与塑料注射模在结构上有很多相似之处。但由于压铸成形时模具需承受金属熔体高温、高压和高速条件的作用，因而压铸模的设计、制造与注射模相比又有较大的区别。

6.1.1 压铸模基本结构及工作过程

压铸模的结构形式取决于所选压铸机的种类、压铸件的结构要求和生产批量等因素。但不论是简单的还是复杂的压铸模，其结构都为由导柱、导套导向，定模、动模分别嵌镶在定模套动模套内。卸料部分由反顶杆、顶件杆、推杆垫板及推杆支持板等构成，起开模、推出塑件制品作用。定模固定在压铸机的固定模板上，与压铸机的压射部分相连接；动模固定在压铸机的移动模板上，可随压铸机的合模装置作开合模移动。合模时，动模与定模闭合构成型腔和浇注系统，金属熔体在高压下快速充满型腔。开模时，动模与定模分开，借助于模具上的推出机构将铸件推出。

1．热压室压铸机用压铸模

热压室压铸机用压铸模的典型结构如图 6-1 所示。定模部分由定模座板 17、定模套板 24、定模镶块 16，浇口套 15，导套 22 等零件组成，其余零件组成动模。模具的成形零件为定模镶块 16，动模镶块 19、20 和型芯 18；推出机构由推杆 4、6、9，扇形推杆 5，推杆固定板 3，推板 2，推板导柱 13，推板导套 12 和复位杆 14 组成；浇注系统零件为浇口套 15 和分流锥 10，其中分流锥 10 起调整直浇道截面积、改变金属熔体流向及减少金属耗量等作用；导向零件为导柱 23 和导套 22；其余是支承固定零件。

成形时，模具在压铸机合模装置的作用下闭合并被锁紧，压射装置将型腔内的熔融金属经过压射通道和模具浇注系统高压快速地压入型腔。熔体在型腔内成形以后，合模装置左退开启模具，由推出机构将铸件从成形零件上推出，完成一个压铸成形过程。

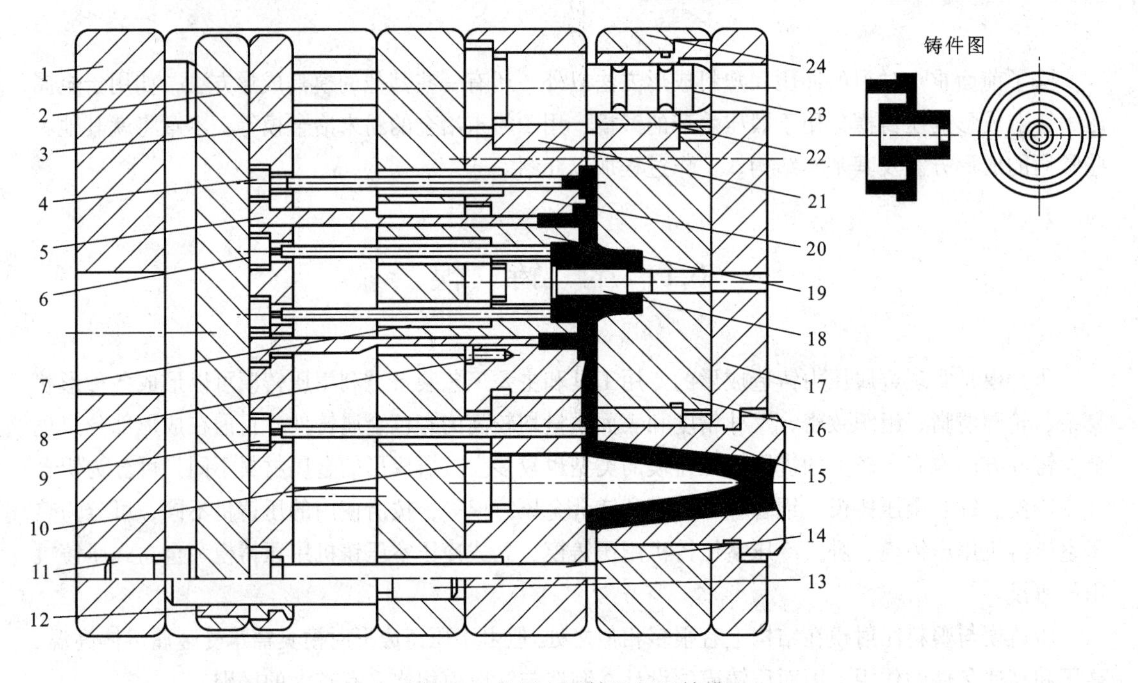

图 6-1　热压室压铸机用压铸模

1—动模座板；2—推板；3—推杆固定板；4、6、9—推杆；5—扇形推杆；7—支撑板；8—止转销；10—分流锥；11—限位钉；12—推板导套；13—推板导柱；14—复位杆；15—浇口套；16—定模镶块；17—定模座板；18—型芯；19、20—动模镶块；21—动模套板；22—导套；23—导柱；24—定模套板

2．卧式冷压室压铸机用压铸模

卧式冷压室压铸机用压铸模的主要结构特征是浇口套为压铸机压室的一部分，压射冲头进入浇口套，因而压铸余料不多，金属熔体进入型腔前的转折少，压力损失也小。此外，浇口位置既可放在铸件侧面，也可设置在铸件中部。因此，这种类型的压铸模可成形各种压铸合金制成的铸件，应用较广泛。卧式偏心浇口压铸模的基本结构如图 6-2 所示。其中斜销 6、滑块 7、活动型芯 11，楔紧块 8，限位块 1 和弹簧 3 等组成斜销抽芯机构。

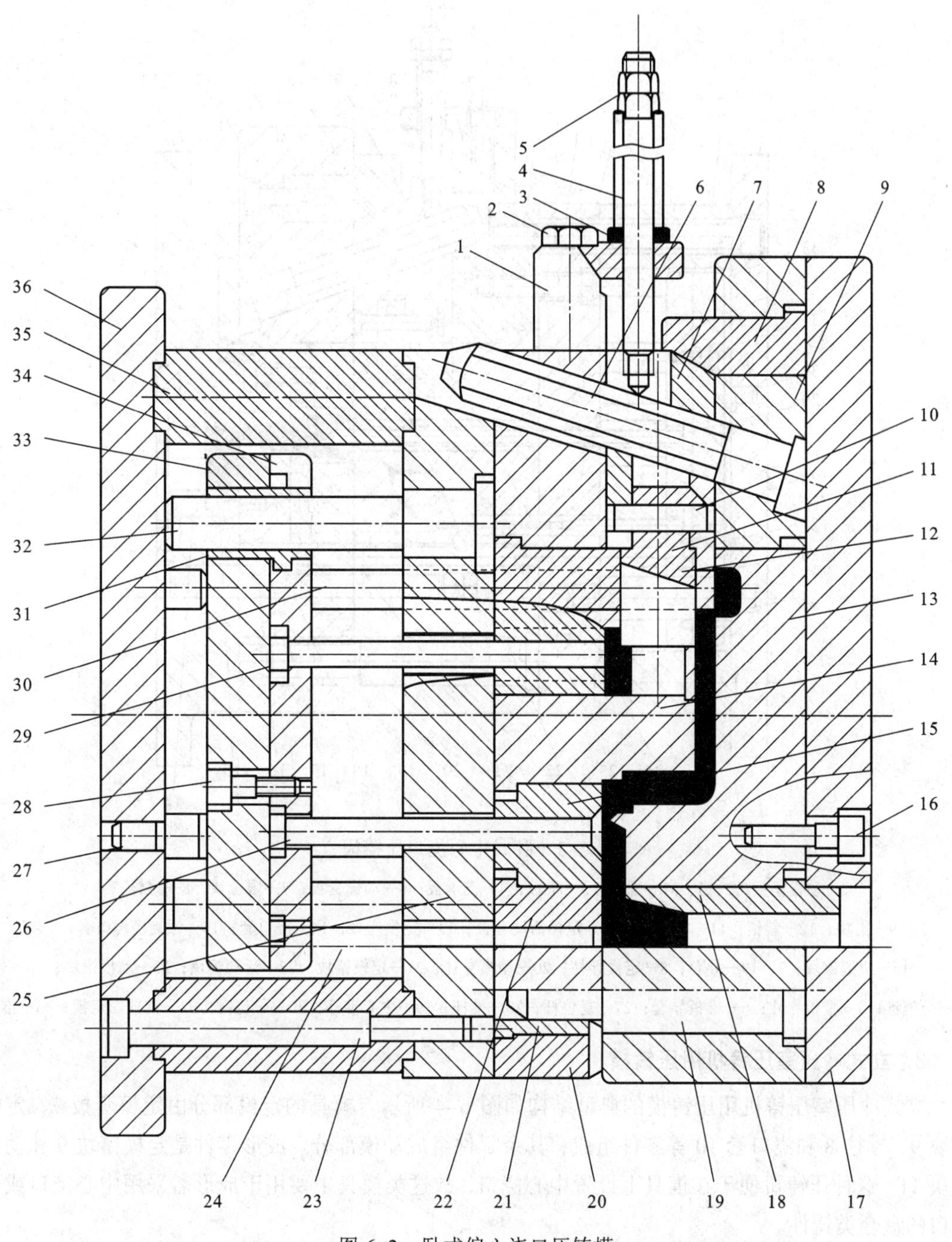

图 6-2 卧式偏心浇口压铸模

1—限位块；2—六角螺钉；3—弹簧；4—螺栓；5—螺母；6—斜销；7—滑块；8—楔紧块；9—定模套板；10—销；11—活动型芯；12、15—动模镶块；13—定模镶块；14—型芯；16、23、28—螺钉；17—定模座板；18—浇口套；19—导柱；20—动模套板；21—导套；22—浇道镶块；24、26、29—推杆；25—支承板；27—限位钉；30—复位杆；31—推板导套；32—推板导柱；33—推板；34—推杆固定板；35—垫块；36—动模座板

卧式中心浇口压铸模的基本结构如图 6-3 所示。开模时，由压射冲头推进，将螺旋槽浇口套内的余料按螺旋线方向旋出，在直浇口处扭断。

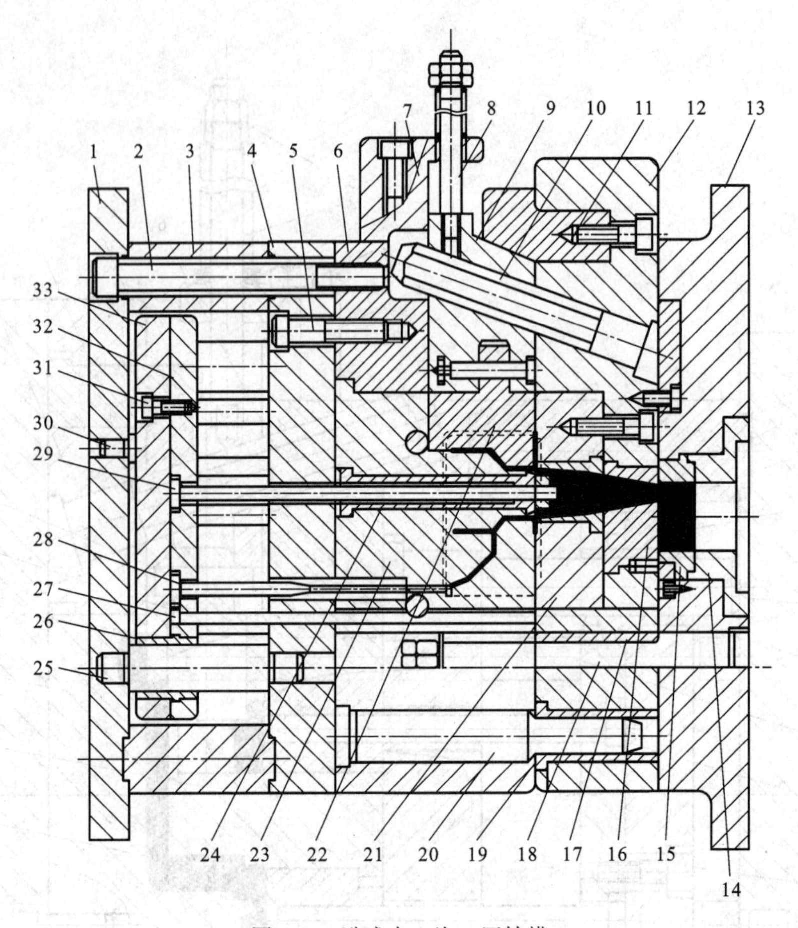

图 6-3 卧式中心浇口压铸模

l—动模座板；2、5、31—螺钉；3—垫板；4—支承板；6—动模套板；7—限位块；8—螺栓；

9—滑块；10—斜销；11—楔紧块；12—定模活动套板；13—定模座板；14—浇口套；15—螺旋槽浇口套；

16—浇道镶块；7、19—导套；8—定模导柱；20—动模导柱；21—定模镶块；22—活动镶块；23—动模镶块；

24—分流锥；5—推板导柱；6—推板导套；27—复位杆；28—推杆；29—中心推杆；30—限位钉；32—推杆固定板；33—推板

3. 立式冷压室压铸机用压铸模

立式冷压室压铸机用压铸模的典型结构如图 6-4 所示。模具的定模部分由定模套板 7、定模镶块 9、导柱 8 和浇口套 10 等零件组成，其余零件组成动模部分。成形零件是定模镶块 9 和动模镶块 11。这种压铸机便于在模具上设置中心浇口，故这类模具主要用于成形需采用中心浇口或点浇口的盘套类铸件。

4. 全立式压铸机用压铸模

全立式压铸机用压铸模的典型结构如图 6-5 所示。图中定模套板 19 和定模镶块 20 及其以下部分是定模，动模套板 17 和动模镶块 18 及其以上部分是动模。成形时，动、定模先分开，将熔融金属浇入压室后合模，压射冲头 23 上压，使金属熔体经过分流锥 5 及浇省讲入型腔。成形后开启模具，通过由推杆 8、推杆固定板 14、推板 13 等组成的推出机构将铸件及浇道凝料推出，同时压射冲头复位，完成一个压铸成形过程。

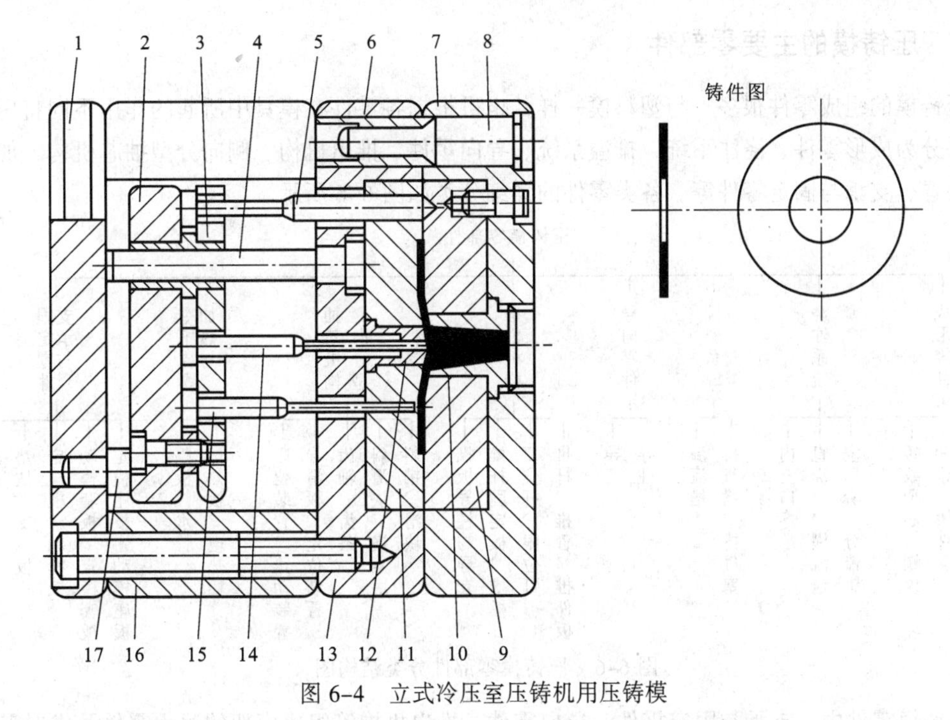

图 6-4　立式冷压室压铸机用压铸模

1—动模座板；2—推板；3—推杆固定板；4、8—导柱；5—复位杆；6—导套；7—定模套板；9—定模镶块；10—浇口套；11—动模镶块；12—分流锥；13—动模套板；14—中心推杆；15—推杆；16—垫块；17—限位钉

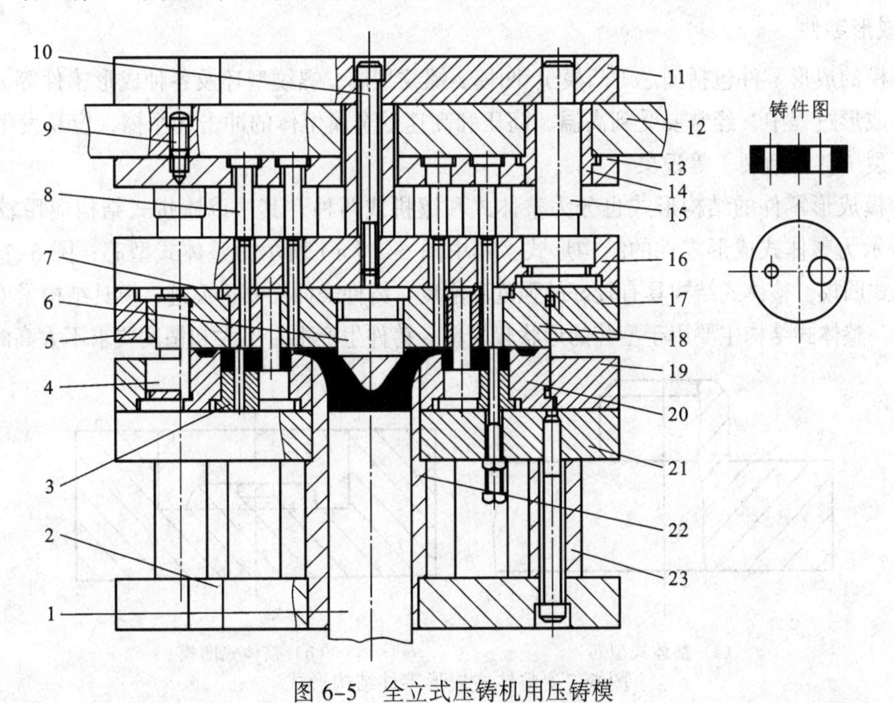

图 6-5　全立式压铸机用压铸模

1—下模座板；2—浇口套（压室）；3—型芯；4—导柱；5—分流锥；6—导套；7、18—动模镶块；8—推杆；9、10—螺钉；11—动模座板；12—推板导套；13—推板；14—推杆固定板；15—推板导柱；16—动模支承板；17—动模套板；19—定模套板；20—定模镶块；21—定模支承板；22—垫块；23—压射冲头

6.1.2 压铸模的主要零部件

压铸模的组成零件很多。与塑料模一样，也可根据各零件在模具中所起的作用不同将压铸模的零件分为成形零件、浇注系统、排溢系统、导向零件、推出机构、侧向分型抽芯机构、加热与冷却装置、支承与固定零件等。各类零件的详细分类如图 6-6 所示。

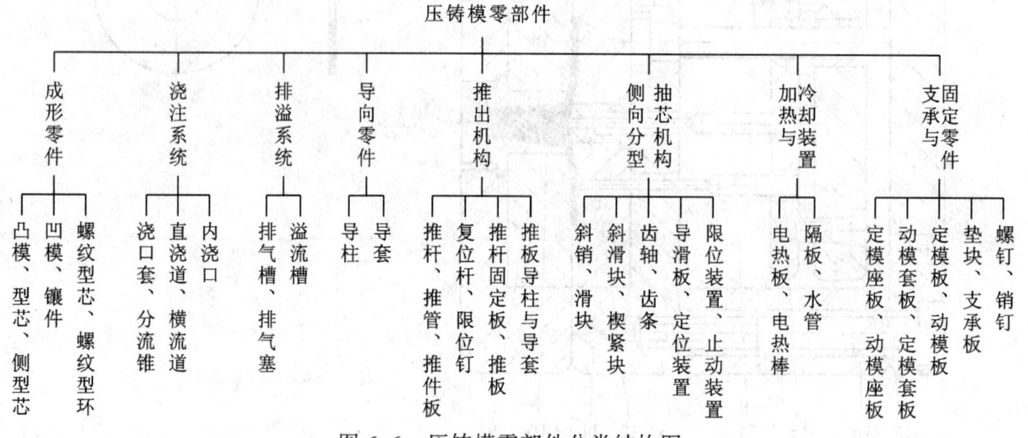

图 6-6　压铸模零部件分类结构图

压铸模零件中，支承与固定零件、导向零件、推出机构等组成模架的通用零件及成形零件中的通用镶块，基本上已经标准化了，设计时应尽量选用相应的标准。

1．成形零件

压铸模的成形零件包括型芯（凸模）、凹模、螺纹型芯、螺纹型环及各种成形镶件等。成形零件在压铸成形过程中，经常要受到高温、高压和高速的金属熔体的冲击和摩擦，容易发生磨损、变形和开裂（甚至断裂）等现象。

压铸模成形零件的结构形式也分为整体式和镶拼式两种，其中以镶拼式结构应用较广泛。图 6-7 所示为整体式成形零件的结构形式，其中图 6-7（a）所示为整体式型芯；图 6-7（b）所示为整体式凹模。整体式结构具有较好的强度和刚度，铸件表面无镶拼痕迹，模具结构紧凑，装配工作量小。整体式结构主要用于型腔的形状较简单、铸件生产批量不大和精度要求不太高的场合。

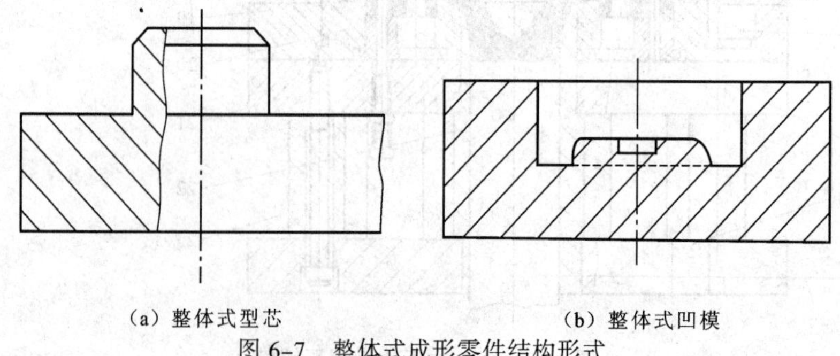

（a）整体式型芯　　（b）整体式凹模

图 6-7　整体式成形零件结构形式

镶拼式结构的镶拼原则：保证镶块的定位稳定可靠，以能承受高压高速的金属熔体的冲击；便于铸件脱模，避免产生与脱模方向垂直的飞边；不影响铸件的外观及有利于飞边的去除；保证模具有足够的强度和刚度，避免出现尖角和薄壁；防止热处理变形或开裂，便于机械加工等。

2. 浇注系统

浇注系统主要由直浇道、横浇道和内浇口组成。根据所使用的压铸机类型不同，浇注系统的结构形式也有所不同。各类压铸机所用模具的浇注系统结构如图 6-8 所示。

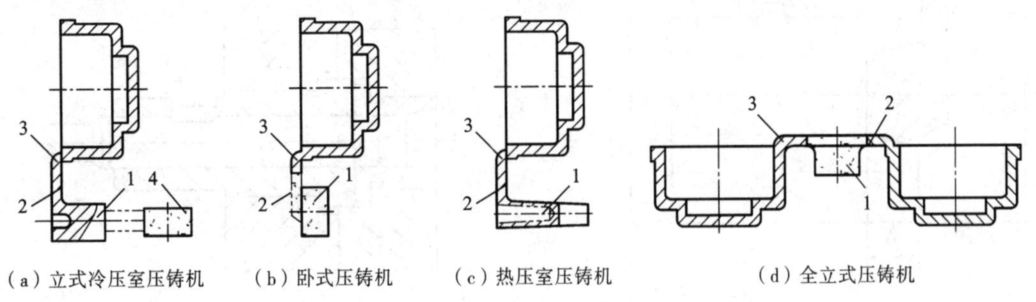

图 6-8　浇注系统结构图

1—直浇道；2—横浇道；3—内浇口；4—余料

（1）直浇道。直浇道是金属熔体进入模具型腔时首先经过的通道，也是压力传递的首要部位，因而其大小会影响金属熔体的流动速度和充填时间。直浇道的结构形式与所选压铸机的类型有关。

① 立压室压铸机用直浇道。使用热压室压铸机时模具上开设的直浇道如图 6-9 所示。它由浇口套 3 和分流锥 4 所组成。分流锥一般较长，用于调整直流道的截面积，改变金属熔体的流向及减少金属耗量。直浇道的锥角通常取 α=4°~12°，小端直径取 d=8 mm。

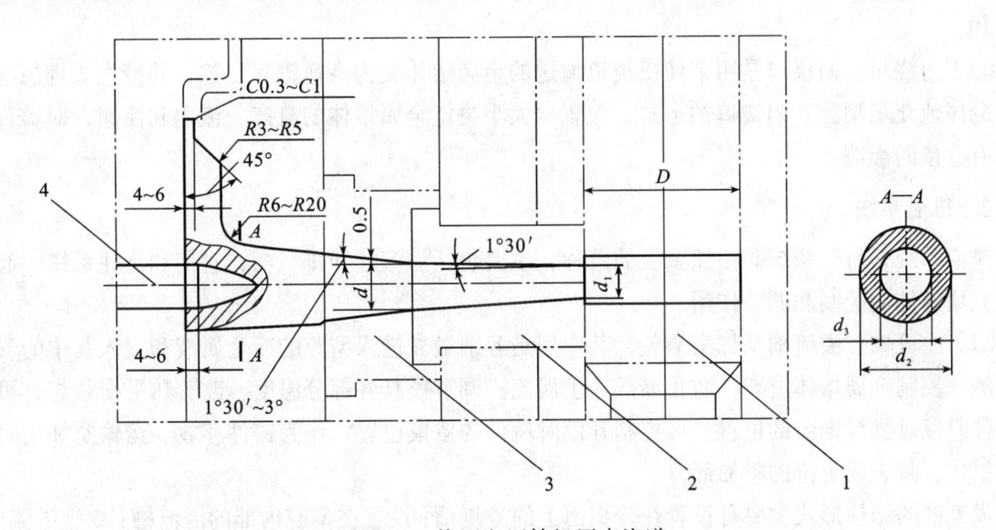

图 6-9　热压室压铸机用直浇道

1—冲头；2—喷嘴；3—浇口套；4—分流锥

② 卧式冷压铸机用直浇道。其结构示意图如图 6-10 所示。直浇道由浇口套 3 与压室 4 组成，直浇道的直径等于压室的内径，在直浇道中压射结束留下的一段金属称为余料。浇口套 1 与压室 4 最常用的连接形式如图 6-11 所示。压室 4 内径 D_0 与压射冲头 5 的直径 d 的配合为 H7/e8，浇口套 1 内径 D 与压射冲头 5 的直径 d 的配合为 F8/e8。

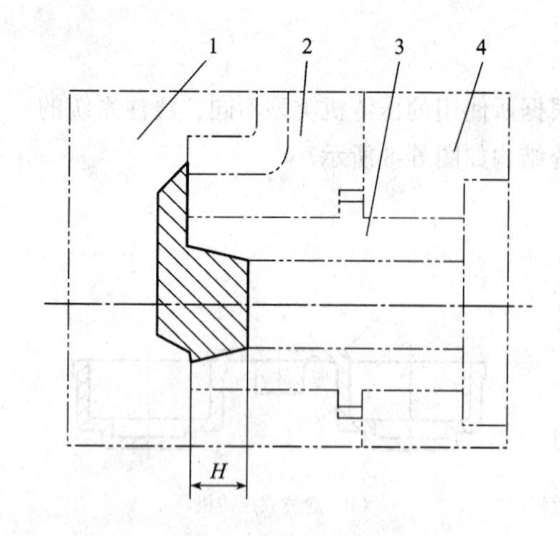

图 6-10　卧式冷压室压铸机用直浇道

1—浇道推杆；2—直流道；
3—浇口套；4—压室

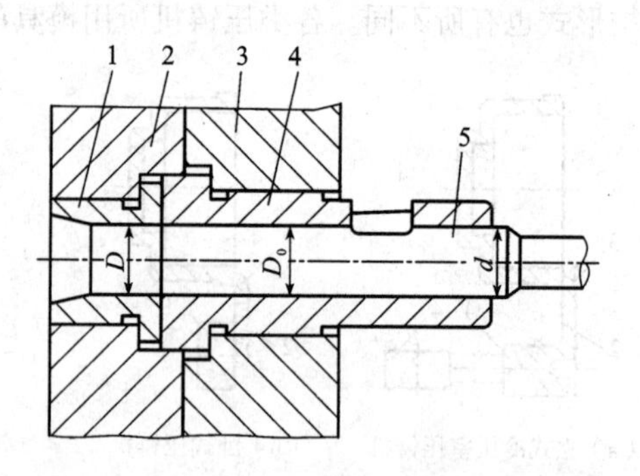

图 6-11　浇口套与压室常用的连接形式

1—浇口套；2—定模底板；
3—压铸机固定模板；4—压室；5—压射冲头

③ 立式冷压室压铸机用直浇道。直浇道是指从压铸机喷嘴起，通过模具上的浇口套到横浇道为止的这一部分浇道。为了承受金属熔体的冲击和调节直浇道的截面积，在直浇道的底部通常也设置分流锥。

（2）横浇道。是金属熔体从压室通过直浇道后流向内浇口之间的一段通道。其作用是将熔体从直浇道平稳过渡到内浇口，使熔体成理想流态充满型腔，并起预热型腔、传递压力和补缩的作用。

（3）内浇口。内浇口是用来使横浇道输送的金属熔体变为高速输入型腔，并使之成理想的流态而顺序地充填型腔。内浇口的形式、位置、大小决定金属熔体的流态、流向和流速，对铸件的质量有直接的影响。

3．排溢系统

排溢系统是排气系统和溢流系统的总称，主要包括溢流槽和排气槽，它们和浇注系统一起共同对充填条件起控制和调节作用。

（1）溢流槽。溢流槽又称集渣包，其作用是容纳最先进入型腔的冷金属液和混入其中的气体及残渣；控制金属熔体流态，防止局部产生涡流；调节模具各部分温度，改善热平衡状态；可用作铸件脱模时推杆推出的位置；可控制开模时铸件的留模位置；作为铸件存放、运输及加工时支承、吊挂、装夹或定位的附加部分。

溢流槽的结构形式主要有设置在分型面上的溢流槽；设置在型腔内部的溢流槽；双级溢流槽；设有凸台的溢流槽。

（2）排气槽。排气槽一般与溢流槽配合，布置在溢流槽后端的分型面上以加强溢流和排气效果。

4．模架及其零件

模架压铸模的模架由支承固定零件、导向零件与推出机构等组成。典型的压铸模模架组合结构如图 6-12 所示。

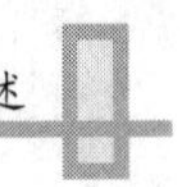

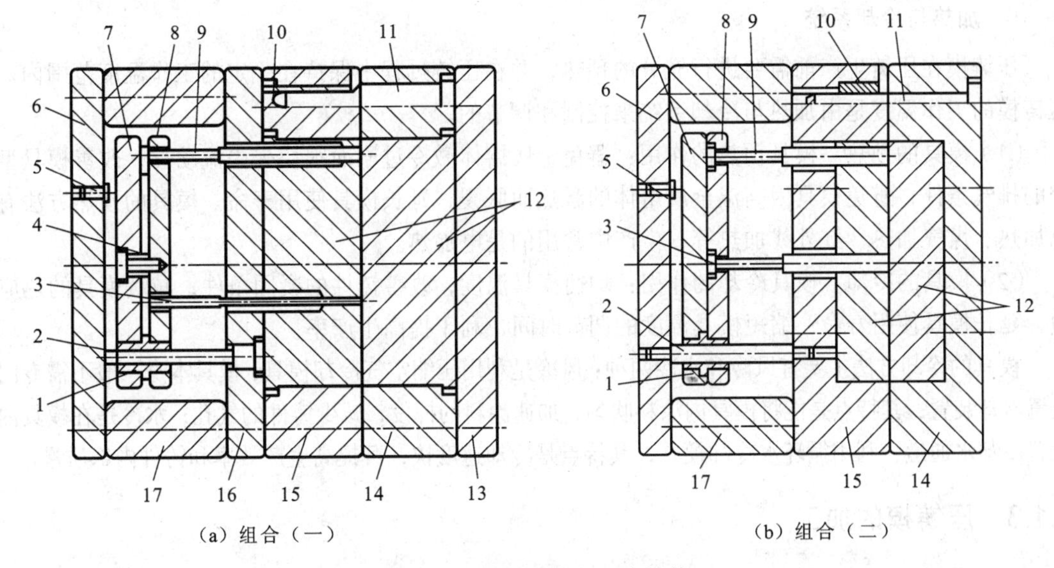

图6-12 压铸模模架组合结构

1—推板导套；2—推板导柱；3—推杆；4—垫圈；5—限位钉；6—动模座板；7—推板；8—推杆固定板；9—复位杆；10—导套；11—导柱；12—镶块；13—定模座板；14—定模套板；15—动模套板；16—支承板；17—垫块

国家标准（GB/T 4678.1—2003）～（GB/T 4678.15—2003）规定了组成压铸模模架的15个主要的通用标准零件：动模与定模座板、动模与定模套板、支承板、垫块等支承与固定零件；供加工型腔用的通用镶块；导柱、导套等导向零件；构成推出机构的推杆、推杆固定板、推板、推板导柱与导套、复位杆、限位钉及垫圈等常用零件。

① 动、定模套板。动、定模套板主要用来安装成形零件（镶块）。套板的结构形式按外形可分为圆形和矩形两种，按镶块安装孔的形式又可分为通孔式和不通孔式两种。套板的结构尺寸通常是根据镶块的尺寸、套板上要设置的导柱导套孔、连接的螺钉销钉孔、抽芯和推出机构所占用的位置以及浇注系统、排溢系统、加热冷却系统等所占用的位置来确定。同时，套板工作时要承受压铸充填过程中的胀型力，因此套板的尺寸还要考虑本身强度上的需要，特别在大、中型铸件成形时模具套板的强度常常是一个突出的问题，需要根据强度条件计算有关尺寸。

② 支承板。压铸模支承板与注射模支承板的作用和结构形式基本相同，但压铸模支承板承受的压力更大一些，因此对支承板的强度和刚度要求更高。当铸件及浇注系统在分型面上的投影面积较大且垫块的间距也较大时，为了加强支承板的刚度，通常在支承板和动模座板之间设置与垫块等高的支柱，也可以借助于推出机构中的推板导柱来加强对支承板的支撑作用。

③ 定模座板。定模座板是用来固定定模套板以构成定模部分，并将定模固定在压铸机上的一种基础模板。定模座板上的平面尺寸按动模套板而定，但要留出安装到压铸机上时压板或紧固螺钉的安装位置，以便与压铸机固定模板可靠连接。

④ 动模座板。动模座板是用来支承动模并将动模固定在压铸机移动模板上的一种基础模板。

⑤ 导向零件。导向零件在压铸模中也是起定位和导向作用，以保证动、定模相对位置的正确，导向零件一般包括导柱和导套。常用的导向零件是圆截面导柱导套。

5. 加热与冷却系统

压铸模在压铸生产前需要进行充分的预热，并在压铸过程中保持在一定的工作温度范围内。压铸模的工作温度是由加热与冷却系统来控制和调节的。

（1）模具的预热。模具预热的作用：避免金属熔体激冷过剧而很快失去流动性；改善模具型腔的排气条件；避免模具因高温金属熔体的激热而胀裂，延长模具使用寿命。模具的预热方法有电加热、煤气加热、红外线加热等，生产中常用的是电加热。

（2）模具的冷却。模具冷却的作用：均衡模具温度，改善铸件的凝固条件；减缓模具的热应力，延长模具使用寿命；缩短模具温度的调节时间，利于提高生产率。

模具的冷却方法主要有风冷和水冷两种：风冷是利用压缩空气冷却模具，模具本身一般不需专门设置冷却装置，其特点是能将模具内涂料吹匀，加速涂料的挥发，减少铸件的气孔；水冷是在模具内设置冷却水通道，利用循环水冷却模具，其特点是冷却速度快，可提高生产效率和铸件内部质量。

6.1.3 压铸模的加工

压铸模型芯的加工与塑料模具型芯的加工方法类似，型腔的加工基本上与锻模型腔加工方法相似。对小型和简单的压铸模，通常是直接在定模或动模板上加工出型腔，即整体式；对于形状复杂的大型模具，一般采用镶拼式，即把加工好的型腔镶块装入模板的型孔内。

压铸模加工有如下要求：

（1）凡与液态金属接触的表面不应有任何细小的裂缝、锐角、凹坑及表面不平的现象。

（2）压铸模工作部分的工作表面一般表面粗糙度要求较高。因此，在淬硬处理后，一定要进行抛光和研磨，以提高模具的使用寿命及制品表面质量。一般表面粗糙度 *Ra* 的值应达到 0.20～0.10 μm。表面粗糙度值越小，模具寿命越高。

（3）在加工时，必须先进行模具分型面的研配。在研配之前，应先进行平面磨削加工，使之表面粗糙度 *Ra* 值可达到 1.60～0.80 μm 之间。在研配时，应先以一个面为基准，再以此面与另一面配合研配，直至不存在间隙为止。

（4）工作部分及浇道口应在试模合格后淬硬。内浇口在试铸时逐渐修整后至合格为止。

（5）加工冷却水管道时，一定要避免在钻孔时破坏型腔及通过嵌件部位。

6.2 锻　模

在锻压生产中，将金属毛坯加热到一定温度后，放在模膛内，利用锻锤压力使其发生塑性变形，充满模膛后形成与模膛相仿的制品零件，这种专用工具称为锻模。锻模是锻压生产中的主要工具，是机械制造中制造毛坯或零件不可缺少的专用工装之一。

锻模是热模锻的工具。段模模膛制成与所需锻件凹凸相反的相应形状，并做合适的分型。将锻件坯料加热到金属的再结晶温度上的锻造温度范围内，放在段模上，再利用锻造设备的压力将坯料锻造成带有飞边或极小飞边的锻件。

根据使用设备的不同，锻模分锤锻模、机械压力机锻模、螺旋压力机锻模、平锻模等。

6.2.1　锻模的基本结构及工作过程

锻模的结构分为锤锻模结构和胎模结构两部分。

1. 锤锻模结构

锤锻模一般是由上模和下模两部分组成的，如图 6-13 所示。下模 5 紧固在模垫上，上模 3 与锤头 2 连接，可与锤头一起做上下运动。上下模均有模膛。模锻时，坯料放在下模上，上模随锤头向下运动而对坯料施加压力，使其变形并填满模膛，获得与模膛形状一致带有毛边的锻件，再在切边模上切下毛边，即可得到合格的锻件。

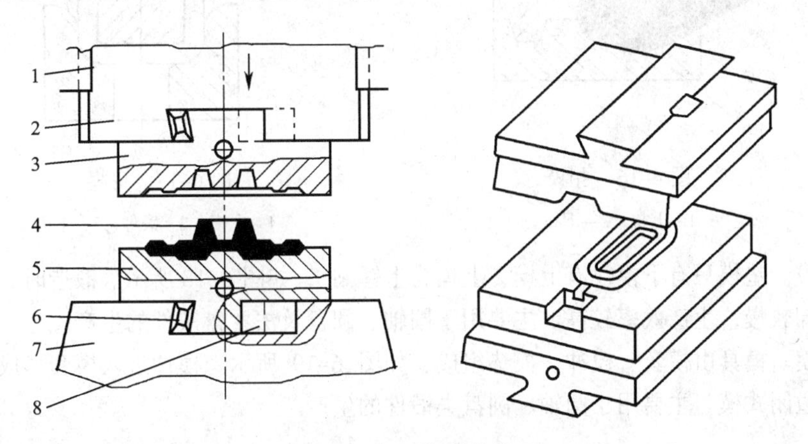

图 6-13　锤锻模结构

1—导轨；2—锤头；3—上模；4—锻件；5—下模；6—楔块；7—模座；8—键

2. 胎模结构

（1）漏模。漏模是最简单的胎模，如图 6-14 所示。模具由冲头、凹模及定位、导向装置构成，通常漏模是中间带孔的圆盘胎模。漏模的中段要车出钳槽以便夹持。

漏模主要用于旋转体工件的局部镦粗、制坯、镦粗成形、锤子切飞边和冲连孔等工序。

（2）摔模。摔模由上模和下模组成，如图 6-15 所示。摔模的上模和下模模膛形状基本一致，对两端贯通的摔模来说，两端都要设计出圆角，以免摔伤锻件并有利于脱模。对于一端封闭的摔模更要注意设计圆角。

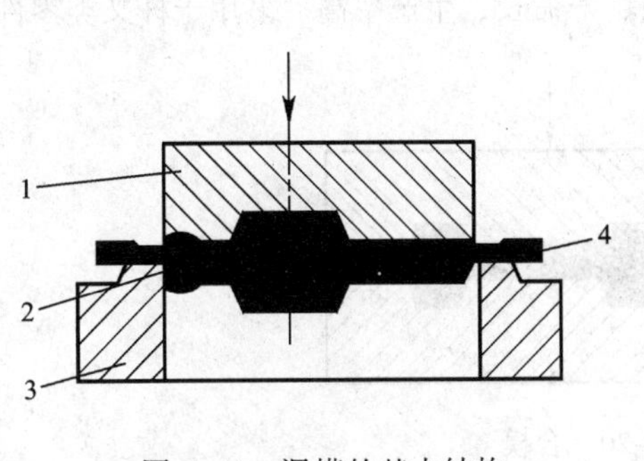

图 6-14　漏模的基本结构

1—上冲；2—锻件；3—凹模；4—飞边

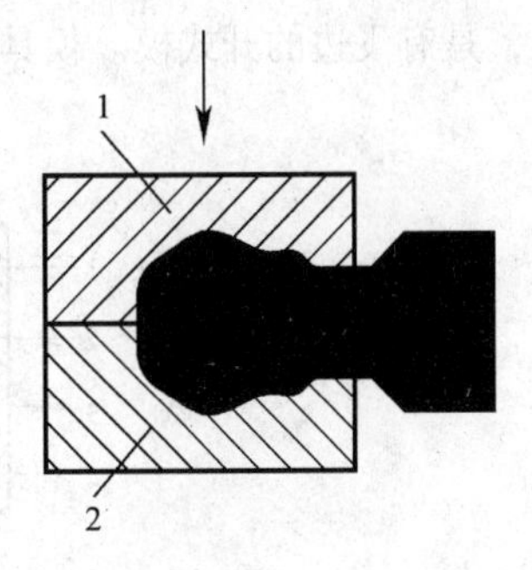

图 6-15　摔模

1—上模；2—下模

（3）扣模。扣模由上、下扣或仅有下扣（上扣为锤砧）构成，如图 6–16 所示。操作时，锻件在扣模中不翻转。扣模变形量小、生产率低。主要用于杆叉类锻件的生产。

（4）弯模。模具由上模和下模组成，如图 6–17 所示。主要用于弯杆类锻件的生产。

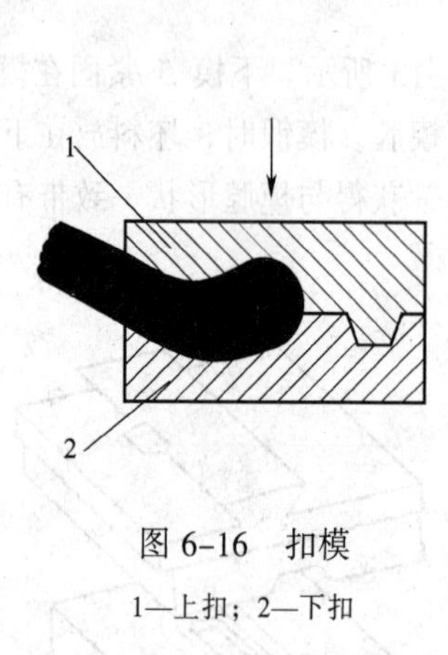

图 6–16　扣模

1—上扣；2—下扣

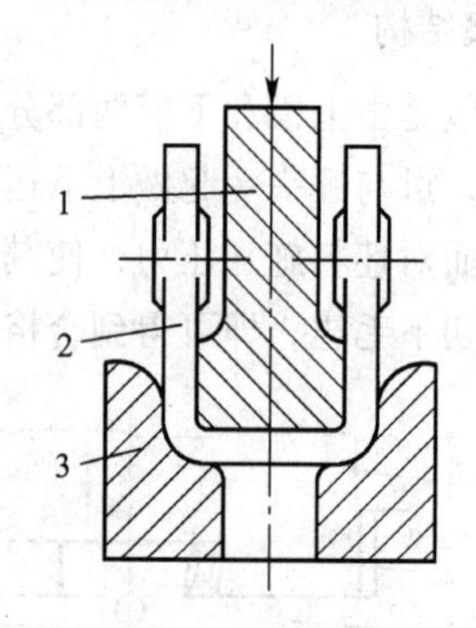

图 6–17　弯模

1—上模；2—锻件；3—下模

（5）垫模。垫模只有下模没有上模（上模为上锤砧），如图 6–18 所示。锻造时，上锤不断抬起，金属冷却较慢，生产效率较高。主要用于圆轴、圆盘及法兰盘锻件的生产。

（6）套模。模具由模套、模冲、模垫组成，如图 6–19 所示。模冲进入模套形成封闭空间，是一种无飞边闭式模。主要用于圆轴、圆盘类锻件的生产。

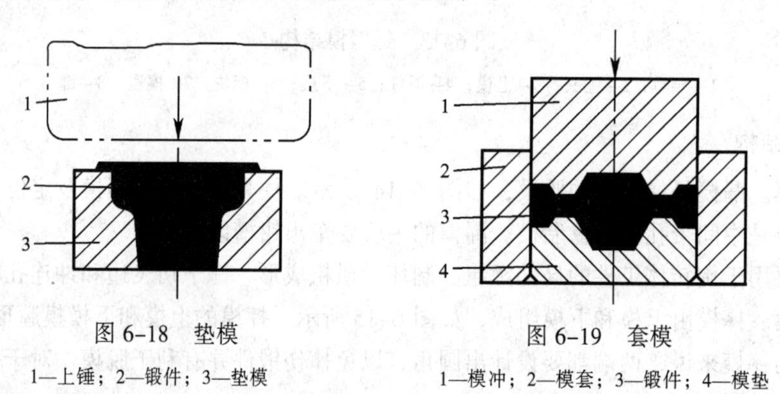

图 6–18　垫模

1—上锤；2—锻件；3—垫模

图 6–19　套模

1—模冲；2—模套；3—锻件；4—模垫

（7）合模。模具由上、下模及导向装置构成，如图 6–20 所示。锻造终了，在分模面上形成横向飞边，是有飞边的开式模。模具通用性强、寿命长、生产率高。多用于杆叉类零件锻造。

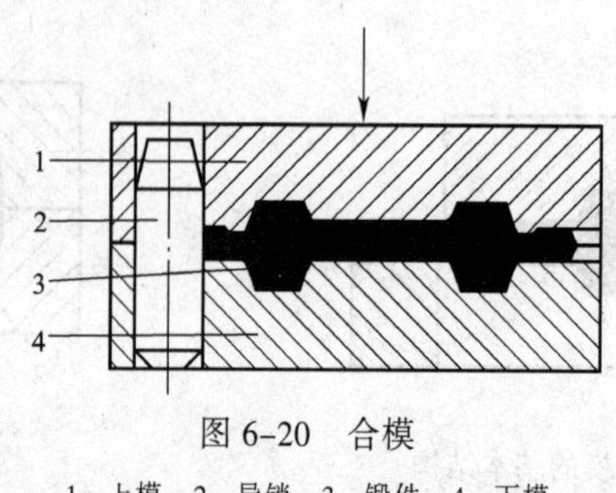

图 6–20　合模

1—上模；2—导销；3—锻件；4—下模

6.2.2　锻模的主要零部件

1．模架

热模锻压力机压下速度低、工作平稳，上、下模闭合后存在间隙，不发生碰撞，模块只承受金属塑性变形的抗力，所以一般采用在模架内安装模膛镶块的组合式锻模结构。模架是由上、下模座、导柱和导套、顶出装置以及镶块紧固等零件组成的。模架在结构上应保证镶块紧固牢靠、装拆调整方便、通用性强。虽然模架一般是通用的，但是由于各种锻件所要求的工步数不同、镶块的形状不同以及镶块内所设置的顶出器数量不同，所以每台热模锻压力机都有数套通用模架。

按照镶块在模座中紧固方法的不同，模架主要有三种结构型式。

（1）压板紧固式模架。图 6-21 所示为圆形镶块用斜面压板紧固式模架。三个圆形镶块用压板 2 紧固。上、下镶块 3 放在淬火垫板 5 上，后挡板 7 用螺钉分别固定在上、下模座 1 和 6 上。压板 2 的一侧与镶块上的圆柱面相匹配，当压板 2 被螺钉压紧时，镶块即被紧固。导柱 8 和螺栓 4 设在模座的一侧。圆形镶块在水平面内的位置不能调整，故镶块及紧固件必须有较高的加工精度，以保证其能可靠地紧固和配合。

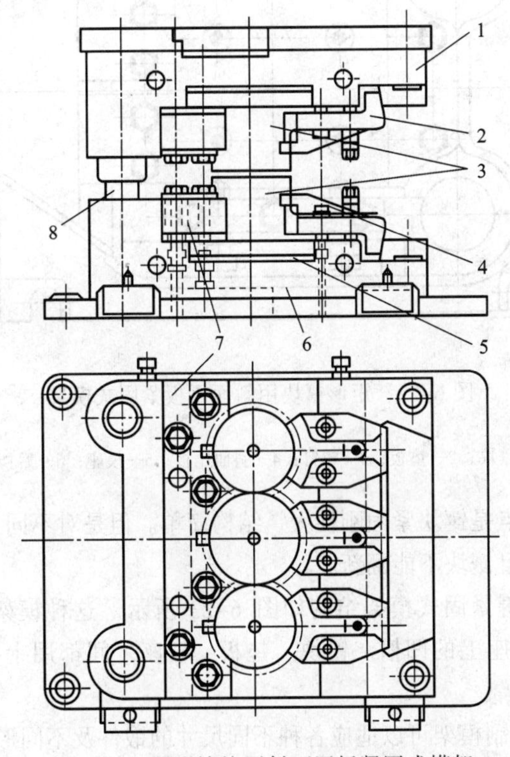

图 6-21　圆形镶块用斜面压板紧固式模架

1—上模座；2—压板；3—上、下镶块；4—螺栓；5—淬火垫板；6—下模座；7—后挡板；8—导柱

矩形镶块也可用压板紧固，压板的一侧做成斜面，同镶块相应的斜面匹配。图 6-22 所示为矩形镶块用斜面压板紧固式模架。

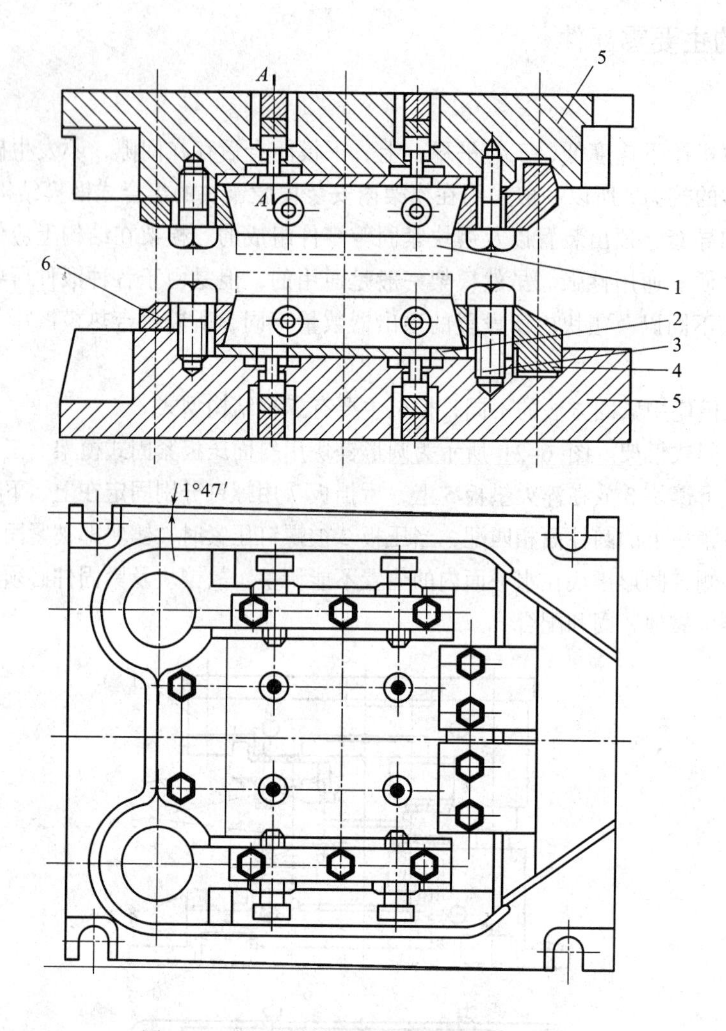

图 6-22　矩形镶块用斜面压板紧固式模架

1—镶块；2—垫板；3—螺钉；4—斜面压板；5—模座；6—后挡块

斜面压板式模架的优点是镶块紧固刚性大、结构简单。但是对不同尺寸锻件的通用性较小，镶块装拆调整不方便，并且镶块不能翻新。

（2）键紧固式模架。键紧固式模架结构如图 6-23 所示。这种模架取消了压板式模架中的后挡板、斜面压板以及模座上的凹槽。镶块、垫板、模座之间都用十字形布置的键进行前后、左右方向的定位和调整。

键式模架通用性强，一副模架可以适应各种不同尺寸的锻件及不同形状的镶块（圆形或矩形），镶块的装拆调整方便，镶块可以翻新；但是它的垫板、键等零件加工精度要求较高。

（3）斜楔紧固式模架。斜楔紧固式模架结构如图 6-24 所示。上、下模座 7 和 10 开有矩形槽，并用斜楔和键将上、下模垫 4 和 2 紧固在矩形槽内。上、下镶块 3 和 1 则用一对斜楔 9 紧固在模垫内。上、下镶块前后位置的调整与紧固，靠装有螺杆的拉楔 13 及垫片 11 来实现。这种模架结构的镶块更换迅速并具有通用性，但是只适合于单模膛镶块。

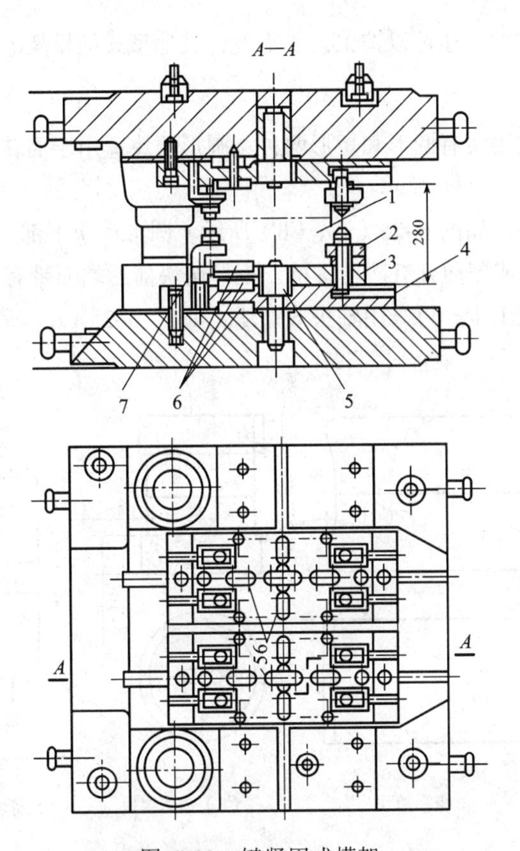

图 6-23　键紧固式模架

1—镶块；2—压板；3—中间垫板；4—底层垫板；5—偏头键；6—导向键；7—螺钉

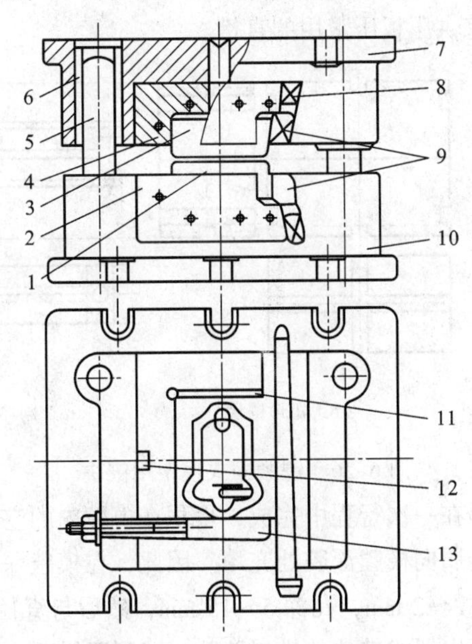

图 6-24　斜楔紧固式模架

1—下镶块；2—下模垫；3—上镶块；4—上模垫；5—导柱；
6—导套；7—上模座；8、9—斜楔；10—下模座；11—垫片；12—键；13—拉楔除上述模架结构型式外，还可以按工艺要求设计其他型式的模架。

2．镶块

热模锻压力机用模膛镶块有圆形和矩形两种：圆形镶块适用于回转体锻件；矩形镶块适用于任何形状的锻件。

压板紧固式模架的镶块如图 6-25（a）、（b）所示。圆形镶块下部，每边制成 5～l0 mm 的凸肩，供压板紧固用，底面或侧面开有防转键槽。矩形镶块前后端面带有 7°～10° 的斜度，与压板上斜度相匹配。对于镦粗工步，可采用轴头式镶块，如图 6-25（c）所示，用螺钉紧固在模架的左前角。

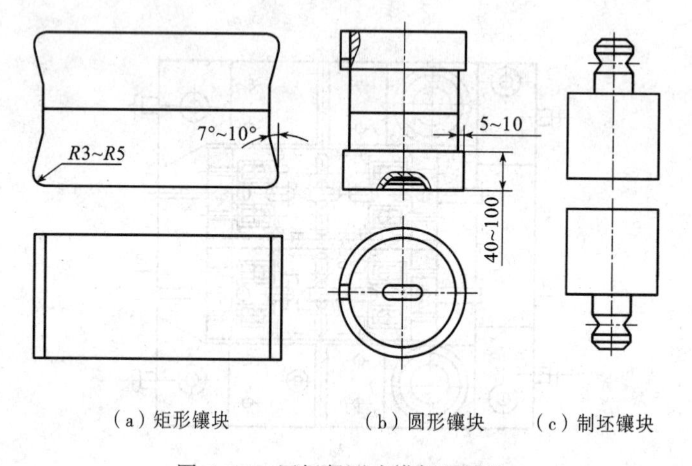

（a）矩形镶块　（b）圆形镶块　（c）制坯镶块

图 6-25　压板紧固式模架用镶块

键紧固式模架的镶块如图 6-26 所示。其底部都开有十字形的键槽或者空位孔。矩形模块的前后端和圆形模块的周边开有供压板压紧用的直槽。

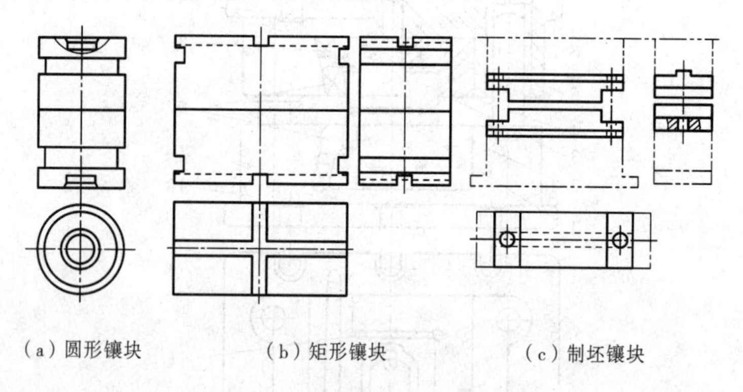
（a）圆形镶块　（b）矩形镶块　（c）制坯镶块

图 6-26　键紧固式模架用镶块

热模锻压力机上金属变形在一次行程中完成，聚积在模膛内的空气如果无法逸出，就会受到压缩而产生很大压力，阻止金属向模膛深腔处充填。因此，在模膛深腔金属最后充填处，应该开设排气孔。排气孔的孔径为 1.2～2 mm，孔深 5～15 mm，然后与直径为 8～16 mm 的孔相连，直至镶块底部。如模膛底部有顶出器或其他的排气缝隙时，则不需要开排气孔。

终锻模膛镶块一般应放在模架的中心，以免偏心打击。但有时为了提高模锻生产率，也可以将模膛按工步顺序排列。热模锻压力机抗偏载能力强，并且模具导向精度较高，可以降低错移的影响。

3. 顶料装置

锻模镶块中一般都有顶出器，用来顶出模膛中的锻件。顶出器的位置按照锻件的形状和尺寸确定如图 6-27 所示。一般情况下顶出器应顶在飞边上，如图 6-27（a）所示；对于具有较大孔的锻件，顶出器可以顶在冲孔连皮上，如图 6-27（b）所示；如果顶出器必须顶在锻件本体上，则尽可能顶加工面，如图 6-27（c）所示。

顶出器也可以是模膛的组成部分。例如冲孔连皮直径较小的锻件，为了保证镶块模中凸模的强度，在冲孔深度不大时，可采用图 6-27（d）所示的顶出器，凸模做在顶出器上，便于维修或更换。

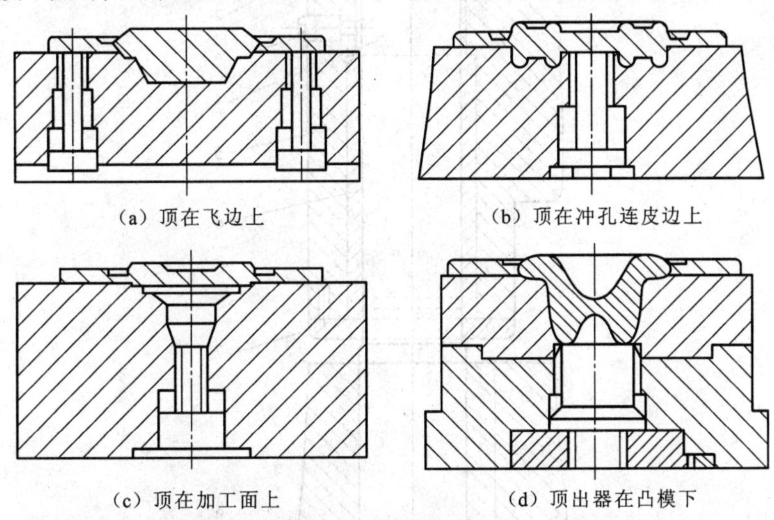

（a）顶在飞边上　（b）顶在冲孔连皮边上

（c）顶在加工面上　（d）顶出器在凸模下

图 6-27　顶出器的位置

镶块中顶出器的上、下运动是靠热模锻压力机顶杆的动作实现的。热模锻压力机的顶杆数目有 1 ~ 5 个。当热模锻压力机顶杆的数目、位置与镶块上的顶出器不相符合时，需要设计杠杆式顶杆装置，把热模锻压力机顶杆的动作，通过杠杆均匀地传递到镶块的各个顶出器上去。当锻件从模膛中取出后，顶料装置在自重的作用下，回复到原来的位置。

杠杆式顶杆装置有各种结构型式，图 6-28 所示为单顶杆结构。顶杆 6 通过杠杆 3 及托板 2 将动作传给三个顶出器 1。

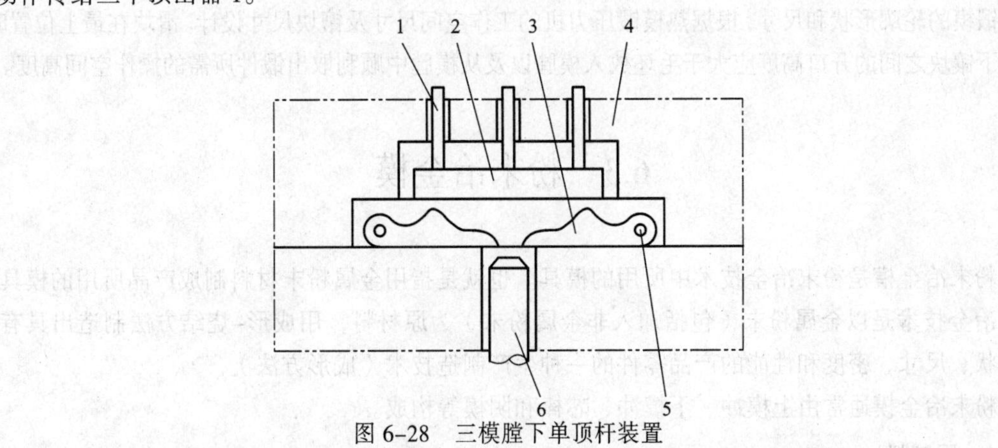

图 6-28　三模膛下单顶杆装置

1—顶出器；2—托板；3—杠杆；4—下模；5—绕轴；6—顶杆

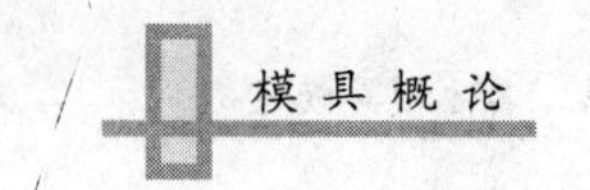

4．导向装置

锻模的导向装置由导柱、导套组成，如图 6-29 所示。一般采用双导柱，设在模座后面或侧面。导柱、导套分别与上、下模座紧配合，导柱和导套之间则保证 0.25～0.5 mm 的间隙。导柱长度应保证滑块在上止点位置时导柱不能脱离导套，在下止点位置时不会穿出上模座。

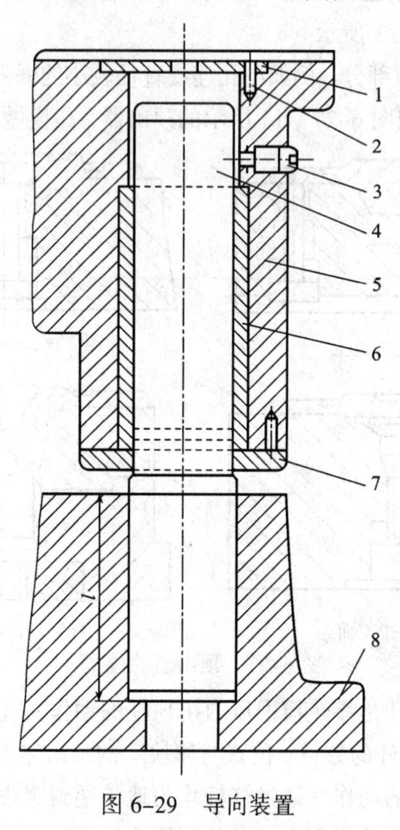

图 6-29 导向装置

1—盖板；2—螺钉；3—螺塞；4—导柱；5—模座；6—导套；7—端盖；8—下模座

5．闭合高度

锻模的轮廓形状和尺寸，根据热模锻压力机的工作空间尺寸及镶块尺寸设计。滑块在最上位置时，上、下镶块之间的开口高度应大于毛坯放入模膛以及从模膛中顺利取出锻件所需的操作空间高度。

6.3 粉末冶金模

粉末冶金模是粉末冶金技术中所用的模具。也就是指用金属粉末材料制成产品所用的模具。粉末冶金技术是以金属粉末（包括加入非金属粉末）为原材料，用成形–烧结方法制造出具有一定形状、尺寸、密度和性能的产品零件的一种生产制造技术（成形方法）。

粉末冶金模通常由上模冲、下模冲、芯棒和阴模等构成。

1．压制模

实体类压坯的单向手动式成形模，如图 6-30 所示，该模结构的基本零件是阴模 4 和上、下模冲 6、7。模套 5 与阴模为过盈配合，其作用是给阴模施加预压应力，以提高模具的承载能力。它适用于压制截面较小的零件。

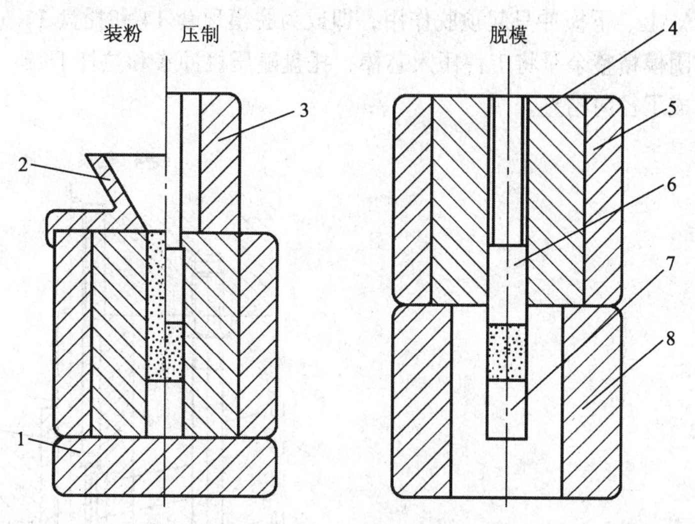

图 6-30　实体类压坯单向压制手动成形模

1—压垫；2—装粉斗；3—限位块；4—阴模；5—模套；6—上模冲；7—下模冲；8—脱模座

实体类压坯浮动式成形模，如图 6-31 所示。阴模 8 固定在浮动的阴模板 7 上，由弹簧托起，限位螺钉 3 限位。需要改变装粉高度时，可更换不同高度的调节垫圈 4 来实现。压制时，阴模壁在摩擦力作用下，克服弹簧力向下浮动。

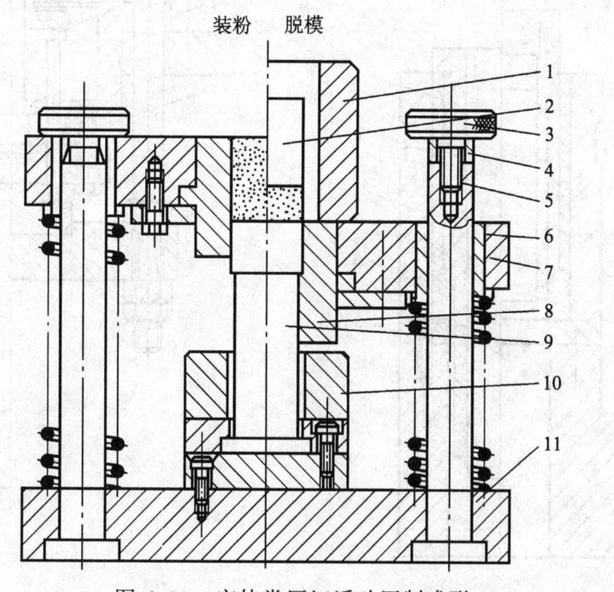

图 6-31　实体类压坯浮动压制成形

1—脱模座；2—上模冲；3—限位螺钉；4—调节垫圈；5—导柱；

6—导套；7—阴模板；8—阴模；9—下模冲；10—限位套；11—下模板

2. 精整模

手动通过式精整模的结构如图 6-32 所示。这种结构精整外径时，上模冲 1 有导向，不致损坏压件的同轴度。另外，将串芯棒 9 和脱芯棒合并，以提高效率。其适用于精整较长的烧结工件。

轴套拉杆式半自动通过式精整模的结构如图 6-33 所示。阴模 12 固定在模柄 2 上，芯棒 3 固定在模座底板 4 上。上、下模冲只起顶脱作用，即成为脱模顶套 14 和托盘 11。精整时，工件放在芯棒上定位，靠阴模精整余量将工件压入芯棒，托盘随压机冲头和拉杆下行，落到压盖 7 后，阴模继续下行，完成了径向精整。

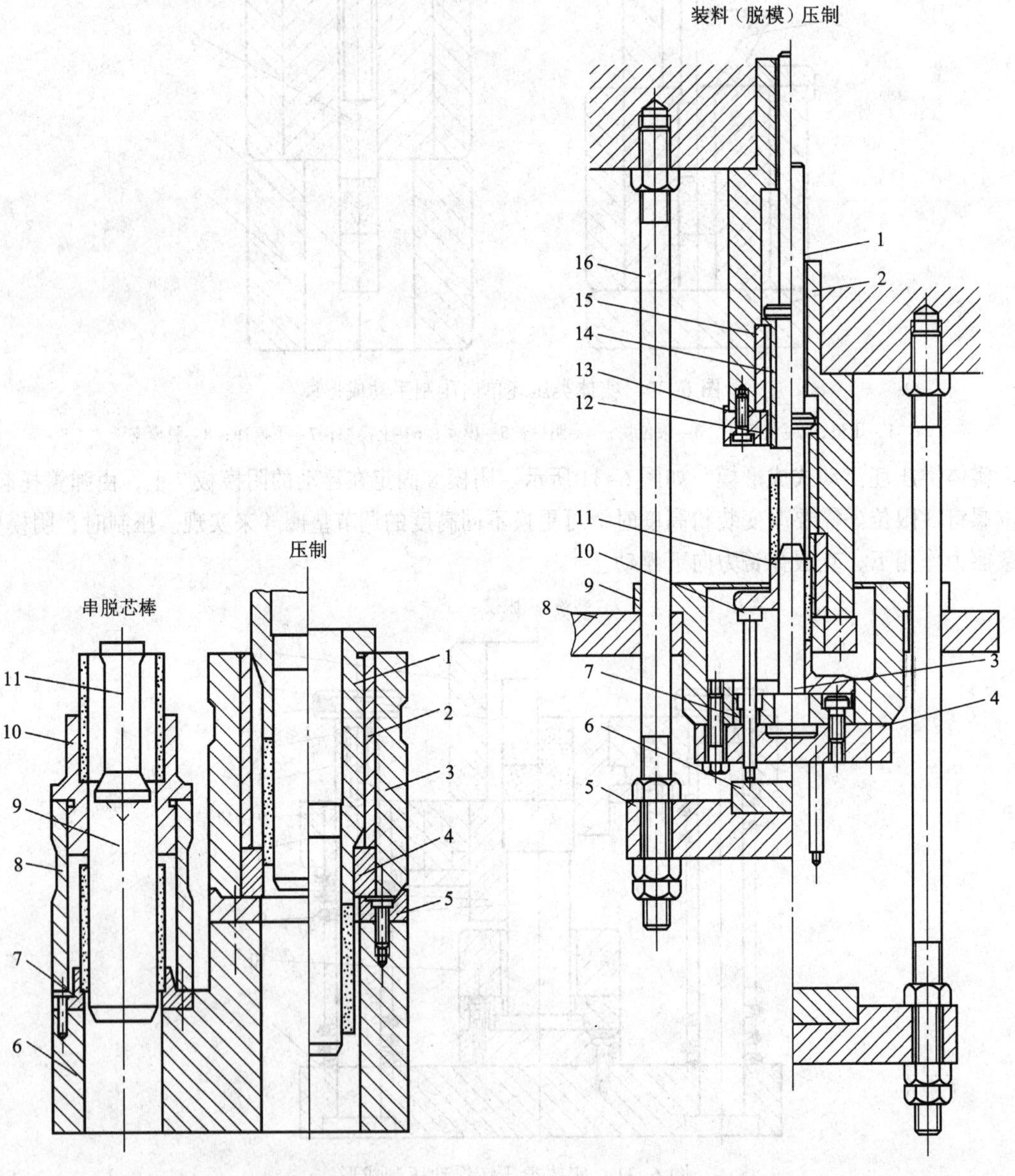

图 6-32　手动通过式精整模

1—上模冲；2—导套；3—模套；4—阴模；5—压垫；6—模座；7、10—定位套；8—脱模座；9—芯棒；11—顶杆

图 6-33　轴套拉杆式半自动通过式精整模

1、10—顶杆；2—模柄；3—芯棒；4—底板；5—横梁；6—垫块；7—压盖；8—模板；9—模座；11—托盘；12—阴模；13—模套；14—顶套；15—限位套；16—拉杆

脱模时，工件被阴模带上，当顶杆 1 被横梁挡住后，顶套将工件脱出阴模，或工件留在芯棒上，拉杆 16 上行时顶动顶杆 10 和托盘，将压件脱出芯棒。该结构要求工件外径精整余量大于内径的精整余量，即适用于外箍内的精整方式。该结构较简单，送料时工件有定位，但不便于自动送料。

6.4 橡胶模具

以橡胶为原料用模具在高温高压下经硫化做成的产品，称为橡胶模型制品，大到汽车轮胎，小至直径只有儿毫米的打火机磷封圈。模具的材质、尺寸精确度、排气及启模难易程度等都直接影响到橡胶制品的质量、劳动强度、生产效率。同时模具材质的选择、热处理等制造工艺以及模具组装质量等，又直接影响到模具的使用寿命。所以模具设计时，首先应对橡胶件的形体结构特点进行认真分析、研究，并以此为据，选择和设计合理的模具结构、合理的材质及热处理工艺，以满足橡胶制品的要求和模具的使用要求，硫化后模具易于开启，可提高生产效率和模具的使用寿命，从而提高了经济效益。

根据橡胶模型制品的压制原理的不同，主要可分为填压模、压注模和注射模三大类。

1．填压模

将胶料装入模具型腔中，通过平板硫化机加压、加热硫化而得到橡胶制品的模具称为填压模。这种填压模又可分为三种。

（1）开放式填压模。开放式填压模是利用上、下板接触，以外力压制产品，上模无导向，无加料腔，胶料易从分型面流掉，制品件有水平方向的挤压边。其结构如图 6-34 所示。

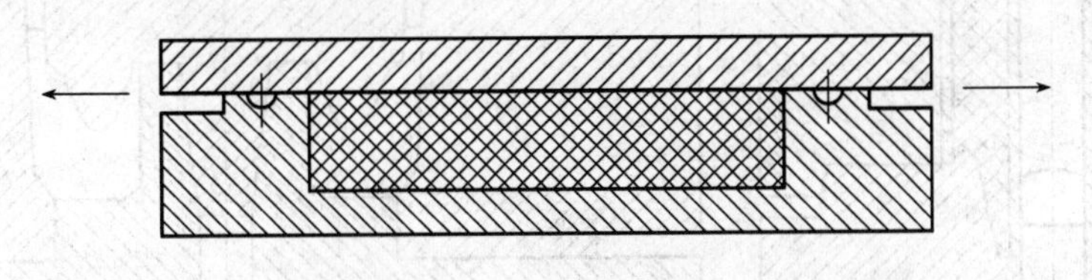

图 6-34　开放式填压模

开放式填压模的优点是结构简单、造价低、压制产品时易排除空气，但胶料易流失，耗胶量大。这种结构的模具在模具中占的比例比较大。

（2）封闭式填压模。封闭式填压模有加料腔，上模有导向，在压制产品过程中，胶料不易流出，胶料受压力大，产品件致密度高、耗胶量小。但排气性差，模具要求精度高，制造成本也高，一般胶布制品多采用封闭式填压模。其结构如图 6-35 所示。

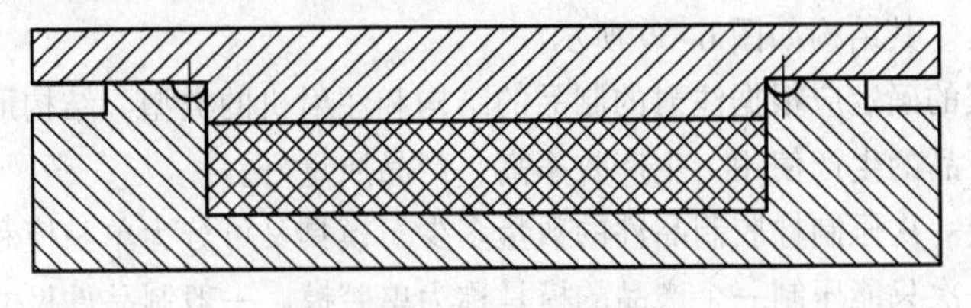

图 6-35　封闭式填压模

（3）半封闭式填压模。半封闭式填压模从结构上来看，它兼有开放式填压模和封闭式填压模的优点。这种结构形式的模具在压制产品时，其胶料的流动性在一定程度上受到了限制，仅能流出一部分胶，压制压力较开放式填压模大，橡胶制品件致密度也比较高。其结构如图 6-36 所示。

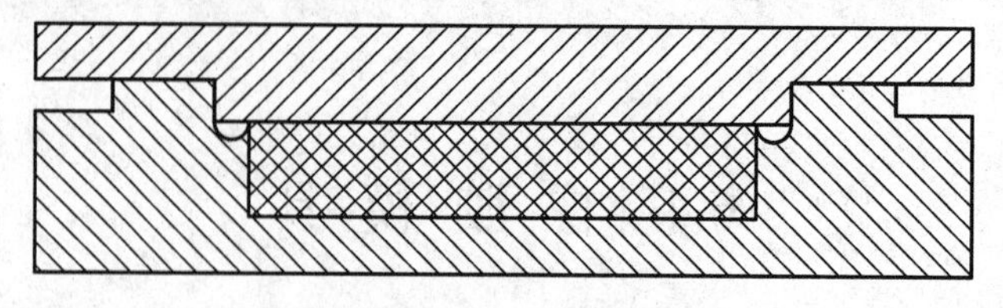

图 6-36　半封闭式填压模

2．压注模

压注模是将胶料放入压缩腔内，利用柱塞传递的压力，通过注胶道口将胶料压入型腔内而得到的橡胶制品件。压注模压制的橡胶制品件致密度高、产品质量好，可提高生产效率。适合于制造内有嵌件、形状复杂、难以装胶的制品件。图 6-37 所示为有嵌件制品压注模；图 6-38 所示为纯胶制品压注模。

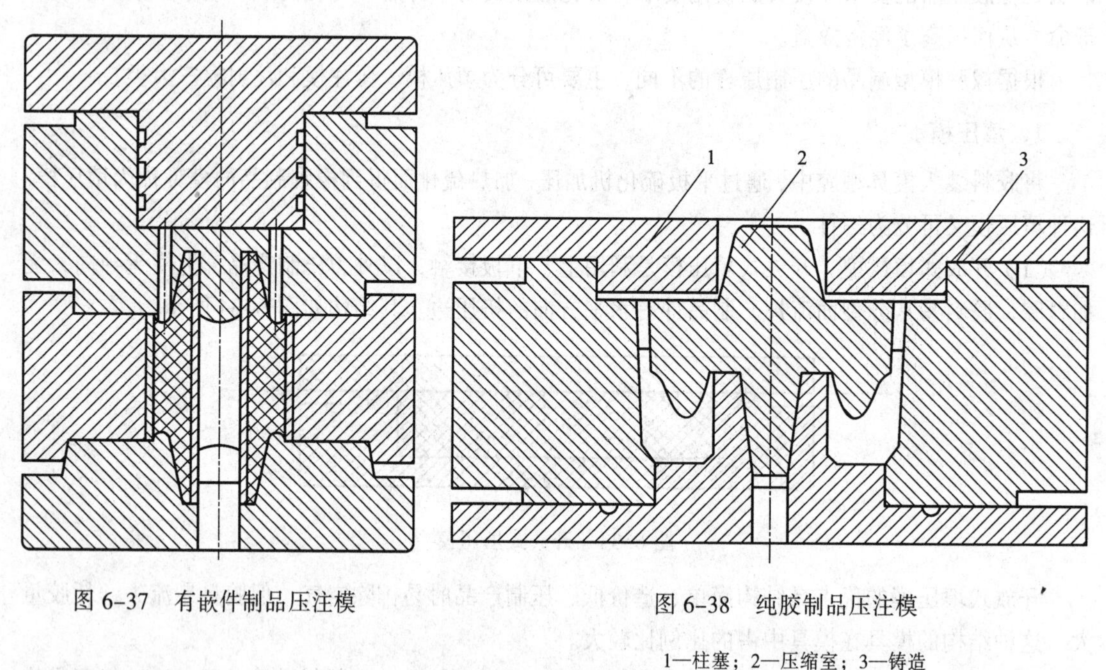

图 6-37　有嵌件制品压注模

图 6-38　纯胶制品压注模

1—柱塞；2—压缩室；3—铸造

3．注射模

注射模是利用专用注射机的压力，将加热成塑性状态的橡胶挤压射入锁模后的模腔内而成形硫化的橡胶制品模具。其结构如图 6-39 所示。

注射模结构形式的确定应根据注射的制品的结构和注射机的类型，结构形式统一考虑。这种模具适合于大批量产品的生产使用，生产效率高，产品质量好。

根据同一模具上一次压制橡胶制品件的数量多少，模具又可分为单腔模和多腔模。

（1）单腔模。一次只能压制一个产品的模具称为单腔模。一般制品件尺寸较大且结构比较复杂的产品多设计成单腔模。

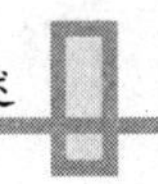

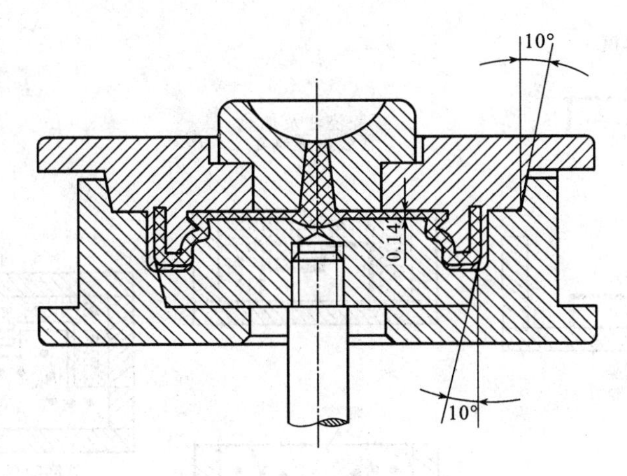

图 6-39　注射模具结构图

（2）多腔模。有两个或两个以上的型腔，一次压制多个产品的模具称为多腔模。其结构如图 6-40 所示。在多腔模上，可以是同一规格的产品，也可以是不同规格的产品。多腔模和单腔模相比，虽然结构复杂、配合精度要求高、制造难度大，但可以提高生产效率。一般小规格的产品多采用多腔模。

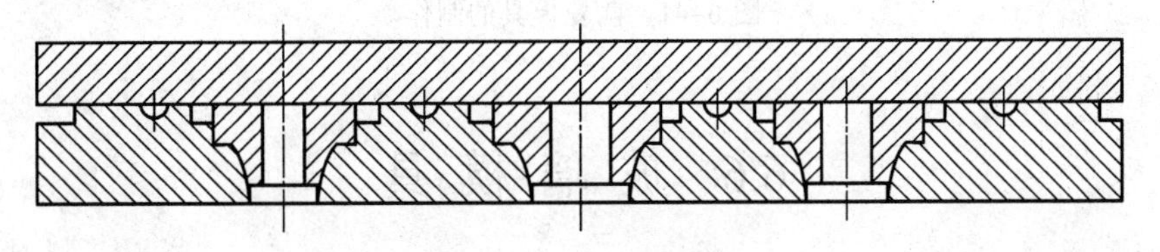

图 6-40　多腔模具结构

6.5　陶 瓷 模 具

化学粘接陶瓷（CBC）是一种无机材料，在较低的温度甚至室温下即可以通过化学反应黏合。为防止形成孔隙，在真空下进行混合和浇铸。添加细小的短切纤维可以提高陶瓷的强度和降低收缩率。在低温浇铸后，将模具置于烘箱中固化，获得的力学性能最佳。可以由母模模塑出对模，并嵌入浇注加热回路和插件，如图 6-41 所示。插件的作用是便于定位销、脱模销及注射、排气孔等处的后期浇注加工。陶瓷模具的工作温度高，可达 400℃，热导率低可以通过掺人金属粒料改善。

虽然陶瓷模具具有较高的表面硬度，但其弯曲强度一般很低，且容易损伤。在浇铸陶瓷过程中不精确的尺寸也会引起很多问题，因为粘接后再进行加工非常困难，所以必须对陶瓷的收缩加以仔细考虑。在热循环加工后，CBC 模具表面容易出现微裂纹，微裂纹扩展形成深裂缝，从而引起模具失效。这种模具主要用于真空袋压和热压釜成形。在纤维含量和模塑压力较低的情况下，模具寿命一般约为 1 000 件。

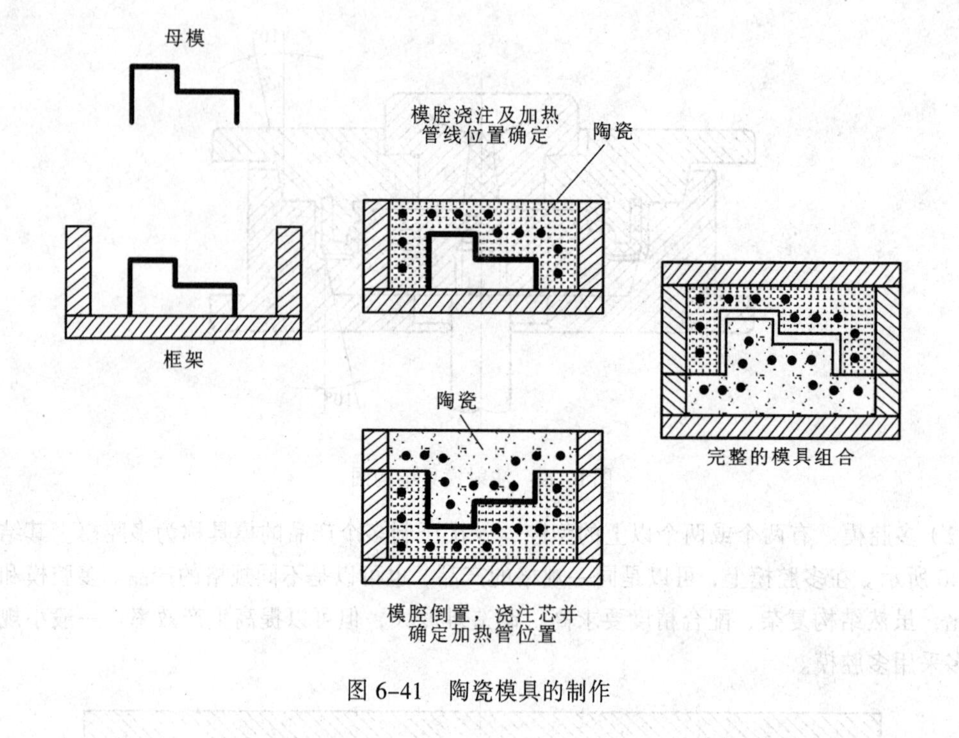

图 6-41　陶瓷模具的制作

6.6　玻璃模具

玻璃是由石英砂、纯碱、长石及石灰石等原料在 1 550～1 600 ℃高温下熔融、澄清、匀化、冷却而成。如在玻璃中加入某些金属氧化物、化合物或经过特殊工艺处理，还可制得具有各种不同特性的特种玻璃。

玻璃是一种非结晶无机物，透明、坚硬，且具有良好的耐蚀、耐热和电学光学特性，能制成各种形状的制件。特别是其原料丰富，价格低廉，因此获得了广泛的应用。

1. 玻璃成形方法

玻璃成形是指将熔化的玻璃转变为具有一定几何形状制件的过程。熔融玻璃在可塑状态下的成型过程与玻璃液黏度、固化速度、硬化速度及表面张力等要素有关。

玻璃成形方法，从生产方面可分为人工成形和机械成形；从加工方面可分为压制法、吹制法、拉制法、压延法、浇铸法和烧结法。

（1）压制法。压制法是将塑性玻璃熔料放入模具，受压力作用而成形的方法，该方法生产多种多样的空心或实心制件，如玻璃砖、透镜、水杯等。

压制法特点是制件形状比较精确，能压出外表面花纹，工艺简单，生产率较高。但压制法的应用范围有一定限制，首先压制件的内腔形状应能够使冲头从中取出，因此，内腔不能向下扩大，同时内腔侧壁不能有凸、凹部位；其次，由于薄层的玻璃液与模具接触会因冷却而失去流动性，因此，压制法不能生产薄壁和沿压制方向较长的制件。另外，压制件表面不光滑，常有斑点和模缝。

（2）吹制法。吹制法又分压—吹法和吹—吹法。压-吹法是先用压制的方法制成制件的口部和雏形，然后移入成形模中吹成制件。利用压—吹法生产广口瓶如图 6-42 所示。先把熔态玻璃料加人雏形模 4 中，接着冲头 1 压下，然后将口模 2 和雏形一起移入成形模 6 中，放下吹气头 5，用压缩空气将雏形吹制成形。口模和成形模均由两瓣组成并由铰链 3 相连，成形后打开口模和成形模，取出制件，送去退火。

吹—吹法是先在带有口模的雏形模中制成口部和吹成雏形，再将雏形移入成形模中吹成制件。主要用于生产小口瓶等制件。

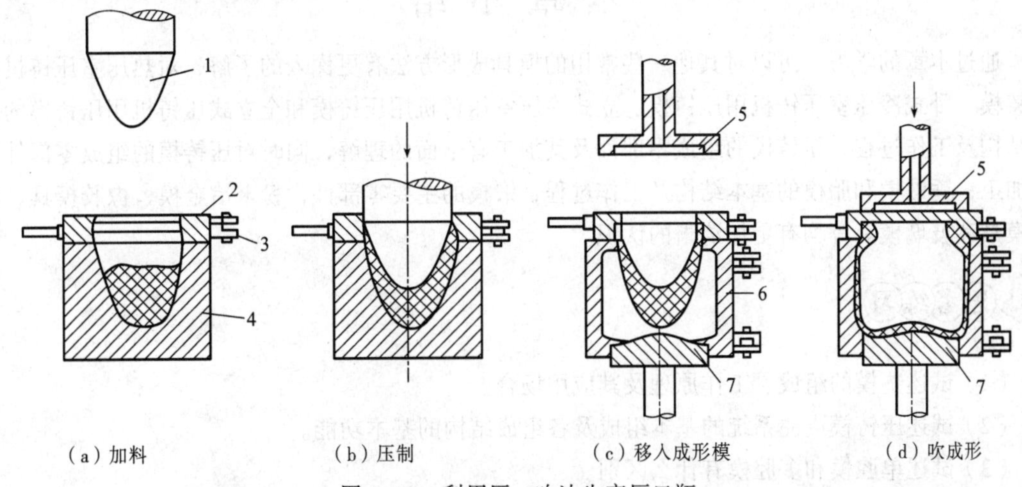

图 6-42 利用压—吹法生产广口瓶

1—冲头；2—口模；3—铰链；4—雏形模；5—吹气头；6—成形模；7—底板

（3）拉制法。拉制法主要用于玻璃管、棒、平板玻璃和玻璃纤维等生产。

（4）压延法。压延法是将玻璃料液倒在浇铸台的金属板上，然后用金属辊压延使之变为平板，然后送去退火。厚的平板玻璃、刻花玻璃、夹金属丝玻璃等，可用压延法制造。

（5）浇铸法。浇铸法又分普通浇铸和离心浇铸：

普通浇铸法就是将熔好的玻璃液注入模型或铸铁平台上，冷却后取出退火并适当加工，即成制件，常用于建筑用装饰品、艺术雕刻等玻璃生产中。

离心浇铸是将熔好的玻璃液注入高速旋转的模型中。由于离心力作用，使玻璃液体紧贴到模型壁上，直到玻璃冷却硬化为止。离心浇铸成形的制件，壁厚对称均匀，常用于大直径玻璃器皿的生产。

（6）烧结法。烧结法是将粉末烧结成形，用于制造特种制件及不宜用熔融态玻璃液成形的制件。这种成形法又可分为干压法、注浆法和用泡沫剂制造泡沫玻璃。

2．玻璃模分类

从原材料进厂到玻璃制品出厂的整个工艺流程包括配料、熔制、成形、退火、加工、检验等工序。在这样的成形工序中，模具是不可缺少的工艺装备，玻璃制品的质量与产量均与模具直接相关。用于玻璃制品成形的工艺装置，称为玻璃成形模具，简称玻璃模。玻璃模有多种分类方法。

（1）按成形方法分：按玻璃制品成形方法可分为铸压成形模、玻璃器皿模、吹—吹法成形瓶罐模、压-吹法成形瓶罐模等。

（2）按成形过程分：按成形过程可分为成形模和雏形模。

（3）按润滑方式分：按润滑方式可分为敷模（冷模）和热模。敷模模内壁敷有润滑涂层，多用于吹制空心薄壁制品，成型时制品与模具作相对旋转。一般采用水冷却，此模亦称冷模。热模多用于空心厚壁制品的成型。模具常采用风冷并用油润滑或加涂润滑涂层。

本章小结

通过本章的学习，可以对其他一些常用的模具成形方法有更深入的了解，对热压室压铸机用压铸模、卧式冷压室压铸机用压铸模、立式冷压室压铸机用压铸模和全立式压铸机用压铸模的不同结构及工作过程，压铸模的组成零部件及其加工有全面的理解，同时对压铸模的组成零部件及其加工，锤锻模和胎模的基本结构及工作过程，锻模的主要零部件，粉末冶金模、橡胶模具、陶瓷模具和玻璃模具等均有更加清晰的认识。

（1）试述垫模的组成、工作原理及其应用场合。

（2）试述压铸模浇注系统的基本组成及各组成结构的基本功能。

（3）试述单腔模和多腔模有什么区别。

（4）试述锻模模架的基本组及结构型式。

（5）什么是玻璃模？玻璃模主要有哪些类别？

（6）压铸模的组成零件有哪些？

（7）橡胶模具有哪几大类？不同种类有哪些特点？

（8）压铸模加工的要求有哪些？

第7章 模具制造与维护技术概述

模具是进行成形加工的工具，要求其尺寸精确、表面光洁、结构合理、生产效率高和易于自动化，并且还要易于制造、寿命长和成本低、经济合理等。本章将就模具主要零件的制造、影响模具的精度和寿命、成本、安全、维护维修等技术进行说明。

7.1 模具主要零件的制造及装配

7.1.1 冲压模具主要零件的制造

无论是简单冲压模还是复杂冲压模，冲压模具的主要零件通常是指凸模、凹模、导柱、导套等。

1. 冲压模的凸模和凹模的加工原则

（1）凸模与凹模的精度应根据制件的精度而定。一般情况下，圆形凸模与凹模应按 IT5～T6的精度加工；非圆形凸模与凹模应按制件公差的1/4精度加工。

（2）对于单件生产的冲模或复杂形状零件的冲模，其凸、凹模应用配制法制作与加工，即先按图样尺寸加工凸模（凹模），然后以此为准，配做凹模（凸模），并适当加以间隙值。落料时，先制造凹模，然后以凹模为准配做凸模；冲孔时，先制造凸模，然后以凸模为准配做凹模。

（3）落料时，落料零件的尺寸与精度取决于凹模刃口尺寸。因此，在加工制造落料凹模时，应使凹模尺寸与制件最小极限尺寸相近。凸模刃口的公称尺寸，应按凹模刃口的公称尺寸减小一个最小间隙值来确定。

（4）冲孔时，冲孔零件的尺寸取决于凸模尺寸。因此，在制造与加工冲孔凸模时，应使凸模尺寸与孔的最大尺寸相近，而凹模公称尺寸，应按凸模刃口尺寸加上一个最小间隙值来确定。

（5）制作凸模、凹模时，要考虑到凸模和凹模工作时易受磨损而增大配合间隙的实际工作情况，在制作新冲模时，应采用最小合理间隙值，并且同一副冲模在各个方向上的间隙应力求均匀一致。

2. 落料凹模的加工工艺简介

图7-1所示为凹模的基准件，在落料模中是保证制件尺寸的关键零件。制作凸模时，凸模的

刃口尺寸应以凹模在加工时型孔的实际尺寸为基准配制。

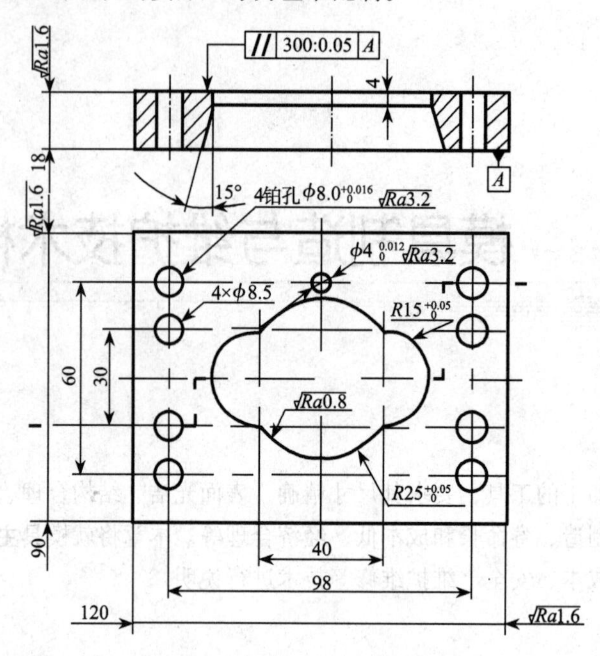

图 7–1　落料凹模

落料凹模的坯料尺寸为 126 mm × 96 mm × 24 mm，零件尺寸为 120 mm × 90 mm × 18 mm，零件的材料采用 CrWMn（也可采用其他材料），要求热处理硬度是 60～64 HRC，要求凹模型孔内的表面粗糙度值为 0.8 μm，顶面、底面和侧面基准面的表面粗糙度值均为 1.6 μm，定位销孔的表面粗糙度值为 3.2 μm，其余均为 6.3～12.5 μm。凸模与凹模的冲裁配合间隙为 0.03 mm。

凹模的制造工艺应根据凹模的形状、尺寸、技术要求及设备的具体条件等制定，该落料凹模的工艺方案很多，现一般采用电火花线切割机床进行加工，其特点是加工精度高、与凸模的配合间隙好、效率高。工艺参考方案如表 7–1 所示。

表 7–1　落料凹模加工工艺方案

工序号	工序名称	工序内容	设备及仪器	工序简图
1	下料	使用型钢棒料，根据图样中的技术要求，在锯床或车床上将棒料切断，其每边均留有足够的加工余量	锯床或车床	
2	锻造	锻造成凹模毛坯（矩形截面），其每边均留有加工余量	锻造设备	24 96 126

续表

工序号	工序名称	工序内容	设备及仪器	工序简图
3	热处理	将毛坯进行退火，以消除毛坯的残余内应力，消除组织缺陷，降低硬度，改善内部组织及切削加工性能	热处理设备	
4	粗加工毛坯外形	铣削或刨削毛坯六个平面，加工至尺寸：120.4 mm × 90.4 mm × 18.5 mm，留粗磨余量 0.6～0.8 mm	铣床或刨床	18.5 90.4 120.4
5	磨平面	在磨床上磨削毛坯六个平面至尺寸上限，要确保毛坯侧面（加工基准面）的精度，保证六个平面相互平行/垂直，单面留精磨余量 0.2～0.3 m	平面磨床	
6	钳工划线	以磨过的相互垂直的两个侧面为基准面，划凹模中心线、ϕ4 mm 定位孔、4 × ϕ8 mm 销孔和 4 × ϕ8.5 mm 螺钉过孔中心线	钳工工作台、划线工具及量具	
7	加工孔	加工 ϕ4 mm 定位孔、4 × ϕ8 mm 销孔、4 × ϕ8.5 mm 螺钉过孔。在工件中心加工 ϕ8 mm 工艺孔（穿丝孔）	立式钻床	
8	热处理	淬火+低温回火，保证 60～64 HRC 的硬度	热处理设备	—

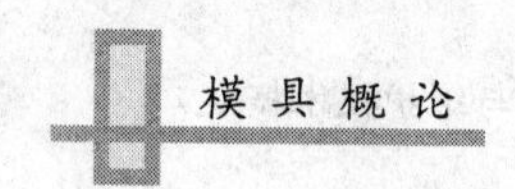

续表

工序号	工序名称	工序内容	设备及仪器	工序简图
9	磨基准面	精磨基准面	平面磨床	
10	加工凹模型孔	在电火花线切割机床上加工凹模型孔至尺寸、加工落料锥面（150）至尺寸	电火花线切割机床	

加工落料凸模时，要以其落料凹模为基准件，凸模刃口尺寸以凹模型孔在加工时刃口的实际尺寸为基准配制冲裁间隙，保证双面冲裁间隙为 0.03 mm。零件的材料可采用 CrWMn（也可采用其他材料），要求热处理硬度为 58～62 HRC，要求凸模顶面、底面和凸模安装部分的侧面表面粗糙度 *Ra* 值均为 1.6 μm，凸模工作部分（凸模刃口）侧面的表面粗糙度 *Ra* 值均为 0.8 μm，其余均为 6.3 μm。凸模与凹模的冲裁配合间隙为 0.03 mm。其落料凸模的加工工艺方案可参照表 7–1 所示内容。

7.1.2 模具的装配

冲压模具的一般装配顺序：先安装基准件，再安装与基准件相关的零件，并保证模具主要零部件的安装精度，最后安装辅助零件。

1．装配导柱导套

装配导柱导套：将上、下模座分开；将导柱、导套分别装在上、下模座上。

2．装配凸模组件

将凸模装入凸模固定板的孔中，保证垂直度（凸模垫板上的孔要与凸模中的孔配钻）；调整并找正凸模位置，拧紧螺钉；在固定板上安装上模座或下模座（正装式模具安装上模座，倒装式模具安装下模座）。

3．装配凹模组件

将凹模装入凹模固定板的孔中，保证其位置精度（与安装基准面的垂直度，与其他型孔或模具零件的位置精度）；将凹模与压板结合配加工螺孔和销孔；调整并找正凹模位置，拧紧螺钉；在凹模与固定板的组合件上安装定位板；将组合件安装在下模座或上模座上。

4. 冲裁模具的调整

刃口位置的调整（调整凸模和凹模的相对位置）、冲裁间隙的调整（间隙要准确、均匀）、定位部分的调整（保证各个定位零件位置准确）、卸料部分的调整（卸料板的形状必须与制件形状吻合，与凸模的间隙要适中，保证运动灵活平稳）等。

5. 装配模柄

在安装凸模固定板和垫板之前，先把模柄装好。使用压力机将模柄压入上模座孔中。

6. 固定模具的各个活动部分

7. 试模

由模具钳工在冲床上进行试冲裁（切）、检查和调整模具，以达到设计要求。试模后还有将定位板取下来，经热处理淬火后重新安装。

总装时，一般根据上模和下模上的各个零件在装配过程中所受限制的情况，来决定安装上模和下模的先后顺序。通常是将装配过程中受限制最大的部分先安装，并以其作为调整模具另一部分活动零件的定位基准。

7.1.3　塑料模具主要零件的制造

定模、动模、导柱、导套、定模板、动模板、标准模架、常用标准件（推杆、标准型芯、浇口套、标准定位零件）均为塑料模具的主要零件。其落料凸模的加工工艺方案可参照表 7-1 所示内容。

7.2　模具的精度

模具精度包括加工上获得的零件精度和生产时保证产品精度的质量意识，但通常所讲的模具精度，主要是指模具工作零件的精度。模具精度的内容包括四个方面：尺寸精度、形状精度、位置精度、表面精度。由于模具在工作时分上模、下模两部分，故在四种精度中以上、下模间相互位置精度最为重要。模具精度是为制品精度服务的,高精度的制品必须由更高精度的模具来保证,模具精度一般需高于制件精度两级或者两级以上。

7.2.1　模具的精度要求

模具的精度要求主要是指模具成形零件的工作尺寸及精度和成形表面的表面质量。成形零件的原始工作尺寸（设计和制造尺寸）一般以制件设计尺寸为基准，应先考虑制件在成形后的尺寸收缩和模具成形表面应有足够的磨损量等因素，然后按经验公式计算确定。对于一般模具的工作尺寸，其制造公差应小于制件尺寸公差的 1/3 ~ 1/4。

冲裁模除了应满足上述要求外，还需考虑工作尺寸的制造公差对凸、凹模初始间隙的影响，即应保证凸、凹模工作尺寸的制造公差之和小于凸、凹模最大初始间隙与最小初始间隙之差，模具成形表面的表面质量应根据制件的表面质量要求和模具的性能要求确定，对于一般模具要求其成形表面的表面粗糙度 $Ra \leqslant 0.4$ μm。

模具上、下模或动、定模之间的导向精度，坯料在冲模中的定位精度等对制件质量也有较大的影响，它们也是衡量模具精度的重要指标。此外，为了保证模具的精度，还应注意零件相关表面的平面度、直线度、圆柱度等形状精度和平行度、垂直度、同轴度等位置误差，以及模具装配后零件与零件相关表面之间的平行度、垂直度、同轴度等位置误差。

7.2.2 影响模具精度的因素

1. 模具的原始精度

模具的原始精度即模具的设计和制造精度，它是保证模具具有较高精度的基础。模具只有具备足够的原始精度，才能充分发挥模具的效能，保证模具具有足够的使用寿命，在较长时期内稳定地生产出质量合格的制件。

2. 模具的类型和结构

模具的类型和结构对模具的精度有一定的影响。如带有导向装置的模具，其精度要高于无导向装置的敞开式模具。

3. 模具的磨损

模具在使用过程中，成形零件的工作表面在制件成形和起模时因与制件材料的摩擦而产生磨损，这种磨损直接导致成形零件的工作尺寸和制件尺寸发生变化。

4. 模具的变形

模具受力零件在刚度、强度不足时，会发生弹性变形或塑性变形，从而会降低模具的精度。例如：塑料模、压铸模中的型腔在熔融塑料或合金液的压力作用下的变形，细小型芯在熔融塑料或合金液冲击作用下的变形，都会降低模具的精度。

5. 模具的使用条件

模具的使用条件，诸如成形设备的刚度和精度，原材料的性能变化，模具的安装和调整是否得当等，都会影响到模具的精度。

7.2.3 模具的精度检测

利用模具生产制品的特点之一是生产效率高、生产批量大，如果将精度不足的模具投入生产，就有可能产生大量的废品。为了将这种损失的可能性降至最低，就有必要对模具的精度进行经常且仔细的检查。

1. 模具制造过程的精度检查

为了保证模具具有良好的原始精度，在模具制造过程中就应注意模具的精度检查。首先应严格检查和控制模具零件的加工精度及模具的装配精度，其次应通过试模验收工作综合检查模具的精度状况。只有在试模验收合格后，模具才可以交付用户投入使用。

2. 新模具入库前的精度检查

新模具在办理入库手续前必须进行精度检查。首先应通过外观检查和测量模具成形零件的工作尺寸、表面质量及其他有关指标是否达到设计要求，然后通过试模检验来检查制件的质量是否合乎要求。在判断模具精度是否合格时，要注意模具使用后的磨损对制件尺寸的影响，尤其是对于尺寸精度要求较严的制件，应考虑避免出现试制件的尺寸在规定的公差范围之内，但在模具使用后不久制件的尺寸就超出公差范围的情况。一般对于模具磨损后减小的制件尺寸，试制件的尺寸应接近于制件的最大极限尺寸；对于模具磨损后增大的制件尺寸，试制件的尺寸应接近于制件的最小极限尺寸。

由于冲裁模的凸、凹模间隙可直接影响制件的毛刺高度，所以还需通过测量试制件的毛刺高度来判断凸、凹模间隙是否合适。此外，有时还应考虑修整模具或修磨刃口对模具和制件尺寸的影响。如果直接使用用户的生产设备进行模具的试模验收工作，新模具入库前的精度检查可以与试模验收工作同时进行。否则，就要注意试模验收所用的设备和用户生产设备之间的差别，有时即使试模验收时的试制件是合格的，但在使用用户的设备进行生产时，由于设备之间存在差别，也有可能生产出不合格品。此时，在新模具入库前有必要在用户的设备上对模具的精度作重新检查。新模具精度检查的结果应记载入有关档案卡片，模具入库时应附带几个合格试制件一同入库。

3. 模具使用过程中的精度检查

模具使用时的精度检查包括首件检查、中间检查和末件检查。有时制件质量不合格的原因可能不在于模具，而是模具安装、调整不当造成的。模具安装、调整不当也是加工模具磨损和造成模具安全事故的重要原因。因此，在开始生产作业时，应试制、检查几个初期制件，并将检查结果与模具入库前的精度检查结果或上次使用时的末件检查结果相比较，以确认模具安装、调整是否得当。制件的成批生产必须在首件检查合格后才能开始。

在生产作业过程中，间隔一定时间或生产一定数量的制件后，应对制件进行抽样检查，即进行中间检查。中间检查的目的是了解模具在使用时的磨损速度，评估磨损速度对模具精度和制件质量的影响情况，以预防不合格品的成批出现。

生产作业终了时，应对最终制造的制件进行检查，同时结合对模具的外观检查，来判断模具的磨损程度和模具有无修理或重磨的必要。此外，通过对首件检查和末件检查的结果进行比较，能够测算模具的磨损速度，以便合理安排下一次作业的制件生产批量，避免模具在下次使用时因中途需要重磨或修理而中断作业所造成的损失。

4. 模具修理后的精度检查

模具在修理时，更换零件和对模具进行拆卸、装配、调整等工作，都有可能使模具的精度发生变化，因此在模具修理结束后必须进行精度检查。检查的方法、要求与新模具入库前的精度检查相同。

7.3　模具的寿命

7.3.1　模具寿命的基本概念

模具寿命指在保证制件品质的前提下，所能成形出的制件数。它包括反复刃磨和更换易损件，直至模具的主要部分更换所成形的合格制件总数。模具的失效分为非正常失效和正常失效。非正常失效（早期失效）是指模具未达到一定的工业水平下公认的寿命时就不能服役。早期失效的形式有塑性变形、断裂、局部严重磨损等。正常失效是指模具经大批量生产使用，因缓慢塑性变形或较均匀地磨损或疲劳断裂而不能继续服役。

1. 模具正常寿命

模具正常失效前，生产出的合格产品的数目，称为模具正常寿命，简称模具寿命，模具首次修复前生产出的合格产品的数目，称为首次寿命；模具一次修复后到下一次修复前所生产出的合格产品的数目，称为修模寿命。模具寿命是首次寿命与各次修复寿命的总和。

模具寿命与模具类形和结构有关，它是一定时期内模具材料性能、模具设计与制造水平.模具热处理水平以及使用及维护水平的综合反映。模具寿命的高低在一定程度上反映一个地区、一个国家的冶金工业、机械制造工业水平。

2. 模具失效形式及机理

模具种类繁多，工作状态差别很大，损坏部位也各异，但失效形式归纳起来大致有三种，即磨损、断裂、塑性变形。

（1）磨损失效。模具在服役时，与成形坯料接触，产生相对运动。由于表面的相对运动，接触表面逐渐失去物质的现象叫磨损。磨损失效可分为以下几种：

① 两接触表面相对运动时，在循环应力（机械应力与热应力）的作用下，使表面金属疲劳脱落的现象称为疲劳磨损。

② 金属表面的气泡破裂，产生瞬间的冲击和高温，使模具表面形成微小麻点和凹坑的现象叫气蚀磨损。

③ 液体和固体微小颗粒反复高速冲击模具表面，使模具表面局部材料流失，形成麻点和凹坑的现象叫冲蚀磨损。

④ 在摩擦过程中，模具表面和周围介质发生化学或电化学反应，再加上摩擦力的机械作用，引起表面材料脱落的现象叫磨蚀磨损。

⑤ 磨损的交互作用摩擦磨损情况很复杂，在一定的工况下模具与工件（或坯料）相对运动中，磨损一般不只是以一种形式存在，往往是以多种形式并存，并相互影响。

（2）断裂失效。模具出现大裂纹或分离为两部分和数部分丧失服役能力时，成为断裂失效。断裂可分为塑性断裂和脆性断裂。模具材料多为中、高强度钢，断裂的形式多为脆性断裂。

脆性断裂又可分为一次性断裂和疲劳断裂。

（3）塑性变形失效。塑料模具在服役时承受很大的应力，而且不均匀。当模具的某个部位的应力超过了当时温度下模具材料的屈服极限时，就会以晶格滑移、孪晶、晶界滑移等方式产生塑性变形，改变了几何形状或尺寸，而且不能修复再服役时，称为塑性变形失效。塑性变形的失效形式表现为镦粗、弯曲、型腔胀大、塌陷等。

模具的塑性变形是模具金属材料的屈服过程。是否产生塑性变形，起主导作用的是机械负荷以及模具的室温强度。在高温下服役的模具，是否产生塑性变形，主要取决于模具的工作温度和模具材料的高温强度。

7.3.2 影响模具寿命的因素

模具的寿命是由其所成形的制件是否合格决定的，如果模具生产的制件报废，那么该模具就没有价值了。对用户来说，总是希望模具好用，而且使用了很长时间仍能成形出合格制件，即要求模具的寿命长。对于大量生产，模具使用寿命长短直接影响到生产效率的提高和生产成本的降低，所以模具寿命对使用者来说是个非常重要的指标。使用者根据生产批量要求模具达到多长寿命，模具制造者就应尽量满足使用者的要求。

影响模具寿命的因素是多方面的，在设计与制造模具时应全面分析影响模具寿命的因素，并采取切实有效的措施提高模具的寿命。

1．制件材料对模具寿命的影响

实际生产中，由于冲压用原材料的厚度公差不符合要求、材料性能的波动、表面质量差和不干净等原因造成模具工作零件磨损加剧、崩刃的情况时有发生。由于这些制件材料因素的影响，直接降低了模具使用寿命，所以冷冲压制件所用的钢板或其他原材料，应在满足使用要求的前提下，尽量采用成形性能好的材料，以减少冲压变形力，改善模具工作条件。另外，保证材料表面质量和清洁对任何冲压工序都是必要的。为此，材料在加工前应擦洗干净，必要时还要清除表面氧化物和其他缺陷。

对塑料制件而言，不同塑料品种的模塑成形温度和压力是不同的。由于工作条件不同，对模具的寿命就有不同的影响。以无机纤维材料为填料的增强塑料的模塑成形，模具磨损较大。模塑过程中产生的腐蚀性气体会腐蚀模具表面。因此，应在满足使用要求的前提下，尽量选用模塑工艺性能良好的塑料来成形制件，这样既有利于模塑成形，又有利于提高模具寿命。

2．模具材料对模具寿命的影响

据统计，模具材料性能及热处理质量是影响模具寿命的主要因素。对冲压模具，因工作零件在工作中承受拉伸、压缩、弯曲、冲击摩擦等机械力的作用，因此冲模材料应具备抗变形、抗磨损、抗断裂、耐疲劳、抗软化及抗黏性的能力。对塑料模和压铸模，因型腔一般比较复杂，表面粗糙度值要求小，且工作时要承受熔体较大的冲击、摩擦和高温的作用，所以要求模具材料具有足够的强度、刚度、硬度和具有良好的耐磨性、耐腐蚀性、抛光性和热稳定性。近年来开发出不少新型模具材料，既有优良的强度和耐磨性等，又有良好的加工工艺性，不仅大大提高了制件质量，而且大大提高了模具寿命。

3．模具热处理对模具寿命的影响

模具的热处理质量对模具的性能与使用寿命影响很大。因为热处理的效果直接影响着模具用钢的硬度、耐磨性、抗咬合性、回火稳定性、耐冲击以及抗腐蚀性，这些都是与模具寿命直接有关的性质。根据模具失效原因的分析统计，热处理不当引起的失效占 50%以上。实践证明，高级的模具材料必须配以正确的热处理工艺才能真正发挥材料的潜力。

通过热处理可以改变模具工作零件的硬度，而硬度对模具寿命的影响是很大的。但并不是硬度越高，模具寿命越长。这是因为硬度与强度、韧性及耐磨性等有密切的关系，硬度提高，韧性一般要降低，而抗压强度、耐磨性、抗黏合能力则有所提高。有的冲模要求硬度高、寿命长，例如采用 T10 钢制造硅钢片的小冲孔模，硬度为 56～58 HRC 时只冲几千次制件毛刺就很大，如果

将硬度提高到 60～62 HRC，则刃磨寿命可达到 2 万～3 万次；但如果继续提高硬度，则会出现早期断裂。有的冲模则硬度不宜过高，例如采用 Cr12MoV 制造六角螺母冷镦冲头，其硬度为 57～59 HRC 时模具寿命一般为 2～3 万件，失效形式是崩裂，如将硬度降到 52～54 HRC，寿命则提高到 6～8 万件。由此可见，热处理应达到的模具硬度必须根据冲压工序性质和失效形式而定，应使硬度、强度、韧性、耐磨性、疲劳强度等达到特定模具成形工序所需的最佳配合.为延长模具寿命，可采取下述方法来改善模具的热处理。

（1）完善和严格控制热处理工艺，如采用真空热处理防止脱碳、氧化、渗碳，加热适当，淬火充分。

（2）采用表面强化处理，使模具成形零件“内柔外硬”，以提高耐磨性、抗黏性和抗疲劳强度。其方法主要有高频感应加热淬火、喷丸、机械滚压、电镀、渗氮、渗硼、渗碳、渗硫、渗金属、离子注入、多元共渗等。还可采用电火花强化、激光强化、物理气相沉积和化学气相沉积等表面处理新技术。

（3）模具使用一段时期后应进行一次消应力退火，以消除疲劳，延长寿命。

（4）在热处理工艺中，增加冰冷（低于-78℃）或超低温（低于-130℃）处理，以提高耐磨性。

（5）热处理时，注意强韧匹配，柔硬兼顾。有时为了提高模具的韧性，可以适当地降低硬度。

（6）热处理变形要小，可采用非常缓慢的加热速度、分级淬火、等温淬火等减小模具变形的热处理工艺。

4. 模具结构对模具寿命的影响

合理的模具结构是保证模具高寿命的前提，因而在设计模具结构时，必须认真考虑模具寿命问题。模具结构对模具受力状态的影响很大，合理的模具结构，能使模具在工作时受力均匀，应力集中小，也不易受偏载，因而能提高模具寿命。为了提高模具寿命，在设计模具结构时应注意以下几方面。

（1）适当增大模座的厚度，加大导柱、导套直径，以提高模架的刚性。

（2）提高模架的导向性能，增加导柱、导套数量。如冲模可采用四个导柱模架、用卸料板作为凸模的导向和支承部件（卸料板自身亦有导向装置）等。

（3）选用合理的模具间隙，保证工作状态下的间隙均匀。一般来说，冲模中采用较大的间隙有利于减小磨损，提高模具寿命。

（4）尽量使凸模或型芯工作部分长度缩短，并增大其固定部分直径和尾端的承压面积。

（5）适当增加冲裁凹模刃口直壁部分的高度，以增加刃磨次数。

（6）尽量避免模具成形零件截面的急剧变化及尖角过渡，以减小应力集中或延缓磨损，防止造成模具过早损坏。

（7）在冲压成形工序中，模具成形零件的几何参数应有利于金属或制件的变形和流动，工作表面的粗糙度值尽可能地减小。

（8）保持模具的压力中心与压力机、注塑机或压铸机等成形设备的压力中心基本一致。

5. 模具加工工艺对模具寿命的影响

模具工作零件需要经过车、铣、刨、磨、钻、冷压、刻印、电加工、热处理等多道加工工序。加工质量对模具的耐磨性、抗断能力、抗黏合能力等都有显著的影响。为了提高模具寿命，在模具加工时可采取如下一些措施。

（1）采用合理的加工方法和工艺路线。尽可能通过加工设备来保证模具的加工质量。

（2）对尺寸和质量要求均较高的模具零件，应尽量采用精密机床（如坐标镗床、坐标磨床等）和数控机床（如三坐标数控铣床、数控磨床、数控线切割机、数控电火花机、加工中心等设备）加工。

（3）消除电加工表面不稳定的淬硬层（可用机械或电解、腐蚀、喷射、超声波等方法去除），电加工后进行回火，以消除加工应力。

（4）严格控制磨削工艺条件和方法（如砂轮硬度、精度、冷却、进给量等参数），防止磨削烧伤和裂纹的产生。

（5）注意掌握正确的研磨、抛光方法。抛光方向应尽量与变形金属流动方向保持一致，并注意保持模具成形零件形状的准确性。

（6）尽量使模具材料纤维方向与受拉力方向一致。

6．模具的使用、维护和保管对模具寿命的影响

一副模具即使设计合理、加工装配精确、质量良好，但如使用、维护及保管不当，也会导致模具变形、生锈、腐蚀，使模具失效加快，寿命降低。为此，可采用下述方法以提高模具寿命。

（1）正确地安装与调整模具。

（2）在使用过程中，注意保持模具工作面的清洁，定期清洗模具内部。

（3）注意合理润滑与冷却。

（4）对冲模，应严格控制冲裁凸模进入凹模的深度，并防止误送料、冲叠片，还应严格控制校正弯曲、整形、冷挤等工序中上模的下止点位置，以防模具超负荷。

（5）当冲裁模出现 0.1 mm 的钝口磨损时，应立即刃磨，刃磨后要研光，最好使表面粗糙度 Ra 的值小于 0.1 μm。

（6）选取合适的成形设备，充分发挥成形设备的效能。

模具应编号管理，在专用库房里进行存放和保管。模具储藏期间，要注意防锈处理，最好使弹性元件保持松弛状态。

最后应该指出的是，对使用者而言，模具的使用寿命当然越长越好。但模具使用寿命的增加，需伴随着制造成本的提高，因此设计和制造模具时，不能盲目追求模具的加工精度和使用寿命，应根据模具所加工制件的质量要求和产量，确定合理的模具精度和寿命。

7.3.3　提高模具寿命的途径

模具磨损的根本原因是模具零件与制件（或坯料）之间或模具零件与零件之间的相互摩擦作用。能够降低这种摩擦作用，或者能够提高模具零件耐磨性的途径，都是降低模具的磨损速度、提高模具有效磨损寿命的有效途径。

1．合理选择模具材料

材料的耐磨性是决定模具零件磨损速度的主要因素之一，材料的耐磨性主要决定于材料的种类和热处理状态。常用模具材料中，以冷作模具用钢为例，硬质合金的耐磨性最高，其次是高碳高铬工具钢，再次是低合金工具钢，碳素工具钢的耐磨性最低。一般情况下，需要耐磨的模具零件都应通过淬火或其他热处理方法提高材料的硬度，材料越硬，耐磨性就越好。

2．提高模具零件表面质量

首先，要提高零件表面的精加工质量。零件加工越精细，表面粗糙度值越小，则磨损速度就越慢，使用寿命就越高。其次，要尽力避免零件表层材料在加工过程中发生软化现象，防止材料耐磨性的降低。例如，在磨削加工时，如果工艺条件选择不当，就会产生磨削烧伤，使表层材料的硬度降低，大大降低了零件的耐磨性。

3．润滑处理

模具的导柱、导套及其他有相对运动的部位应经常加注润滑油。冲压加工时一般应在凸、凹模工作表面或毛坯表面涂覆润滑油或润滑剂。变形抗力大的冲压加工，如冷挤压、厚料拉深、变薄拉深等，应对坯料进行表面润滑处理，如对碳钢坯料进行磷化皂化处理；对不锈钢坯料进行草酸盐处理。锻模、塑料模和压铸模等模具在成形前都应将润滑剂或起模剂喷涂于成形零件表面。

4．防止黏模

如果制件材料与模具材料之间有较强的亲和力，两者之间会产生很强的黏附作用，甚至相互间在高压作用下产生冷焊，这就是所谓的黏模现象。黏模现象严重时，将在起模时导致制件和模具零件表面的材料撕裂脱落，一方面影响制件的表面质量，另一方面将使模具零件产生剧烈的黏着磨损，同时脱落的材料颗粒还会加剧模具零件的磨损。因此，无论是对于制件质量，还是对于模具寿命，黏模现象都是极为有害的，都应采取措施加以预防。预防黏模的方法有：采用与制件材料亲和力较小的模具材料；采用可靠的润滑措施，防止润滑膜在高压下被挤破；采用渗氮、碳氮共渗等表面处理方法，改变模具零件表层材料的组织结构。

5．合理选择模具结构参数和成形工艺条件

在保证制件质量的前提下，对于冲裁模适当加大凸、凹模间隙，对于弯曲模、拉深模适当加大凸、凹模间隙和凹模口部圆角半径，对于冷挤压模适当减小凹模入口角和凸、凹模工作带高度，以及增加制件的起模斜度，都能提高模具寿命。对于塑料模、压铸模等模具，适当减小成形压力、温度和速度，提高模具温度，既能减小熔融塑料或合金液在充模时对模具成形表面的冲击磨损，又能减小制件对模具的胀模力，从而减小模具在制件起模时的磨损。

6．表面强化

表面强化的目的是提高模具零件表面的耐磨性。常用的表面强化方法有表面电火花强化、硬质合金堆焊、渗氮、碳氮共渗、渗硫处理、表面镀铬等。表面电火花强化、硬质合金堆焊常用于冲裁模。渗氮（硬氮化）主要用于 3Cr2W8V、5CrMnMo 等热加工模具钢零件的表面强化，此方法除能提高零件的耐磨性外，还能提高零件的耐疲劳性、耐热疲劳性和耐磨蚀性，主要用于压铸模、塑料模等模具。碳氮共渗（气体软氮化）不受钢种的限制，能应用于各类模具。渗硫处理能减小摩擦系数，提高材料的耐磨性，一般只用于拉深模、弯曲模。表面镀铬主要用于塑料模及拉深模、弯曲模。除了上述常用方法外，模具的表面强化还有渗硼处理、渗金属处理、TD 法处理、化学气相沉积处理、碳氮硼多元共渗等许多方法。

7.4　模具的成本与安全

模具作为生产各种工业产品的重要工艺装备，一般不直接进入市场流通交易，而是由模具使用者与模具制造企业双方进行业务洽谈，明确双方的经济关系和责任，并以订单或经济合同的形式来确定双方经济技术关系。那么模具的定价是否合理，不仅关系到用户的切身利益，而且还关系到模具制造企业的盈利水平、市场的竞争以及预定的经营目标是否能顺利实现等，因此模具价格的制订是模具制造企业经营决策的重要内容之一。为了制订出合理的模具价格，必须搞清楚模具从设计到生产以及企业的管理、销售等各环节所花费的成本。

7.4.1　模具成本的概念

模具的制造和其他任何商品一样，只要投入了人力、物力，就要花费成本。对于成本的估算，社会上仍有“模具不过是一种半手工业劳动”的偏见，忽略了现代模具生产是人才、技术和资金高度密集的地方，模具成本中应含有很高的技术价值。模具产品成本根据在生产中的作用可分为固定成本和变动成本两大类，这两种成本均对模具的价格产生直接影响。

固定成本是指在一定时期、一定产量范围内不随模具产品数量变动而变动的那部分成本，如厂房和设备的折旧费、租金、管理人员的工资等。这些费用在每一个生产期间的支出都是比较稳定的，它们将被平均分摊到模具产品中去，不管产品的产量如何，其支出总额是相对不变的。但单位产品上分摊的固定费用却随产量的变化而变化。模具产量越高，每副模具产品

分摊的固定费用就越少；反之每副模具产品分摊的固定费用就越高。因此模具企业可以采用压缩固定成本总额或增加模具产量的方法来控制模具的固定成本。

变动成本是指模具的成本总金额随模具产品数量的变动而成正比例变动的成本，主要包括制造模具的原材料、能源、计件工资、直接营业税等。变动成本的总额虽然随模具产量的变大而变大，但对于每副模具的变动成本却是相对稳定的，不随产量变动。一般情况下，只能通过控制单位产品（每副模具）的消耗量，才能达到降低单位变动成本的目的。

综合上述固定成本和变动成本这两大类因素，可以认为模具的价格是由模具的生产成本、销售费用（包装运输费、销售机构经费、宣传广告费、售后服务费等）、利润和税金四部分构成。实践证明，模具价格中的主要成分是生产成本。生产成本是指生产一定数量的产品所耗用的物质资料和支付劳动者的报酬。生产成本由以下内容组成：

（1）模具设计费。模具一般不具有重复生产性，每套模具在投产前均需首先进行设计。

（2）模具的原材料费。铸件、锻件、型材、模具标准件及外购件费用等。

（3）动力消耗费。水、电、气、煤、燃油费等。

（4）工资。工人工资、奖金，按规定提取的福利基金。

（5）车间经费。管理车间生产发生的费用以及外协费等。

（6）企业管理费。管理人员与服务人员工资、消耗性材料、办公费、差旅费、运输费、折旧费、修理费及其他费用。

（7）专用工具费。专用刀具、电极、靠模、样板、模型所耗用的费用等。

（8）试模费。模具生产本身具有试制性，在交货前均需反复试模与修整。

（9）试制性不可预见费。由于模具制造中存在着试制性，成本中就包含着不可预见费和风险费。

由于模具制造具有单件试制性特点，而且生产实践也表明，模具是物化劳动少而技术投入多的产品，其“工费”在生产成本中占有很大比例（70%~80%），因此在组成模具生产成本的上述条目中有很大比重属于模具的工费。所以，用户通常对模具的生产成本只想到工费和材料费，不考虑其他费用，造成用户和模具制造者在价格认识上的差距。

7.4.2 降低模具成本的方法

获取最大盈利是模具企业追求的重要目标之一。但是企业追求最大盈利并不等于追求最高价格。因为当产品价格过高时，销售量会相应减少，最终导致销售收入的降低，使企业盈利总额下降。众所周知，产品成本制约着产品价格，而产品价格又影响到市场需求、竞争等因素。因此，从这个角度来看，模具的成本应越低越好。降低模具成本的方法如下。

（1）模具企业对内部各部门从严管理、提高效率，从每一个细节上深挖潜能，杜绝浪费和人浮于事的现象。

（2）模具企业通过发挥规模经济效应，增加产量，降低成本，刺激社会需求。

（3）设计模具时应根据实际情况作全面考虑，即应在保证制件质量的前提下，选择与制件产量相适应的模具结构和制造方法，使模具成本降到最低程度。

（4）要充分考虑制件特点，尽量减少后续加工。

（5）尽量选择标准模架及标准零件，以便缩短模具生产周期，从而降低其制造成本。

（6）设计模具时要考虑试模后的修模方式，应留有足够的修模余地。

（7）在模具制造中，合理选择机械加工、特种加工和数控加工等加工方法，否则会造成各种形式的浪费。

（8）对于一些精度和使用寿命要求不高的模具，可用简单方便的制模法快速制成模具，以节省成本。

（9）尽量采用计算机辅助设计（CAD）与计算机辅助制造（CAM）技术。

在一般情况下，模具生产成本（主要包括材料费、动力消耗、工资及设备折旧费等）的大小是决定模具价格高低的主要因素，若想降低模具价格，首先必须设法降低其成本。此外，当模具价格不变时，成本越低，企业纯收入越大；成本越高，纯收入越小。因此，模具企业要想获取更多的盈利，就必须加强内部管理，精打细算，不断把降低成本作为企业生存的必由之路。

7.4.3 模具设计和制造过程中出现的安全问题

模具安全技术包括人身安全和设备与模具安全技术两个方面。前者主要是保护操作者的人身（特别是双手）安全，也包括降低生产噪声。后者主要是防止设备事故，保证模具与压力机、注射机等设备不受意外损伤。

发生事故的原因很多，客观上的原因是：因为冲压设备多为曲柄压力机和剪切机，其离合器、制动器及安全装置容易发生故障；模塑成型设备和压铸机的液压、电器、加热装置等失灵，一个零件发生“灾难性”的故障，因此可能造成其他零件损坏，导致设备失效。但是根据经验统计，主观原因还是主要的。如操作者对成形设备的加工特点缺乏必要的了解，操作时又疏忽大意或违

反操作规程；模具结构设计的不合理或模具没有按要求制造，或未经严格检验导致强度不够或机构失效；模具安装、调整不当；设备和模具缺乏安全保护装置或维修不及时等。

模具在设计、制造、使用过程中易出现如下的安全问题：

（1）操作者疏忽大意，在冲床滑块下降时将手、臂、头等伸入模具危险区。

（2）模具结构不合理，模具给手指进入危险区造成方便，在冲压生产中工件或废料回升而没有预防的结构措施，或单个毛坯在模具上定位不准确而需用手校正位置等。

（3）模具的外部弹簧断裂飞出，模具本身具有尖锐的边角。

（4）塑料模具或模塑设备中的热塑料逸出，压缩空气逸出，液压油逸出。

（5）热模具零件裸露在外，电接头绝缘保护不好。

（6）模具安装、调整、搬运不当，尤其是手工起重模具。

（7）压力机的安全装置发生故障或损坏。

（8）在生产中，缺乏适当的交流和指导文件（操作手册、标牌、图样、工艺文件等）。

从事故发生的统计数据表明：在冲压生产中发生的人身事故比一般机械加工多。目前新生产的压力机，国家规定都必须附设安全保护装置才能出厂。压力机用的安全保护装置有安全网、双手操作机构、摆杆或转板护手装置、光电或安全保护装置等。在保障冲压加工的安全性方面，除压力机应具有安全装置外，还必须使所设计的模具具有杜绝人身事故发生的合理结构和安全措施。

7.4.4　提高模具安全的方法

在设计模具时，不仅要考虑到生产效率、制件质量、模具成本和寿命，同时必须考虑到操作方便、生产安全。

1. 技术安全对模具结构的基本要求

（1）不需要操作者将手、臂、头等伸入危险区即可顺利工作。

（2）操作、调整、安装、修理、搬运和贮藏方便、安全。

（3）不使操作者有不安全的感觉。

（4）模具零件要有足够的强度，应避免有与机能无关的外部凸、凹部分，导向、定位等重要部位要使操作者看得清楚，原则上冲压模具的导柱应安装在下模并远离操作者，模具中心应通过或靠近成形设备的中心。

2. 模具的安全措施

（1）设计自动模。当压力机没有附设的自动送料装置时，可将冲模设计成自动送料、自动出件的半自动或自动模。这是防止发生人身安全事故的有效措施。

（2）设置防护装置。设置防护装置的目的是把模具的工作区或其他容易造成事故的运动部分保护起来，以免操作者接触危险区。在冲模设计时可采取下列一些防护装置。

（3）设置模外装卸机构。对于单个毛坯的冲压，当无自动送料装置时，为了避免手伸入危险区，可以设置模外手动装料的辅助机构，在模外手工装料，然后利用斜面料槽将待冲工件滑到冲模工作位置。

（4）防止工件或废料回升。在冲裁模中，落料制件或冲孔废料有时被黏附在凸模端面上带回凹模面造成冲叠片，这不仅会损坏模具刃口，有时还会造成碎块伤人的事故。为此通常在凸模中采用顶料销或通入压缩空气的方法，迫使制件（落料）或废料（冲孔）从凹模中漏下，如图 7-2 所示。

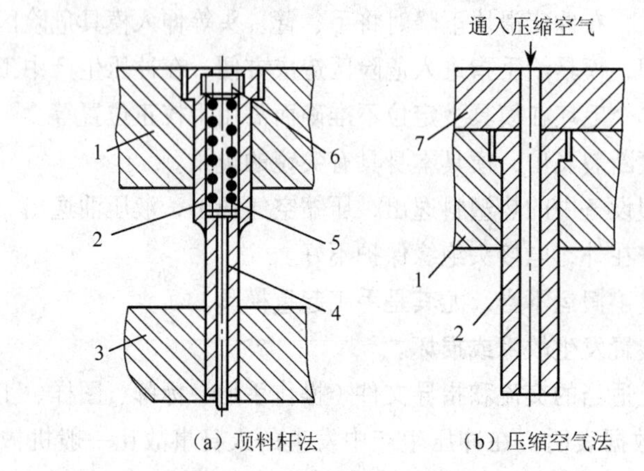

图 7-2　防止废料回升的措施

1—凸模固定板；2—凸模；3—卸料板；4—顶料销；5—弹簧；6—螺塞；7—垫板

（5）缩小模具危险区的范围。在无法安装防护挡板和防护罩时，可通过改进冲模零件的结构和有关空间尺寸以及冲模运动零件的可靠性等安全措施，以缩小危险区域，扩大安全操作范围。具体方法如下。

① 凡与模具工作需要无关的角都应倒角或设计成一定的铸造圆角。

② 手工放置工序件时，为了操作安全与取件方便，在模具上开出让位空槽。

③ 当上模在下极点时，使凸模固定板与卸料板之间保持 15～20 mm 的空隙，以防压伤手指。当上模在上极点时，使凸模（或弹压卸料板）与下模上平面之间的空隙小于 8 mm，以免手指伸入。

④ 单面冲裁或弯曲时，将平衡块安置在模具的后面或侧面，以平衡侧压力对凸模的作用，防止因偏载折断凸模而影响操作者的安全。

⑤ 模具闭合时，上模座与下模座之间的空间距离不小于 50 mm。

（6）模具的其他安全措施。

① 合理选择模具材料和确定模具零件的热处理工艺规范。

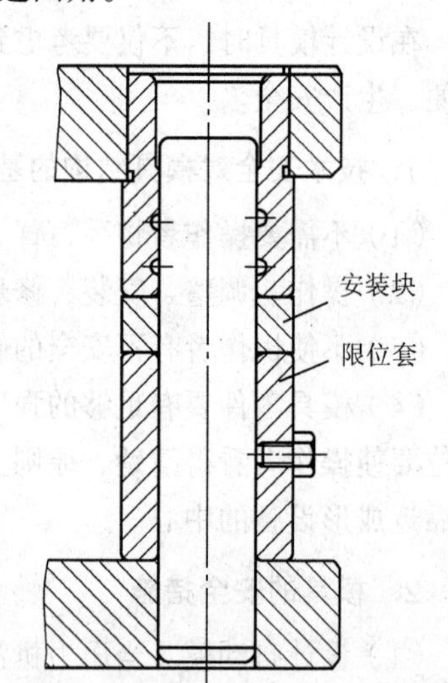

图 7-3　冲模的安装块与限位支承装置

② 设置安装块和限位支承装置，如图 7-3 所示。对于大型模具设置安装块不仅给模具的安装、调整带来方便，也增强安全系数，而且在模具存放期间，能使工作零件保持一定距离，以防上模倾斜和碰伤刃口，并可防止橡胶老化或弹簧失效。而限位支承装置则可限制冲压工作行程的最低位置，避免凸模伸入凹模太深而加快模具的磨损。

③ 对于重量较大的模具，为便于搬运和安装，应设置起重装置。起重装置可采用螺栓吊钩

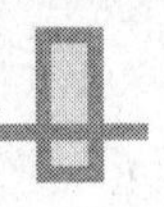

或焊接吊钩，原则上一副模具使用 2～4 个吊钩，吊钩的位置应使模具起重提升后保持平衡。

7.5　模具的维护与修理

模具是精密和复杂的工艺装备。它的制造周期较长，生产中又具有成套性。为了保证正常生产，提高制件质量，延长模具使用寿命，改善模具技术状态，对模具必须要进行精心维护与保养。

7.5.1　模具的维护与保养

模具的维护与保养应贯穿在模具的使用、修理、保管各个环节之中。

1．模具使用前的准备工作

（1）对照工艺文件检查所使用的模具是否正确，规格、型号是否与工艺文件统一。

（2）操作者应使自己首先了解所用模具的使用性能、方法及结构特点，动作原理。

（3）检查一下所使用的设备是否合理，如压力机的行程、开模距、压射速度等是否与所使用的模具配套。

（4）检查一下所用的模具是否完好，使用的材料是否合适。

（5）检查一下模具的安装是否正确，各紧固部位是否有松动现象。

（6）开机前工作台、模具上杂物是否清除干净，以防开机后损坏模具或出现隐患。

2．模具使用过程中的维护

（1）模具在开机后，首先必须认真检查合格后开始生产，检查不合格应停机检查原因。

（2）遵守操作规程，防止乱放、乱砸、乱碰及违规操作。

（3）模具运作时，随时检查，发现异常立刻停机修整。

（4）要定时对模具各滑动部位进行润滑，防止野蛮操作。

3．模具的拆卸

（1）模具使用后，要按正常操作程序将模具从机床上卸下，绝对不能乱拆乱卸。

（2）拆卸后的模具要擦拭干净，并涂油防锈。

（3）模具吊运要稳妥，慢起、轻放。

（4）选取模具工作后的最后几个件检查确定检修与否。

（5）确定模具技术状态，使其完整及时送入指定地点保管。

4．模具的检修养护

（1）根据技术鉴定状态定期进行检修，以保证良好的技术状态。

（2）要按检修工艺进行检修。

（3）检修后进行试模、重新鉴定技术状态。

5．模具的存放

保管存放的地点一定要通风良好、干燥且不潮湿。

7.5.2 冲模的常见故障及维修方法

1. 冲压毛刺大

仔细检查模具和制品，分析原因，并根据不同的原因采取相应的对策。

（1）刃口磨损或崩刃，可磨刃口，研磨量应以磨利为准。当局部需要的研磨量较多时，可采用垫片局部垫高后再磨刃口。当崩刃超过 1 mm 时，可采用氩弧焊补焊后研磨修复刃口或氩弧焊补焊后线切割修复刃口，也可局部线切割后镶补。对于小凸模或小镶件崩刃较多时， 可垫高后刃磨或更换新凸模或镶件。

（2）模具冲裁间隙过大或过小，即重新研磨刃口后，效果不佳，很快又出现毛边等，须对冲切断面检查，确认后重新调整模具间隙，并重新配作定位销孔。当导柱、导套磨损，配合间隙变大时，模具冲裁间隙也会改变，导致毛刺出现，可更换导柱、导套。

（3）冲裁搭边过小或切边材料过少时，材料被拉入模具间隙内成为毛边，可加大冲裁搭边或加大切边余量解决。

2. 凸模折断或弯曲

导致凸模失效的原因较多，应仔细检查模具和制品， 分析原因， 并根据不同的原因采取相应的对策。

废料阻塞、卡料、模内有异物、废物上浮、冲半料、冲孔间隙过小或间隙不匀、卸料板导向不良或与凸模配合不良、凸模结构不良或选用材质、热处理不当、 卸料橡胶挤压小凸模等因素均可导致凸模断裂或弯曲。

对细小凸模应加强保护，固定部分适当加大或加保护套， 工作部分与固定部分之间采用大圆角过渡，避免应力集中。大、小凸模相距较近时，受材料牵引易导致小凸模断裂，须加强小凸模保护或加大小凸模尺寸，小凸模比大凸模磨短一个料厚。单面冲裁凸模需有靠块保护，防止凸模因单边受力而弯曲退让，导致冲裁间隙变大而出现毛刺。冲小孔的间隙应适当放大，凹模刃口高度适当降低，凹模刃口高度可取 2 mm，并且刃口以下 $1^\circ \sim 2^\circ$ 取锥度。

3. 废料阻塞

漏料孔不光滑、漏料孔从上至下没有逐级放大或漏料孔上下错位、漏料孔底部有阻挡物、漏料孔过大或过小等因素均可导致废料阻塞。废料阻塞后，可用电钻钻出废料，拆下凹模，分析原因，并根据不同的原因采取相应的对策。

凸模折断或弯曲的更换凸模，凹模胀裂的可局部镶补或更换凹模。对于大凹模中间仅裂开一条缝的情况，可通过线切割加工，用 45 号钢做成工字形键，将凹模裂缝收紧，工字形键应比凹模上线割出的工字形槽短一些，以保证有足够的预紧力将凹模裂缝收紧。对于开裂的凹模，也可压入固定板预紧固定，或在凹模四周焊一框架预紧固定。漏料孔不光滑的可研磨光滑，漏料孔上下错位的，可将漏料孔从上至下应要逐级钻大或修磨错位处至排料顺畅。漏料孔偏小，特别是细小突出部位，可适当放大。漏料孔过大时，废料易翻滚像滚雪球样形成堵塞，需缩小漏料孔。刃口磨损时，废料毛边相互勾挂，也可能胀裂凹模，需及时磨刃口，凹模在磨床上磨削后未退磁而带磁，也可能导致废料塞模， 因此模具磨刃口后应退磁，料带油太多或油的黏度过高，也可能导致废料塞模，可控制材料的带油量及油的种类。凹模刃口表面粗糙或有倒锥时，使废料排出阻力加大，需对凹模直刃部分进行修整。

4．废料上浮压伤工件

模具冲裁间隙偏大、凸模表面紧贴坯料产生真孔、冲压速度高、凸模磨损、凸模带磁性、冲头进入凹模深度偏小、材料表面油过多过粘、小而轻的废料易被真空吸附等因素均可导致废料上浮，将工件压伤。

防止废料上浮的措施主要有：

（1）小孔废料上浮可通过对凸模顶面中间磨 V 形小缺口，避免真空吸附来防止，对冲翻孔凸模冲预孔的细小冲头特别适用。

（2）小孔废料上浮可通过对凹模真空抽吸的办法来防止。

（3）凸模顶端装有活动顶料杆，避免废料随凸模上升。

（4）凸模采用斜刃口或中间磨凹，利用材料变形来防止材料紧贴凸模表面产生真空吸附。

（5）小凸模顶面中间留一小凸点，防止材料紧贴凸模表面产生真空吸附。

（6）修改模具间隙，使用较小的冲裁间隙。

（7）保持凸模刃口锋利，适当增加进入凹凸模的长度 减少润滑油的使用，凸模充分消磁。

（8）在冲孔凸模上锉出 0.05 mm × 0.05 mm 的凹痕，使冲孔废料产生较大毛刺，以增大其在凹模中的摩擦力。

（9）在凹模刃口直壁用合金锉出 15°～30°、0.01 mm 深的斜纹，以增大废料在凹模中的摩擦力。

5．制品变形或尺寸变化

级进模送料及导料不准或送料不到位会出现导正销拉料，在材料的导正孔部位出现小的翻边、导正孔变形等现象，可适当减小导料间隙，增加导料钉，提高导料精度。当导正钉磨损或折断时，制品会出现偏心、翻孔歪斜、尺寸改变等不良，应及时更换导正钉。

材料滑移造成折弯尺寸变化时，可增大压料力，折弯时尽可能采用孔定位。模具让位孔过小、定位不准、卸料板与凹模的间隙大、顶出不平衡等也会导致制品变形，可视具体情况采取相应对策。

6．拉深件起皱或破裂

拉深件起皱的主要原因是压料力太小，对无凸缘的制品口部起皱的原因还有凹模圆角过大、间隙过大，最后变形的材料未被压住，形成的少量皱纹因间隙过大不能整平。解决起皱的措施是增大压料力，但压料力增大过多又会导致制品拉裂。当增大压料力不能解决起皱时，应检查压料圈的限位是否过高，凹模上的挡料钉避让孔是否够深，用塞尺检查拉深间隙是否过大。当只是单面起皱时，应检查压料圈与凹模是否平行，坯料是否有大毛刺或表面有杂物，根据实际情况采取相应的对策。当压料力不均匀导致局部起皱或拉裂时，可通过垫片调整压料板与凹模之间的压料间隙，来控制各处的压料力大小。

拉深件拉裂的主要原因有压料力太大、材料性能规格不符合要求、材料表面不清洁、凹模圆角太小或间隙太小等，确认原因后就可采取相应的对策。

7.5.3　注塑模的常见故障及修理方法

注塑模具的结构形式和模具加工质量直接影响着塑件制品质量和生产效率。注塑模具生产和

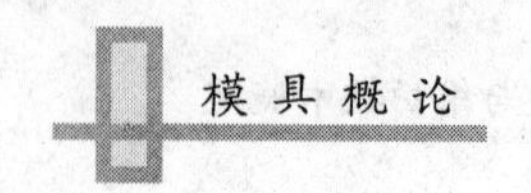

塑料制品生产实践中最常见。最常出现的一些模具故障及其主要原因分析排除如下。

1．浇口脱料困难

在注塑过程中，浇口粘在浇口套内，不易脱出。开模时，制品出现裂纹损伤。此外，操作者必须用铜棒尖端从喷嘴处敲出，使之松动后方可脱模，严重影响生产效率。

这种故障主要原因是浇口锥孔光洁度差，内孔圆周方向有刀痕。其次是材料太软，使用一段时间后锥孔小端变形或损伤，以及喷嘴球面弧度太小，致使浇口料在此处产生铆头。浇口套的锥孔较难加工，应尽量采用标准件，如需自行加工，也应自制或购买专用铰刀。锥孔需经过研磨至 $Ra \leqslant 0.4$ 以上。此外，必须设置浇口拉料杆或者浇口顶出机构。

2．导柱损伤

导柱在模具中主要起导向作用，以保证型芯和型腔的成型面在任何情况下互不相碰，不能以导柱作为受力件或定位件用。在以下几种情况下，注射时动，定模将产生巨大的侧向偏移力：

（1）塑件壁厚要求不均匀时，料流通过厚壁处速率大，在此处产生较大的压力。

（2）塑件侧面不对称，如阶梯形分型面的模具,相对的两侧面所受的反压力不相等。

（3）大型模具，因各向充料速率不同，以及在装模时受模具自重的影响，产生动、定模偏移。

（4）在上述三种情况下，注射时侧向偏移力将加在导柱上，开模时导柱表面拉毛，损伤，严重时导柱弯曲或切断，甚至无法开模。

为了解决以上问题,在模具分型面上增设高强度的定位键四面各一个，最简便有效的是采用圆柱键。导柱孔与分模面的垂直度至关重要。在加工时采用动、定模对准位置夹紧后，在镗床上一次镗完，这样可保证动，定模孔的同心度，并使垂直度误差最小。此外，导柱及导套的热处理硬度务必达到设计要求。

3．动模板弯曲

模具在注射时，模腔内熔融塑料产生巨大的反压力，一般在 600～1000 kg/cm^2。模具制造者有时不重视此问题，往往改变原设计尺寸，或者把动模板用低强度钢板代替，在用顶杆顶料的模具中，由于两侧座跨距大，造成注射时模板下弯。故动模板必须选用优质钢材，要有足够厚度，切不可用 A3 等低强度钢板，在必要时，应在动模板下方设置支撑柱或支撑块，以减小模板厚度，提高承载能力。

4．顶杆弯曲、断裂或者漏料

自制的顶杆质量较好，就是加工成本太高，现在一般都用标准件，质量差。顶杆与孔的间隙如果太大，则出现漏料，但如果间隙太小，在注射时由于模温升高，顶杆膨胀而卡住。更危险的是，有时顶杆被顶出一般距离就因顶不动而折断，结果在下一次合模时这段露出的顶杆不能复位会撞坏凹模。为了解决这个问题，顶杆重新修磨，在顶杆前端保留 10～15 mm 的配合段，中间部分磨小 0.2 mm。所有顶杆在装配后，都必须严格检查起配合间隙，一般在 0.05～0.08 mm 内，要保证整个顶出机构能进退自如。

5．冷却不良或水道漏水

模具的冷却效果直接影响制品的质量和生产效率，如冷却不良，制品收缩大，或收缩不均匀而出现翘面变形等缺陷。另一方面模整体或局部过热，使模具不能正常成形而停产，严重者使顶

杆等活动件热胀卡死而损坏。冷却系统的设计，加工以产品形状而定，不要因为模具结构复杂或加工困难而省去这个系统，特别是大中型模具一定要充分考虑冷却问题。

6. 定距拉紧机构失灵

摆钩，搭扣之类的定距拉紧机构一般用于定模抽芯或一些二次脱模的模具中，因这类机构在模具的两侧面成对设置，其动作要求必须同步，即合模同时搭扣，开模到一定位置同时脱钩。一旦失去同步，势必造成被拉模具的模板歪斜而损坏，这些机构的零件要有较高的刚度和耐磨性，调整也很困难，机构寿命较短，尽量避免使用，可以改用其他机构。

在抽心力比较小的情况下可采用弹簧推出定模的方法，在抽芯力比较大的情况下可采用动模后退时型芯滑动，先完成抽芯动作后再分模的结构，在大型模具上可采用液压油缸抽芯。斜销滑块式抽芯机构损坏。这种机构较常出现的毛病大多是加工上不到位以及用料太小。

有些模具因受模板面积限制，导槽长度太小，滑块在抽芯动作完毕后露出导槽外面，这样在抽芯后阶段和合模复位初阶段都容易造成滑块倾斜，特别是在合模时，滑块复位不顺，使滑块损伤，甚至压弯破坏。根据经验，滑块完成抽芯动作后，留在滑槽内的长度不应小于导槽全长的 2/3。

在设计，制造模具时，应根据塑件质量的要求，批量的大小，制造期限的要求等具体情况，既能满足制品要求，在模具结构上又最简便可靠，易于加工，使造价低。

本 章 小 结

随着我国制造业的迅速发展，人们对模具精度的要求越来越高，某些精密模具配合间隙只有 0.01～0.02 mm；人们要求模具的寿命越来越高、成本越来越低。通过本章的学习，使大家对模具主要零件的制造、影响模具的精度和寿命、成本、安全、维护维修等技术有一个全面的了解，为模具设计与制造专业后续课的学习打下良好基础。

思考练习

（1）简述模具使用过程中的精度检查的内容及其意义。

（2）简述遇到定距拉紧机构失灵后的补救措施。

（3）模具的精度有哪些要求？

（4）表面强化的目的是什么？有哪些方法？试举例说明不同方法的适用模具。

（5）降低模具成本的方法有哪些？

（6）怎样合理选择模具结构参数和成形工艺条件来提高模具的寿命？

（7）注塑模具发生浇口脱料困难的原因是什么？对生产会有哪些影响？怎样去避免浇口脱料困难？

（8）影响模具精度的因素有哪些？

参 考 文 献

[1] 成百辆. 冲压工艺与模具结构 [M]. 北京：电子工业出版社，2006.
[2] 邓万国. 塑料成形工艺与模具结构[M]. 北京：电子工业出版社，2006.
[3] 谢建. 模具概论[M]. 北京：高等教育出版社，2007.
[4] 杨关全. 冷冲模工艺与设计[M]. 北京：北京师范大学出版社，2010.
[5] 殷铖，王明哲. 模具钳工技术与实训[M]. 北京：机械工业出版社，2006.
[6] 屈华昌. 塑料成形工艺与模具设计[M]. 北京：机械工业出版社，2008.
[7] 鄂大辛. 成形工艺与模具设计[M]. 北京：北京理工大学出版社，2007.
[8] 翁其金. 塑料模塑工艺与塑料模设计[M]. 北京：机械工业出版社，1999.
[9] 姚艳书，唐殿福. 工具钢及其热处理[M]. 沈阳：辽宁科学技术出版社，2009.
[10] 中国机械工程学会、中国模具设计大典编委会. 中国模具设计大典[M]. 南昌：江西科学技术出版社，2003.
[11] 徐勇军. 工程材料基础与模具材料[M]. 北京：化学工业出版社，2008.
[12] 黄立宇. 模具材料选择与制造工艺[M]. 北京：冶金工业出版社，2009.
[13] 赵昌盛. 实用模具材料应用手册[M]. 北京：机械工业出版社，2005.
[14] 穆云超. 模具材料与热处理[M]. 北京：机械工业出版社，2010.
[15] 张金凤. 模具材料与热处理[M]. 北京：机械工业出版社，2010.
[16] 周超梅、于林华. 金属材料与模具材料[M]. 北京：北京理工大学出版社 ，2009.
[17] 吕野楠. 锻造与压铸模[M]. 北京：国防工业出版社，2009.
[18] 机械工业科技交流中心. 中国机械制造技术与装备精选集，模具工业篇[M]. 北京：机械工业出版社，2001.
[19] 梁庆. 模具制造技术问答[M]. 北京：化学工业出版社，2009.
[20] 许发樾. 模具结构设计[M]. 北京：机械工业出版社，2004.
[21] 陈锡栋，周小玉. 实用模具技术手册[M]. 北京：机械工业出版社，2002.